Vorwort

Haben Sie Lust auf Führung?
Finden Sie die Aufgabe, andere Menschen zu führen, anziehend?
Haben Sie Freude daran,
die Entwicklung Ihrer Organisation voranzutreiben und aktiv zu gestalten?
Reizt es Sie, eine Führungsaufgabe zu übernehmen?
Haben Sie die Kraft, eine Führungskraft zu sein,
und möchten Sie diese weiterentwickeln?

Wenn ja: Dann ist dieses Buch richtig für Sie. Es bietet Ihnen Unterstützung dabei, Ihre eigene Motivation zu dieser herausfordernden Arbeit zu hinterfragen und dadurch in Ihre persönliche Kraft zu kommen. Es zeigt Ihnen auf, wie Sie diese Aufgabe angehen können, um Führung auch im Alltag als lustvolle und sinnvolle Tätigkeit zu erleben.

Die Abschnitte I und II beginnen bei der eigenen Grundhaltung, den Werten und Prinzipien, nach denen Sie als Führungskraft handeln. Denn Führen beginnt zuallererst mit bewusster Selbst-Führung. Wirksamer als tägliche Anweisungen ist das ständige gute Beispiel der Führungskraft, die mit ihrem Verhalten und ihren Entscheidungen vorzeigt und vorlebt, was wichtig ist und was erreicht werden soll.

In Abschnitt III stelle ich Ihnen ein Führungsmodell mit drei Kraftfeldern für die Arbeit als Führungskraft und die Entwicklung von FührungsKRAFT vor: Sie betreffen die Wahrnehmung von Managementaufgaben, die Beziehungsgestaltung und schließlich die zukunftsorientierte Entwicklung und Gestaltung einer Organisation.

Die folgenden Kapitel behandeln diese Aufgaben genauer: Abschnitt IV geht auf die Managementaufgaben zur StrukturKRAFT ein, Abschnitt V behandelt die Leadership-Aufgaben zur Stärkung der BeziehungsKRAFT und Abschnitt VI die Aufgaben zur AufbruchsKRAFT.

Abschnitt VII gibt Hinweise für den Einstieg in eine neue Führungsfunktion und für die geregelte Übergabe beim Führungswechsel. Abschnitt VIII geht darauf ein, wie man Lust auf Führung und FührungsKRAFT in einem ganzen Unternehmen entwickeln kann, und zeigt umfassend Möglichkeiten der Führungskräfteentwicklung.

Wenn wir mit anderen Menschen zusammenarbeiten und eine Organisation führen, werden wir immer auf neue Herausforderungen stoßen, die man nicht mit einfachen Rezepten lösen kann. Stimmige Lösungen finden wir, wenn wir uns ständig mit unserer Arbeit auseinandersetzen und überprüfen, ob wir unseren Anforderungen und Werten entsprechend handeln. Das erfordert, dass wir auch immer wieder in Ruhe allein nachdenken oder unsere Arbeit mit anderen reflektieren. Dieses Führungsbuch soll ein Begleiter für diese Momente der Reflexion sein, der von Zeit zu Zeit hervorgeholt und befragt werden will.

Als Handbuch bietet es Ihnen eine Sammlung an Führungswissen und -instrumenten, die Sie täglich brauchen, mit Theorie-Wissen und Beispielen, Textpassagen und Grafiken, Arbeitsblättern und Reflexionsfragen sowie Checklisten zur Überprüfung.

Über diesen QR-Code können Sie alle Arbeitsblätter direkt downloaden und ausdrucken.

QR→ Dieses QR-Code-Symbol weist Sie im Buch darauf hin, dass das jeweilige Arbeitsblatt zum Download verfügbar ist.

Mit meinem Führungsbuch möchte ich Ihnen Lust auf Führung machen und helfen, Ihre FührungsKRAFT weiterzuentwickeln.

Wie ist dieses Buch entstanden?

Schon im elterlichen Gastronomiebetrieb hat mich das Thema „Führung“ interessiert. Ich fragte mich häufig, wie es dazu kam, dass manche Mitarbeiter genau das taten, was meine Eltern sich vorstellten, und warum die Zusammenarbeit mit anderen nicht funktionierte.

In meiner beruflichen Tätigkeit als Beraterin konnte ich dann immer wieder mit hervorragenden Führungskräften zusammenarbeiten. In Kulturprojekten haben wir gemeinsam neue Ansätze zum Thema Führung entwickelt und unternehmensweit eingeführt. Die Praxiserfahrungen aus diesen Projekten sind in meine weitere Arbeit zur Führungsentwicklung eingeflossen. Als Geschäftsführerin eines Beratungsunternehmens konnte und kann ich die so entwickelten Führungsprinzipien auch praktisch anwenden.

Mir war schon immer wichtig, das, was ich in Workshops zur Mitarbeiterführung vermittele, selbst zu leben, und in der Anwendung bin ich auch immer wieder mal gescheitert. Das war stets eine wichtige Erfahrung. Trotzdem habe ich nach wie vor Lust auf Führung und erlebe viel Freude beim zukunftsorientierten Entwickeln von Menschen und Organisationen.

Zum Thema Führung könnte man ganze Bibliotheken füllen. Die Literaturlisten, die ich meinen Kunden zur Verfügung stelle, werden von Jahr zu Jahr länger. Irgendwann entstand die Idee, mein Wissen, meine Erfahrungen und meine persönlich entwickelten Ansätze zum Thema Mitarbeiterführung in gesammelter Form zu veröffentlichen. Dieses Buch ist das Ergebnis.

Ich danke

- all jenen, die mich ermutigt haben, dieses Buch zu schreiben, vor allem meinem Mann, der dafür auch auf einige gemeinsame Stunden mit mir verzichten musste,
- meinen Kunden, mit denen ich unternehmensweite Führungskräfteentwicklungs-Programme entwickeln und gemeinsam mit meinen Kollegen durchführen durfte, hierzu zählen der Migros Genossenschaftsbund, das Elektrizitätswerk Zürich, das Schweizer Fernsehen, das ENSI, SOS Kinderdorf Österreich, der Kanton Appenzell Ausserrhoden, die Südtiroler Volksbank, die Engadiner Kraftwerke, die Rondo Ganahl AG und Russmedia,
- meinen Ausbildern, Mentoren, Kollegen und Netzwerkpartnern, die mir in intensivem Gedankenaustausch ihre Sichtweisen zur Verfügung stellten und manche Modelle mit mir gemeinsam entwickelt haben, vor allem Alois Saurugg, Alfried Längle, Helmut Promberger, Manfred Schwarz und Sascha Kugler,
- all jenen, die mir aus ihrer Sicht Feedback zu diesem Buchkonzept gegeben haben, vor allem Alfried Längle, Hildegard Gstach, Jürgen Baumann und Alois Federsel,
- Martin Caldonazzi für die liebevolle grafische Gestaltung dieses Buches,
- dem Kreutzfeldt digital Verlag für die feine Zusammenarbeit bei der Realisierung dieses Buches und
- Ihnen als Leserin oder Leser dafür, dass Sie sich mit diesem Buch beschäftigen.

Unsere Gesellschaft braucht Menschen, die Lust darauf haben, Verantwortung zu übernehmen und Organisationen zu führen.

Marianne Grobner

Inhalt

I. Führen

Wo immer Menschen zusammen leben oder arbeiten, beeinflussen sie einander in ihrem Handeln. Das ist Führung. Sie findet zwischen Menschen statt. Wenn Eltern ihre Kinder anhalten, ihr Zimmer aufzuräumen oder ihre Hausaufgaben zu erledigen, übernehmen sie Führung: Sie beeinflussen das Verhalten ihrer Kinder. Wenn das kleine Kind an der Supermarktkasse quengelt und schreit, bis die Mutter entnervt das Überraschungs-Ei auf das Band legt, übernimmt es Führung: Es beeinflusst das Verhalten der Mutter. Wenn der Werksleiter seine Mitarbeiter dazu bringt, für den Großauftrag eine zusätzliche Schicht zu fahren, übernimmt er Führung: Er beeinflusst das Verhalten seiner Mitarbeiter.

Führung findet sich immer in der Beziehungsgestaltung und der Zusammenarbeit von Menschen in sozialen Systemen, sei es in einer Familie, einer Organisation oder einem Unternehmen. Führung wird auch vollzogen, wenn sie nicht ausdrücklich zugeteilt oder vereinbart wurde. Das ist zum Beispiel zu beobachten, wenn eine Gruppe Menschen versucht, gemeinsam ein steckengebliebenes Auto flott zu machen: Meist übernimmt eine Person die Führung und sagt das „Ho-Ruck" für alle an. Sogar schon bei Kindern, die eine Sandburg bauen, kann man beobachten, dass häufig eines Ideen vorgibt, wie die Burg aussehen soll, die anderen zum Wasserholen oder zum Füllen der Eimer mit Sand einteilt und den Bau koordiniert.

In Organisationen ist Führung eine abgesprochene und zugeteilte Funktion. Führen ist hier das aktive und bewusste Gestalten von Beziehungen und Rahmenbedingungen, um vereinbarte oder vorgegebene Ziele zu erreichen. Indem wir führen, sorgen wir für das Funktionieren und für die Zukunftsfähigkeit der Organisation. Wir dienen ihrem Existenzgrund. Dieser kann sehr unterschiedlich sein: In einem Industriebetrieb ist es die Produktion von Gütern, in einem Amt die öffentliche Verwaltung einer Kommune, in einer karitativen Organisation eine soziale Hilfeleistung und in einer Regionalbank das Anlegen und Verleihen von Kundengeldern. Der Dirigent Sir Simon Rattle beschrieb seine Führungsarbeit am Dirigentenpult einmal mit den Worten: „Sobald du denkst, es geht um dich, scheiterst du. Wenn man nicht glaubt, dass die Musik das Wichtigste ist, hat man ein Problem."[1] Es geht also bei Führung nicht um Selbstdarstellung und Bedienen des eigenen Egoismus, sondern um ein Dienen zur Erfüllung des Existenzgrundes und der Ziele der Organisation.

FührungsKRAFT sein bedeutet

- unsere Welt verantwortungsvoll gestalten,
- Träume und Visionen verfolgen,
- attraktive und sinnvolle Ziele verfolgen,
- mit Hingabe und im Flow arbeiten und
- an den Herausforderungen persönlich reifen.

Bekommen Sie Lust darauf? Dann beginnen Sie, sich damit auseinanderzusetzen, wie Sie Führungsbeziehungen gestalten, welche Ziele Sie verfolgen, wie Sie tatsächlich führen wollen und was das mit Ihrer ganz persönlichen Geschichte zu tun hat.

Der Führungsbaum: eine Analogie

Wer den Baum verstehen will,
muss erkennen,
dass es über den Teil hinaus,
den er sieht, noch etwas gibt,
was er nicht sieht, und dass es das ist,
was den Baum entstehen lässt.
(Renée Weber)

Die Art und Weise, wie ich führe, ist ein Ergebnis meiner Geschichte. Ich vergleiche daher Führung gerne mit dem Bild eines Baumes:

Mein Führungsbaum

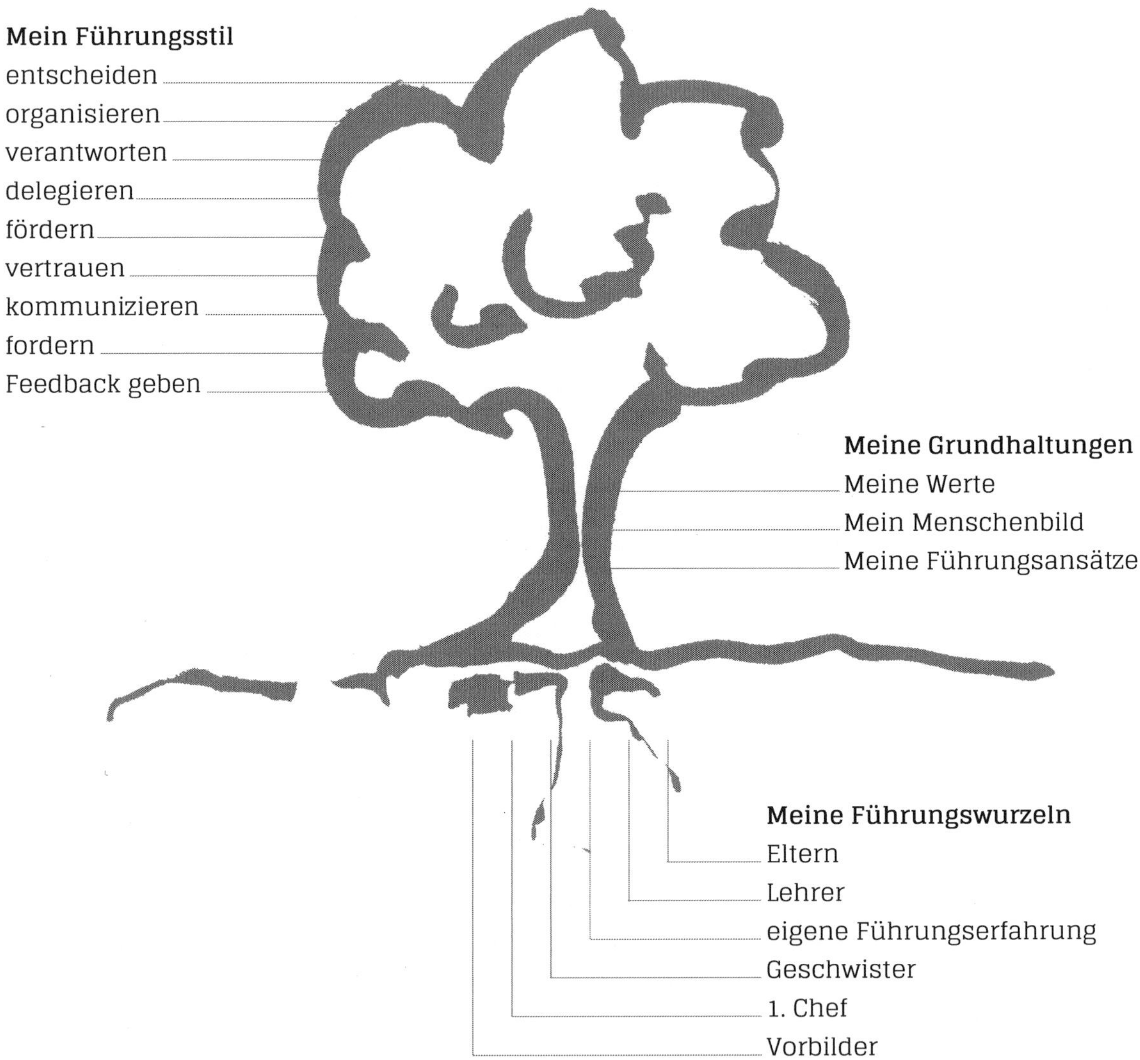

Schauen wir uns den Baum genauer an: Von der Ferne sieht man zuerst die große Krone. Diese ist offensichtlich. Die Baumkrone in der Führungsarbeit zeigt das heutige Verhalten der Führungskraft im Alltag und ihre Wirkung: Wie sie ihren Mitarbeitern vertraut, mit ihnen kommuniziert, sie in Entscheidungen einbindet, Kontakt hält, Feedback gibt, fordert und fördert, in Konflikten agiert, mit Regeln und Grenzen umgeht oder Verantwortung überträgt.

Und wir können beobachten, dass es Führungskräfte gibt, die wunderbar vertrauen und delegieren können, und andere, die ihren Mitarbeitern gar nichts zutrauen und alles kontrollieren. Die einen sprechen Konflikte an und aus, andere sind einfach unversöhnlich und wieder andere meiden jeden Streit und versuchen, es allen recht zu machen.

Die Basis dieses unterschiedlichen Führungsverhaltens – oder die Wurzeln, um in der Analgie des Baumes zu bleiben – sind Lernmodelle, die wir seit frühester Kindheit erlebt haben: Eltern, Geschwister, Lehrer und wichtige Menschen, die uns Führung mehr oder weniger wirkungsvoll vorgelebt haben.

Elterliche Lernmodelle als Wurzeln

Die Wurzeln dieses Verhaltens können schon lange zurückliegen. Denn von frühester Kindheit an machen wir prägende Erfahrungen zum Thema Führung: Die ersten Vorbilder oder Lernmodelle boten uns die Eltern oder die Erwachsenen, die uns großgezogen haben. Schon durch sie erlebten wir die gesamte Bandbreite von Führungsthemen.

Überlegen Sie einmal:

- *Wertschätzung und Abwertung: Erhielt ich Lob bzw. Anerkennung? Wofür? Wie handelten die Erwachsenen, bei denen ich aufgewachsen bin: Lobten sie einander? Wie wurde auf Lob reagiert? Oder war „Nichts Sagen“ (also: keine Kritik) schon Lob genug? Wie wurde kritisiert?*
- *Vertrauen, Zutrauen oder Misstrauen: Welche Botschaft erhielt ich? „Aus dir wird sowieso nichts“ oder „Du schaffst das, wenn du dich anstrengst und willst!“? Ließ man mich auch mal Fehler machen?*
- *Umgang mit Entscheidungen: Wurde ich einbezogen (z.B. in die Auswahl meiner Schule / Ausbildung / Kleidung / Hobbys) oder hat man für mich bestimmt?*

- *Klare oder diffuse Regeln: Waren Regeln und Grenzen immer gleich oder hieß es: Heute so, morgen anders? Bei Papa so und bei Mama anders? Waren die Regeln ausgesprochen oder musste ich sie „erahnen"? Wie war der Umgang mit Regelverstößen? Was passierte, wenn ich mich nicht an Regeln gehalten habe?*
- *Kommunikation: Welche Gesprächskultur habe ich daheim erlebt? Wurden Themen klar angesprochen? Wurde man nur gehört, wenn man laut war und andere unterbrach?*
- *Wie erlebte ich den Umgang mit Konflikten? Wurden diese offen ausgesprochen oder „totgeschwiegen" und man ging sich einfach aus dem Weg? Gab es Verletzungen? Habe ich Verzeihen und Versöhnungsrituale erlebt?*
- *Fordern und fördern? Hat man viel von mir verlangt, mich auch einmal an die Grenze gehen lassen oder geschont und mir alles aus der Hand genommen? Durfte ich Fehler machen und daraus lernen oder musste ich alles perfekt machen? Hat man meine Interessen und Fähigkeiten (z.B. Lesen, Musik, Sport, Basteln, Gestalten) gefördert und ermöglicht, dass ich diese weiterentwickeln kann?*

Viele dieser Themen, mit denen wir schon in der Kindheit konfrontiert waren, haben mit Führung zu tun. Eine besondere Rolle hat auch der eigene Platz in der Ursprungsfamilie.

Die Geschwisterposition – „Vorschule" für Führung?

Der amerikanische Familientherapeut Kevin Leman erforschte über Jahre die Auswirkung der Geschwisterposition in der Ursprungsfamilie auf die Verhaltensweisen von Menschen. Dabei entdeckte er, dass durch jede Konstellation in der Kindheit (Einzelkind, Älteste, Mittel- und Letztgeborene) besondere Stärken und Schwächen entwickelt werden, welche sich auch im Erwachsenenalter zeigen.[2]

So stellte er z.B. fest, dass Erstgeborene häufig schon eine natürliche Autorität ausstrahlen und energisch und gut organisiert wirken. Sie übernehmen oft „wie von selbst" Verantwortung in Gruppen, zeichnen sich aber auch durch gute Teamarbeit aus. Trotzdem wirkt ihr Verhalten oft zu aggressiv und andere fühlen sich von ihnen überrollt. Ihre perfektionistische Ader verleiht ihnen gern eine wissenschaftliche bis schulmeisterliche Art. Dabei kümmern sie sich manchmal zu sehr um Details und Perfektion (machen die Dinge „richtig"), übersehen aber dabei das große Ganze und verlieren den Blick für das Wesentliche (die „richtigen Dinge").

In Seminaren mit Topmanagement-Gruppen beobachte ich meist eine Häufung an Erstgeborenen – ihr Anteil ist weit höher als der entsprechende Anteil in der Durchschnittsbevölkerung. Offensichtlich sind Erstgeborene schon von Kindheit an gewohnt zu führen: „Pass auf die Kleinen auf ..."

Einzelkinder erleben für viele Jahre die Situation der Erstgeborenen: Die Aufmerksamkeit der Eltern richtet sich zentral auf sie. Mangels Geschwistern müssen sie sich Spielkameraden unter Gleichaltrigen selbst organisieren. Auch diese Situation fördert spezielle Eigenschaften. Einzelkinder vertrauen ihrer eigenen Meinung und haben meist keine Angst vor Entscheidungen. Ähnlich wie Erstgeborene sind sie häufig Perfektionisten und lassen keinen Stein auf dem anderen, wenn es darum geht, einen guten Job zu machen. Dabei sind sie gut organisiert, arbeiten effizient ihre Checklisten ab und sind großartige Planer und Wissenssammler. Sie haben sich und überhaupt alles unter Kontrolle. Sie sind ehrgeizig, unternehmerisch und kraftvoll.

Dabei übertreiben sie oft und übersehen vor lauter Listen, was im jeweiligen Moment wichtig wäre und wie ihr Perfektionismus sie selbst bremst. Sie reagieren ärgerlich auf „unorganisierte" Menschen. Oft fehlen ihnen Humor und die „Leichtigkeit des Seins".

Mittelgeborene werden meist mit weniger Aufmerksamkeit der Eltern bedient. Das macht sie zu realistischen und „unverwöhnten" Menschen mit starken sozialen Fähigkeiten: Sie können Beziehungen knüpfen und pflegen. Sie können anvertraute Geheimnisse für sich behalten und wirken oft als Vermittler und Diplomaten in Konfliktsituationen. Da sie Konfrontationen hassen, halten sie sich zum Teil auch mit ihrer Meinung zurück. Sie haben oft ein starkes Gefühl für soziale Gerechtigkeit. Wenn sie ungerecht behandelt wurden, wirken sie manchmal zynisch, argwöhnisch bis verbittert.

Oft finden sich unter ihnen kreative, künstlerische oder besonders innovative Menschen, die unabhängig denken und Aufgaben auch auf ungewohnte Weise angehen. Sie können aber auch dickköpfig und unkooperativ wirken. Mittelgeborene sind aus meiner Beobachtung stark in sozialen Berufen und im mittleren Management vertreten. Dort haben sie die Aufgabe, Beziehungen in alle Richtungen (zu Mitarbeitern, Vorgesetzten, Kollegen, Kunden, ...) zu pflegen und Interessen auszugleichen. Diese „Sandwichposition" haben sie von Kindheit auf trainiert.

Jüngste treten charmant, herzlich und zugänglich auf und sind stark personenorientiert. Daher fühlen sie sich in sozialen Netzwerken wohl und verstehen, darin zu agieren. Sie stehen oft im Mittelpunkt und wissen, wie sie sich die Aufmerksamkeit anderer holen können: durch Humor und Unterhaltungstalent. Dabei wirken sie manchmal zu egoistisch und auf sich selbst konzentriert. Sie handeln mit unermüdlicher Ausdauer und akzeptieren kein „Nein“, dabei agieren sie oft beharrlich bis stur. Auf zahlreiche Jüngste traf ich in Bereichen wie Medien, Marketing, PR und Verkauf sowie in allen beratenden Berufen.

Die genannten Stärken und Schwächen können im Einzelfall auch abweichen: Wer mit großem Altersabstand zu seinem Bruder oder Schwester aufwächst, hat z.B. eher die Charaktereigenschaften von Einzelkindern.

Natürlich kann man nicht alle persönlichen Eigenschaften und Nuancen auf die Geschwisterposition der Ursprungsfamilie zurückführen. Diese ist nur ein Einflussfaktor auf unsere Persönlichkeitsentwicklung – allerdings ein sehr prägender. In meinen Führungsseminaren stelle ich daher oft die Frage nach der Geschwisterposition und den damit erlernten Fähigkeiten. Ich bin immer erstaunt, wie schnell sich die Gruppen einig sind, welche Stärken sie aus dieser Situation ziehen konnten.

Fragen zum Nachdenken:

- *Welche Stärken habe ich speziell durch meine Geschwisterposition in meiner Kindheit und Jugend entwickelt?*
- *Inwiefern habe ich schon in meiner Kindheit Einfluss (auf meine Eltern, Geschwister, andere) ausgeübt? Wodurch? Wende ich diese Muster auch heute noch an?*

Weitere Wurzeln für Führung

Weitere Lernmodelle oder Wurzeln für unser Führungsverhalten haben wir durch Lehrer erlebt: Da gab es Lehrer, bei denen es mucksmäuschenstill war, weil alle Angst hatten oder weil sie so packend unterrichteten, dass wir einfach interessiert waren. Und wahrscheinlich hat jeder von uns auch Unterricht erlebt, in dem man Briefchen schrieb, Karten spielte und es völlig egal war, was der da vorne erzählte, weil er überhaupt keine Autorität hatte.

Prägend können auch Erfahrungen mit Sporttrainern, Jugendgruppenleitern, Musiklehrern oder Vorgesetzten beim Militär gewesen sein. Sie alle haben bei uns ein Gefühl dafür entstehen lassen, wie man Menschen führen sollte und wie nicht.

Eine besonders wichtige Rolle spielt für viele Menschen der bzw. die erste Vorgesetzte beim Eintritt ins Berufsleben. Sein bzw. ihr Verhalten hat oftmals einen starken Einfluss auf das spätere eigene Führungsverhalten. Dies ist uns meist nicht bewusst („So wollte ich nie führen" kommentieren viele Führungskräfte ihren Lehrherrn) und oft übernehmen wir dieses Verhalten nur – wie automatisiert – in Stress-Situationen. Oder wir versuchen es bewusst ganz anders – besser – als unsere Lernmodelle zu machen. Doch auch wenn wir genau das Gegenteil anstreben, orientieren wir uns an ihnen.

Wahrscheinlich haben wir auch viele positive Modelle für Führung im Laufe unseres Lebens kennengelernt: Alle waren Persönlichkeiten, die uns ein Stück unseres Weges begleitet haben. Sie waren sicher nicht Vorbilder in allem, was sie in ihrem Leben getan haben, aber wir konnten uns vielleicht das eine oder andere Verhalten von ihnen abschauen.

Sie alle sind Wurzeln in unserem Führungsbaum.

Dazu kommt mit der Zeit die Summe der eigenen Erfahrungen als Führer einer Gruppe: Vielleicht hatten wir schon in der Jugend als erstgeborenes Kind gegenüber den Geschwistern Verantwortung oder als Klassensprecherin oder Pfadfinderführer. Hier erlebten wir schon sehr früh, was es bedeutet, Verantwortung für andere zu übernehmen.

Wenn wir dann im Beruf eine Führungsaufgabe übernehmen, so machen wir täglich Erfahrungen und haben die Chance, daraus zu lernen: „Ohne Übung und Erfahrung lernt man nichts", meinte schon Martin Luther.

Als wir damit begonnen haben zu führen, hatten wir vielleicht konkrete Vorstellungen darüber, wie wir diese Rolle ausüben wollen: „mit Vollgas die anstehenden Veränderungen angehen" oder „eine besonders nette Chefin sein". Im Laufe der Zeit erkannten wir: „Wenn ich in diesem Tempo mit Mitarbeitern umgehe, kommt keiner mit" oder: „Wenn ich es allen recht machen will, fälle ich keine guten Entscheidungen."

Nach jeder Sitzung, nach jedem Mitarbeitergespräch können wir uns fragen: „War das gut so? Will ich das nächste Mal anders agieren? Mich besser vorbereiten? Mehr zuhören? Strukturierter vorgehen?“ Schließlich lernen wir unser ganzes Leben lang: weiterhin auch durch Beobachtung anderer, vielleicht durch einen guten Film, ein Buch, ein Seminar. Es gibt viele Anregungen für gute Führung.

Alle diese Lernerfahrungen bilden die Wurzeln unseres Führungsverhaltens. Aus diesen entstehen unsere persönlichen Grundhaltungen, unser Menschenbild, Werte, Glaubenssätze und Führungsprinzipien. Sie bilden, um bei der Analogie des Baumes zu bleiben, den Stamm. So wie die Wurzeln eines Baumes wachsen, solange er lebt, und der Stamm Jahresringe bildet, wird auch unser Stamm im Führungsbaum mit den Jahren fester und klarer.

Grundhaltungen und Führungsprinzipien können zum Beispiel lauten:
- Ich will nichts fordern, was ich nicht selbst erfüllen kann. Ich gehe mit gutem Beispiel voran.
- Wer Fehler macht, verdient eine Chance.
- Wenn mich jemand anlügt, trenne ich mich von ihm.

Die Werte und Grundhaltungen, die unseren Führungsstil im Alltag prägen, können sehr unterschiedlich sein, je nachdem – wie oben beschrieben –, welche Erfahrungen und Lernschritte jemand in der Führung machen konnte.

Grundhaltungen müssen nicht immer wertschätzend sein. So gibt es Führungskräfte, die mit der Einstellung durchs Leben gehen: „Mitarbeiter sind grundsätzlich unwillig oder dumm.“ Oder „Wenn du Mitarbeiter lobst, wollen sie sofort mehr Gehalt.“

Solche Haltungen und Prinzipien basieren aber immer auf Wurzeln: Chefs, Eltern, die entsprechende Haltungen vorlebten, oder eigenen bitteren Erfahrungen: Meine Großmutter – Gastwirtin in Kriegszeiten in Wien mit Mann und Sohn an der Front – hatte zum Beispiel sehr negative Erfahrungen mit Mitarbeitern gemacht. Das äußerte sich auch in ihrer Grundhaltung zu Mitarbeitern: „Das sind alles bezahlte Feinde“, war eine ihrer Einstellungen. Und zum Thema „Loben“ war ihr Klassiker: „Wenn du einen lobst, will er sofort mehr Geld“.

Diese Grundhaltungen wirken sich stark auf unser Führungsverhalten im Alltag aus. Dieses bildet wie gesagt sozusagen die Krone des Führungsbaums, oberhalb des Stamms.

FührungsKRAFT ist aus meiner Sicht zu einem großen Teil nicht genetisch bedingt und statisch, sondern – wie ein Baum – etwas, das sein Leben lang wachsen kann, das sich ständig entwickeln kann. Würden wir nur probieren, unser Verhalten wie ein Schauspieler entsprechend unserer Rolle als Führungskraft in Zukunft anders zu spielen und dieses Verhalten antrainieren, würden wir nicht authentisch wirken. Es wäre wie das gekünstelte Modellieren an einer Baumkrone, die jeder von der Ferne als unnatürlich ansehen würde.

Persönliche Entwicklung erfordert die Bereitschaft zur Reflexion des eigenen Verhaltens. Dazu gehört, sich mit sehr persönlichen Fragen zu beschäftigen, wie:
- Wieso habe ich gestern in der Sitzung so heftig reagiert?
- Welcher Wert, welche Qualität hat mir gefehlt?
- Woher aus meiner Geschichte kenne ich solche Situationen?
- Was lerne ich daraus?

Diese Auseinandersetzung mit der eigenen Person erweitert unsere Kraft, sie bildet wieder eine neue Wurzel unseres Führungsbaums und stärkt den Stamm.

Mit Führung ist es wie mit Klavierspielen oder Singen: Es gibt Naturtalente. Und auch mit mittelmäßiger Begabung können wir mit entsprechendem Willen und durch fleißiges Üben erlernen, eine Beethoven-Sonate zu spielen. Wir werden damit zwar kein Starpianist, aber unsere Zuhörer genießen unsere Musik. Ähnlich ist es beim Führen: Mit entsprechendem Willen und fleißigem Üben kann man bis zu einem gewissen Grad führen lernen. Man wird damit keine charismatische Top-Führungskraft – doch nicht jede Führungsaufgabe erfordert solche Führungskräfte.

Resümee:
- Wir können unseren Führungsbaum unser Leben lang weiterentwickeln.
- FührungsKRAFT ist nicht angeboren,
  sondern entsteht durch Arbeit an sich selbst.
- Führung heißt vor allem: sich selbst führen.

Meine Geschichte zum Thema Führung QR→

Wenn wir eine Standortbestimmung unserer Führungsarbeit vornehmen wollen, ist es eine wichtige Voraussetzung, dass wir unsere Geschichte und unsere heute praktizierten Verhaltensweisen kennen und akzeptieren. Diese Fragen zur Reflexion können Ihnen dabei helfen:

1. *Wie habe ich Führung durch folgende Personen erlebt?*
   durch meine Mutter?
   durch meinen Vater?
   durch meine(n) Lehrer?
   durch meinen ersten Vorgesetzten?
   durch andere, mich stark beeinflussenden Menschen?
2. *Meine erste „Vorgesetztenrolle" war ...*
   (zum Beispiel Klassensprecher, Älteste/r unter den Geschwistern, Pfadfinderleiter, Lehrlingssprecher etc.)
3. *Wer war für mich zum Thema Führung ein positives Lernmodell? Von wem habe ich mir etwas abschauen können? Wie haben diese Personen konkret gehandelt?*
4. *Wer war für mich ein negatives Lernmodell? (Sodass ich mir gesagt habe: „SO will ich nie führen!") Wie hat diese Person konkret gehandelt?*

5 *Welche Rückschlüsse zum Thema Führung habe ich aus meinen Erfahrungen gezogen? Was ist mir dabei wichtig?*

Meine Grundhaltungen und Führungsprinzipien QR→

1. *Was halte ich von meinen Mitarbeitern? Sehe ich sie als wertvolle Menschen, mit denen ich gemeinsam Ziele erreichen kann, oder betrachte ich sie als „bezahlte Feinde"? Sehe ich in ihnen eher ihre Stärken und Entwicklungspotenziale oder ihre Schwächen?*
2. *Bin ich primär misstrauisch? Muss man sich mein Vertrauen erst erarbeiten? Oder schenke ich jedem Mitarbeiter mein Grundvertrauen?*
3. *Welche Prinzipien gelten für mich im Umgang mit Mitarbeitern?*
4. *Welche Werte sind mir wichtig im Umgang miteinander oder in der Führung von Menschen?*
5. *Haben sich diese Prinzipien, Grundhaltungen und Werte im Laufe meines Lebens geändert?*

Meine Führungs-Philosophie

Ich möchte Euch so begegnen,
dass wir gemeinsam hinschauen können, was ist,
dass wir Krisen bewältigen und Erfolge feiern
und uns stimmige Ziele setzen,
die wir gemeinsam erreichen.

Ich möchte Euch so begegnen,
dass echter Austausch stattfindet,
wo wir uns mutig sagen können,
was uns freut, stört, kränkt oder fehlt,
damit wir gut in Kontakt sind.

Ich möchte Euch so begegnen,
dass Ihr Euch auf mein Wort verlassen könnt,
dass Ihr wisst, dass ich zu Euch stehe
und Ihr einen Platz habt,
wo es gut für Euch ist, zu wirken.

Ich möchte Euch so begegnen,
dass trotz hektischer Betriebsamkeit
manchmal Ruhe einkehren kann,
wo wir reflektieren, in die Tiefe gehen
und Neues entstehen kann.

Ich möchte Euch so begegnen,
dass Ihr spürt, dass ich Euch als Mensch schätze,
und Ihr Euch von mir akzeptiert fühlt,
mit Euren Fähigkeiten und Potenzialen,
die Ihr gemeinsam entfalten könnt.

Ich möchte Euch so begegnen,
dass Ihr mit Freude arbeiten könnt,
dass Ihr Euren Beitrag zum Ganzen seht
und dem Weg, den wir gehen,
zustimmt und ihn sinnvoll erlebt.

(Marianne Grobner)

II. Sich selbst führen

Im letzten Kapitel haben wir erkannt, dass die Führungsbeziehung ganz stark von der Führungspersönlichkeit, ihren Grundhaltungen, Werten und Prinzipien abhängt. Wir haben Führung als „das aktive und bewusste Gestalten von Beziehungen und Rahmenbedingungen" bezeichnet.

Die erste und wichtigste Beziehung, die eine Führungskraft zu gestalten hat, ist aus meiner Sicht die Beziehung zu sich selbst. Fragen Sie sich:

- Wie gut bin ich in Kontakt mit mir selbst?
- Wie gut kann ich mein Handeln reflektieren und daraus lernen?
- Was verlange ich von mir?
- Wo stoße ich an meine Grenzen?
- Wie führe ich mich selbst?

Das sogenannte „post-heroische" Management bedeutet: Ich bin kein Vorbild, das den Mitarbeitern in allem voraus ist. Ich verstehe mich als einen Normalsterblichen, der Fehler macht, der Neues lernen will und der mit viel Gegenwärtigkeit versucht, das Beste zu geben.

Das führt zu einer grundlegenden Voraussetzung für Führung: Ich kann meinen Mitarbeitern nur glaubhaft in ihrer persönlichen Entwicklung eine Stütze sein, wenn ich mich selbst weiterentwickle. Auch ich bin bereit, meine Verhaltens- und Denkmuster unter die Lupe zu nehmen. Als Führungskraft bin ich gefordert, mich selbst weiterzuentwickeln. Ich lerne aus jeder Herausforderung, die mir gestellt wird. Ich reflektiere daher regelmäßig meine eigene Führungsmotivation und meine Werte und mache mir meine Grundhaltungen bewusst.

„Du wirst andere führen wie dich selbst."

In Anlehnung an das christliche Gebot der Nächstenliebe „Liebe deinen Nächsten wie dich selbst"[3] kann man auch Führung sehen: Führungskräfte, die mit sich selbst nie zufrieden sind, sind das üblicherweise auch nicht mit ihren Mitarbeitern. Sie loben nie. Der Philosoph und Soziologe Theodor W. Adorno stellte dazu fest: „Wer hart gegen sich ist, der erkauft sich das Recht, hart auch gegen andere zu sein."[4]

Wer sich gerne hohe Ziele vornimmt und diese mit vollem Einsatz verfolgt, erwartet das auch von seinen Mitarbeitern. Wer achtsam mit sich selbst umgeht, seine eigenen Grenzen und Begrenzungen kennt und respektiert, achtet auch darauf, dass Mitarbeiter sich nicht selbst ausbeuten und die ganze Organisation ins „Burnout" schlittert.

Wir müssen daher beginnen, uns selbst gut zu führen!

Leadership ist eine höchstpersönliche Angelegenheit, fernab von allgemeingültigen Rezepten über „richtiges Management": Als Führungskraft bin ich gefordert

- selbst Verantwortung zu übernehmen und mich nicht auf „äußere Umstände" herauszureden;
- zu akzeptieren, was ist (realistisch hinzuschauen und sich nicht Zustände schön zu reden);
- in eine kritische Selbstreflexion zu gehen, ob das, was ich tue, „stimmig" ist;
- mutig Konsequenzen aus der eigenen Wahrnehmung zu ziehen;
- achtsam mit mir und meinen Mitarbeitern umzugehen;
- mir meiner Werte bewusst zu sein und mein Handeln danach auszurichten;
- ein für mich stimmiges Zukunftsbild für die Organisation zu entwickeln und Mitarbeitern entsprechend Orientierung zu geben.

Nur wenn es mir gelingt, mich selbst so zu führen, dass ich meine Arbeit sinnvoll und stimmig erlebe, werde ich das auch bei meinen Mitarbeitern erreichen.

Betrachtet man Führung aus dieser Sicht, so ergeben sich vier grundlegende Herausforderungen für sinnvolle Führung, entsprechend der Struktur der Existenzanalyse nach Alfried Längle[5]:

1. **Akzeptieren, was ist:**

Viele Probleme entstehen dadurch, dass man zu spät hinschaut, was „Sache" ist: Um sich oder andere zu schonen, schwindeln wir uns an der Realität vorbei, reden Missstände und Fehler schön, wollen geänderte Rahmenbedingungen und notwendigen Veränderungsbedarf nicht wahrhaben. Wer Führungssinn hat, stellt sich der Realität und akzeptiert sie.

2. **Das „Wertvolle" leben:**
Was mich berührt, was mir nahe geht, was mich bewegt – das ist das Wertvolle, für das ich mich einsetzen mag. An solchen Dingen hängt mein Herz und gerade deshalb ist es wichtig. Ich habe die Möglichkeit, dass ich das, was mir wertvoll ist, verfolgen kann. Ich arbeite nicht um des Erfolges willen, sondern weil ich eine Idee, eine Vision, die mich „gepackt" hat, umsetzen will. Selbst wenn ich scheitere, war mein Einsatz nicht sinnlos. Denn die Sache war gut.

3. **Sich selbst und andere wertschätzen:**
Wertschätzung erfordert zuerst Beachtung und Kontakt mit dem anderen und mit sich selbst. Erst im Hinsehen auf den Mitarbeiter kann ich seine Qualitäten (an)erkennen. Dabei geht es nicht um eine „Soft-Variante" des Führens, in der nur gelobt wird: In einer guten Beziehung kann und soll man auch eine kritische Position einnehmen und offen Stellung beziehen, wenn man etwas nicht für gut hält. Auch das ist wertschätzende Beziehungspflege.

4. **Orientierung vermitteln:**
„Wozu soll das Ganze gut sein?" ist eine häufige Frage, wenn etwas geändert werden soll. Man will persönlich etwas damit anfangen können. Sachliche Argumente und unternehmerische Ziele reichen da nicht. Es braucht ein sichtbares Wofür, eine Ausrichtung auf eine Zukunft, einen Sinn.

Meine persönlichen Werte als Führungskraft

Wenn Sie in der Lage sein wollen, sich selbst zu führen, sollten Sie sich über Ihre persönlichen Wertvorstellungen im Klaren sein. Nach Peter Senge[6] beschreiben Werte, wie man täglich vorgeht, während man seine Vision verfolgt. Ein Wert ist das, was mir nahegeht, was mich innerlich berührt. Werte bewegen uns und lenken unsere Energie. Werte sind daher Nährstoff für unsere Motivation, oder – wie Viktor Frankl[7] es ausführt – die Hauptstraßen zum Sinn. Wenn wir Arbeit als sinnvoll erleben, können wir – als Führer und als Geführter – das, was uns wichtig und wertvoll ist, tun.

Viktor Frankl, Begründer der Logotherapie und Existenzanalyse, unterschied drei Arten von Werten[8]:

1. **Erlebniswerte:**

Mit Erlebniswerten nehmen wir Wertvolles aus der Welt auf und bereichern unser Leben damit: Natur, ein Bild, ein Kunstwerk, vor allem die Begegnung mit Menschen gehören zu den intensivsten Erlebniswerten. Führung, die Erlebniswerte ernst nimmt, sorgt für den Rahmen, in dem tiefe menschliche Begegnungen stattfinden können:

- Gemeinschaftsräume und gemütliche Ecken für spontane und ungezwungene Gespräche,
- gemeinsame Erlebnisse wie eine Wanderung, einen Ausflug, eine Aufführung, ein gemeinsames Essen,
- gemeinsame Rituale im Alltag wie offene Gesprächsrunden, Firmenfeiern, Würdigung von Projektabschlüssen.

Wenn es uns gelingt, diese Begegnungen durch bewusste Wahrnehmung und persönliches Einlassen aktiv zu gestalten, erleben wir unser Leben als sinnvoll.

2. **Schöpferische Werte:**

Sinnvoll erfahren wir uns auch dort, wo wir schaffend tätig sind und dadurch Wertvolles in die Welt bringen: ein Geschäft, eine Abteilung aufbauen, einen Mitarbeiter einarbeiten, ein Produkt entwickeln, ein Team zusammenführen, ein Projekt oder eine Krise bewältigen, einen Markt aufbauen ... Es sind unsere Verdienste für die Organisation, die Gesellschaft, die Welt. Dabei kommt es weniger darauf an, wie groß unser „Projekt" ist. Wenn wir unseren Beruf Schritt für Schritt gewissenhaft ausüben, entsteht ein Lebenswerk. Es sind die Verbindlichkeit, das Engagement, die Ernsthaftigkeit und die Hingabe, mit der wir etwas tun, die uns Sinn stiftende schöpferische Werte erfahren lassen.

3. **Einstellungswerte:**

Führungskräfte sind zeitweise mit unabänderlichen und herausfordernden Situationen konfrontiert, in denen ihnen die Hände gebunden sind und keine Handlung möglich ist. Dann stellt sich bei aller Ohnmacht immer noch die Frage: „Wie stelle ich mich zu dieser Situation?" Gelingt es mir, auch in ausgesprochen schwierigen Konstellationen ressourcenorientiert zu denken und zu handeln? Versinke ich in Fatalismus oder versuche ich, Schritt für Schritt das Beste daraus zu machen? Wenn zum Beispiel der Abbau von Mitarbeitern unumgänglich ist, so stellt sich immer noch die Frage, mit welcher Einstellung ich das als Führungskraft umsetze.

Unsere Stärken passen meist zu unserer persönlichen Arbeitsweise und unterstützen diese. Bei unseren Werten muss das aber nicht so sein: Bloß weil ich eine Stärke habe, etwas gut kann und damit vielleicht auch sehr erfolgreich bin, bedeutet das noch nicht, dass es meinen Werten entspricht: Ein sehr tüchtiger Investmentbanker

Welche Werte zählen in meinem Unternehmen besonders?

Achtsamkeit
Leidenschaft
Ökologie
Anerkennung
Dynamik
Begeisterung
Erfolgsorientierung
Mut
Beziehung
Offenheit
Fairness
Lösungsorientierung
Nachhaltigkeit
Entwicklung
Freundlichkeit
Freiraum im Handeln
Handlungsorientierung
Perfektion
Identifikation
Orientierung / Richtung
Humor
Ordnung
Qualität
Gesellschaftliche Verantwortung
Pflichtbewusstsein
Initiative
Klarheit
Kundenorientierung
Respekt und Wertschätzung
Risikofähigkeit
Kreativität
Teamwork
Sicherheit
Schnelligkeit
Tradition
Leistung
Unterstützung
Verbindlichkeit
Verantwortungsbewusstsein
Unternehmerisches Handeln
Veränderungsbereitschaft
Kontinuierliche Verbesserung
Vitalität
Vertrauen
Wertschätzung
.....

kann zum Beispiel entdecken, dass es nicht seinen Werten entspricht, einmal als der reichste Mann seiner Familie begraben zu werden, sondern dass er lieber mit Menschen oder im sozialen Bereich arbeiten würde. Wenn unsere Arbeit nicht zu unseren Werten passt, spüren wir, dass wir ihr nicht einen so bedeutenden Teil unseres Lebens widmen sollten.

So wie Menschen Wertvorstellungen haben, gibt es auch in Organisationen gelebte Werte. Man erkennt diese am Umgang mit knappen Ressourcen – vor allem Geld und Zeit: Wie viel Zeit und Geld in ein Projekt gesteckt wird, ob eine Abteilung aufgestockt wird, ob lieber in teure Softwareprogramme oder in die Entwicklung der Mitarbeiter investiert wird, welche Spesen genehmigt werden, wofür das Topmanagement sich Zeit nimmt ... all das sind alltägliche Signale dafür, was in einer Organisation wirklich wichtig und wertvoll ist, unabhängig von vollmundigen Reden bei Firmenanlässen wie der Weihnachtsfeier.

Ihre persönlichen Werte müssen mit denen der Organisation korrelieren, in der Sie tätig sind. Sonst kostet Sie das tägliche Engagement zu viel Energie. Sie beschäftigen sich dann mit Dingen, die Ihnen nicht entsprechen, nicht „Ihres sind". Oder wie Theodor W. Adorno sagte: „Es gibt kein richtiges Leben im falschen."[9] Das verbraucht zu viel Energie und schwächt Ihre FührungsKRAFT.

Werte der Mitarbeiter & der Organisation

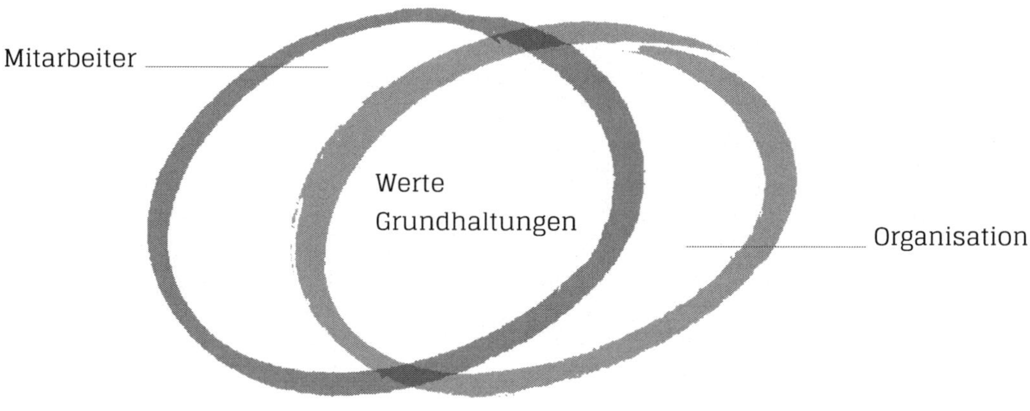

Es liegt an Ihnen, Ihren Werten mehr Raum, Zeit und Energie im Alltag zu geben und dadurch Sinn in Ihrer Arbeit zu erleben. Dadurch steigern und stabilisieren Sie auch Ihren Selbst-Wert und sind in der Lage, auch in schwierigen Konstellationen anderen Menschen gegenüber eine wertschätzende Haltung einzunehmen und vorzuleben. Diese Qualität ist ein Schlüssel für Vitalität und für die Entwicklung von einzelnen Menschen und ganzen Unternehmen.

Meine Werte QR→

- *Welche Werte sind mir bei der Arbeit und in Beziehungen besonders wichtig?*
- *Wie viele schöpferische Werte finden Platz in meinem beruflichen Alltag?*
- *Was soll man einmal bei meiner Pensionierung als meine „Verdienste“ beschreiben?*
- *Gelingt es mir, bei meiner Arbeit Schönes zu sehen und zu erleben?*
- *Zählen in meinem Leben nur schöpferische Werte? Muss ich immer etwas leisten, um mit mir zufrieden zu sein?*
- *Gelingt es mir, auch in scheinbar ausweglosen Situationen noch positive Aspekte zu sehen, und mache ich das Beste daraus?*
- *Finde ich eine Übereinstimmung der gelebten Werte in meinem Unternehmen mit dem, was mich persönlich anspricht?*
- *Mache ich meine Arbeit mit Hingabe oder eher mit „Hergabe“ (ich gebe mich für etwas her, tue etwas, was mir eigentlich nicht entspricht)?*
- *Gehe ich meinen Weg mit dem ganzen Herzen oder gibt es eine Fülle von Tätigkeiten, die ich lieblos, oberflächlich, fast mechanisch ausübe?*

Was zählt?

Abi, Hochschule, Zertifikate
Abschluss in Mindestzeit und mit Auszeichnung
Man muss einfach dranbleiben

Erfolgreiche Strategien und Geschäfte
Ertragreich und zum Vorzeigen
Man muss halt im richtigen Moment zuschlagen

Der Krise getrotzt und sie bewältigt
Nächtelang drangeblieben
Man darf sich nur nicht unterkriegen lassen

Schöne Villa mit Pool und Sportwagen davor
Eine schnelle Woche Fünfsterneluxus
Man gönnt sich ja sonst nichts

Niedriges Handicap und Marathon in 3 Stunden
Den inneren Schweinehund überwinden
Man muss sich nur anstrengen

Vorzeigefamilie mit Kindern in der Elite-Uni
Die junge Zweitfrau in einer anderen Stadt
Mann ist ja noch voll im Saft ...

Und immer wieder sagt man sich:

Was habe ich nicht alles geleistet ...
Nur Leistung zählt
Nur Leistung bringt einen weiter
Nur Leistung macht's möglich

Und irgendwann fragt man sich:

Wie lange kann ich (mir) das noch leisten?
Was zählt, wenn die Leistung einmal abfällt?
Was habe ich dann wirklich geleistet?
Soll es das gewesen sein?
Und vielleicht leiste ich mir einmal

... Momente der Ruhe und des Einfach-Seins
... Tätig sein voller Hingabe
... tragfähige Beziehungen ohne Show
... gemeinsame Freude über Erreichtes
... scheinbar sinnlosen Zeitvertreib
... Zufriedensein, wenn es reicht
Und ich leiste mir einfach mich ...

Und das zählt!

(Marianne Grobner)

Wodurch sich erfolgreiche Führungspersönlichkeiten auszeichnen

In meiner jahrelangen Beratungstätigkeit durfte ich immer wieder mit sehr erfolgreichen Führungskräften zusammenarbeiten. Diese Persönlichkeiten waren offensichtlich „mit sich im Reinen“. Sie zeichneten sich durch besondere Fähigkeiten und Prinzipien aus, die sie im Umgang mit sich selbst und anderen pflegten. Diese möchte ich im folgenden Kapitel darstellen. Ich beginne mit zwei Leadership-Fähigkeiten, die zusammenhängen und stark von der Persönlichkeit der Führungskraft geprägt sind:

Zwei Leadership-Fähigkeiten

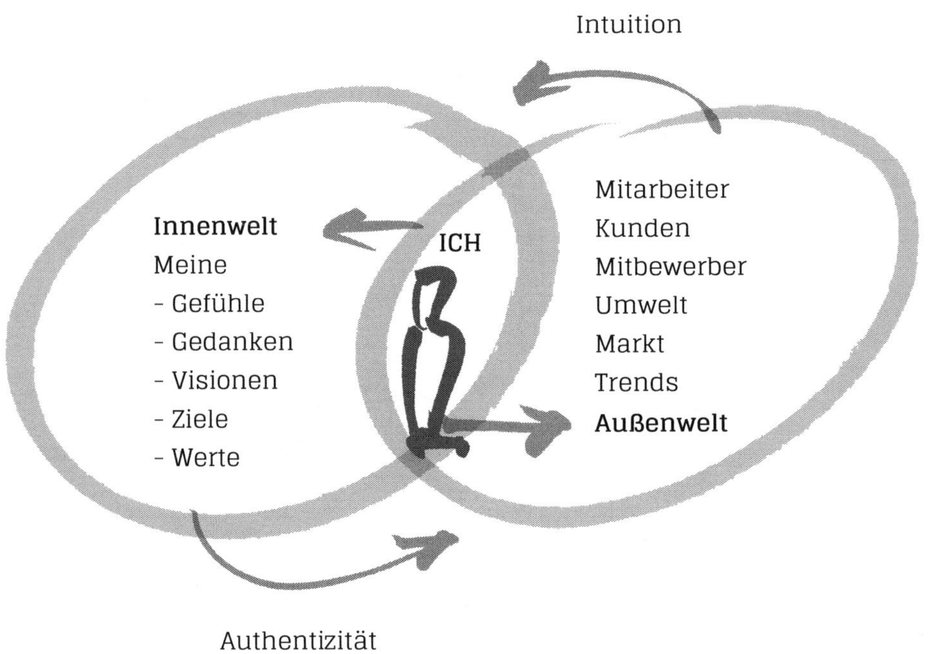

Dafür bietet ein Modell von Alfried Längle[10] eine schematische Grundlage: In diesem Bild wird das Ich, die Person, so gezeichnet, dass sie an ihrer Innenwelt wie an ihrer Außenwelt Anteil hat. Die Führungskraft erlebt und verbindet mit ihrer Person diese zwei sie bestimmenden Welten. Dabei finden sich nun die wichtigsten Leadership-Fähigkeiten: Authentizität und Intuition. Zu unserer **Innenwelt** zählen unsere eigenen Werte, Visionen, Ziele, Gedanken und Gefühle. **Authentizität** ist die Fähigkeit, diese Innenwelt glaubhaft und echt („authentisch“) zu zeigen: durch Worte und Taten. Diese Authentizität erreichen wir, wenn unser Tun unseren inneren Werten entspricht.

In der **Außenwelt** begegnen wir Entwicklungen und Trends am Markt, ökologischen Veränderungen, Erwartungen der Kunden, Geschäftspartner und Mitarbeiter. Intuition ist die Fähigkeit, diese Außenwelt mit allen Sinnen wahrzunehmen und in Bruchteilen von Sekunden mit der eigenen Erfahrung zu verbinden. Man spricht auch davon, dass jemand „Gespür" für unternehmerisches Handeln oder für andere Menschen hat. Bei vielen Entscheidungen (siehe auch: Entscheiden) spielt Intuition eine große Rolle, zum Beispiel bei der Personalauswahl. Intuition ist eine wichtige Leadership-Fähigkeit, die in jedem schlummert und die man durch Achtsamkeitsübungen stärken und entwickeln kann.

Betrachten wir die zwei wichtigen Führungsfähigkeiten Authentizität und Intuition etwas genauer.

Authentizität – man selbst sein in der Führung

Denke nur an die Dinge,
welche mit deinen Werten übereinstimmen
und welche das Tageslicht ertragen können.
Der Inhalt deines Charakters ist deine eigene Wahl.
Jeden Tag entscheidest du, wie du tust, wählst, denkst.
Und was du tust, ist was du werden wirst.
Deine Integrität ist dein Schicksal und Geschick:
Sie ist das Licht, das dich auf dem Weg führt.
(Heraklit)

Darüber ist man sich einig: Führungskräfte sollen authentisch sein. Die Interpretation des „Zungenbrecher-Wortes" Authentizität ist allerdings höchst unterschiedlich.

Die „Verpackungskünstler":
Manchen Managern geht es vor allem um ihre Wirkung: Sie interessiert nur, wie ihre Botschaft bei den Mitarbeitern angekommen ist, ob man ihnen das Gesagte auch glaubt: „Bin ich authentisch rübergekommen?" lautet dann die zentrale Frage. Dabei scheint es mehr um die Verpackung als um den Inhalt zu gehen. In der Extremvariante dieses Verständnisses bin ich dann authentisch, wenn man mir glaubt – sogar, wenn ich bewusst die Unwahrheit sage. Hier wird Authentizität missverstanden als Mittel zum Zweck, als gut einstudierte Show, um Menschen zu beeinflussen.

Die „Hemmungslosen":

Andere wiederum verstehen unter „authentisch sein" die Berechtigung, alles ungehemmt von sich zu geben: „Mir stinkt etwas, also kotze ich mich aus – sage alles, was ich mir denke –, dann bin ich authentisch, denn ich zeige mich, wie ich bin ...". Ein bisschen erinnert das an die Gruppendynamik der Siebzigerjahre. Diese Grundhaltung zeigt einen sehr unreifen Umgang mit Gefühlen. Das ist falsch verstandene Authentizität, die eher zu Verletzungen und Irritationen führt.

Echte Authentizität:

„Authentes" ist griechisch und bedeutet: mit eigener Hand vollbracht. Authentizität ist Gespür für das Eigene und Echte in jeder Situation. Dort, wo Stimmigkeit mit sich aufkommt, bekommt man sich selbst zu Gesicht. Der Volksmund sagt: „Da kann ich mich in den Spiegel schauen" als Analogie für: „Da kann ich zu mir stehen. Das stimmt für mich. Das kann ich mit meinen Werten vereinbaren." Wir haben keinen anderen, direkteren Zugang zu uns selbst als über dieses innere Gespür der Stimmigkeit. Authentizität ist genau diese Anbindung des Verhaltens an das Wesentliche in mir selbst. Authentische Führungskräfte sind nicht durch Drohungen und Verlockungen korrumpierbar, sondern stehen integer zu ihren Werten und Grundhaltungen. Sie versuchen nicht „Wasser zu predigen und Wein zu trinken", sondern das vorzuleben, was sie als wichtig erachten.

Das ist nicht immer leicht: Führungskräfte sollen ihrer Funktion entsprechen – „funktionieren". Wenn ich mich von den Erwartungen anderer leiten lasse, gebe ich die Leitung meines Lebens ab. Nicht wirklich man selbst zu sein, ständig zu funktionieren, erzeugt ein Gefühl des Unwohlseins und bringt Stress-Symptome: Klemmen im Bauch, Gereiztheit, Verspannungen ... bis zum Burnout. Erfüllend wird Führungsarbeit erst dann, wenn man diese Funktion mit innerer Zustimmung ausfüllt.

Authentisch sein bedeutet also:

- in mir verwurzelt sein: mir meiner Werte, Überzeugungen und Grundhaltungen bewusst sein,
- das leben, was ich „predige",
- mich in der jeweiligen Situation mit meinem/r „inneren Führer/in" verbinden,
- mir treu bleiben: mein Verhalten an dieser innere Stimmigkeit ausrichten, mich selbst zu verwirklichen.

Wer authentisch ist, gibt eine Einladung zu sich nach Hause. Wie ein Musiker, der authentisch spielt und die Zuhörer beim Spiel an seiner Selbstschaffung teilnehmen lässt. Das fasziniert und spricht an. Denn was persönlich ist, ist außergewöhnlich und einmalig. Charisma – eben diese schwer fassbare besondere Ausstrahlung – zeigt sich durch einen geerdeten, in sich ruhenden Führungsstil. Das strahlt nicht nur in das Unternehmen ab, sondern wirkt auch nach innen: Authentizität gibt Erfüllung.

Intuition – der „sechste Sinn" in der Führung

Haben Sie schon einmal erlebt, dass eine Bewerberin zur Tür hereinkommt und Sie spüren gleich: „Die ist es!"? Oder dass schon zu Beginn des Gesprächs klar wird: „Der wird es nicht"? Dass Sie eine Idee hörten und nach ein paar Sätzen intuitiv wussten: „Das wird eine gute Sache"? Oder dass ein Projekt gescheitert ist, bei dem Sie schon lange „ein ungutes Gefühl" hatten?

Die meisten Führungskräfte kennen dieses „Bauchgefühl", das man auch als Intuition bezeichnet. Sie ist eine angeborene emotionale Fähigkeit des Menschen. Ein Gespür für die Ganzheit einer Realität, für das Hintergründige einer Situation, für das Wesen einer Sache. Intuition ist keine Interpretation, bei der Fremdwissen dazugegeben wird. Im Gegensatz zum Nachdenken über objektive Grundlagen wird in Bruchteilen von Sekunden ein grundlegender Sachverhalt erfasst: Hier verknüpfen wir all unsere Sinneseindrücke und unsere Erfahrung. Ohne nachzudenken erfassen wir das Entscheidende der aktuellen Situation. Erstaunlich ist dabei: Wir spüren und sehen sogar zukünftige Entwicklungen voraus: „Dieser Mitarbeiter kann sich gut entwickeln ... Diese Idee wird ein Erfolg."

Bei der Intuition handelt sich es sich um die Fähigkeit, das Einmalige einer Situation zu erkennen, statt das Generelle und Allgemeine. Führungskräfte ohne Intuition sind blind, empirisch tastend und wirken oft „verkopft". Speziell für den Umgang mit Menschen brauchen wir Intuition.

Wer intuitiv wahrnehmen kann, was Menschen bewegt und ausmacht,

- ... findet spontan passende Lösungen im Verkaufsgespräch,
- ... kann besser auf Mitarbeiter eingehen und sie in ihren Potenzialen fördern,
- ... reagiert rechtzeitig auf Spannungen im Team und Probleme in Projekten,
- ... entwickelt ein Gespür und Ideen dafür, was der Markt braucht und was Kunden wünschen.

Ein „Sonderkapitel" von Intuition ist die Kreativität: Allein aus Fakten, Daten, Zielvorgaben, Analysen und einem Diktat des Marktes entstehen keine kreativen Prozesse. Erst in der persönlichen und intuitiven Auseinandersetzung mit dem Bestehenden entstehen neue Ideen. Viele Menschen meinen, Gefühle hätten in unternehmerischen Belangen und in der Wirtschaft wenig Platz. Emotionen seien bestenfalls für die Werbung gut. Sie misstrauen ihrem „Bauchgefühl" und folgen eher den sachlichen, objektiven Argumenten. Diese lassen sich ja auch leichter kommunizieren. Wie können nun Intuition und Kreativität entstehen, auf die ich mich verlassen kann? (Siehe hierzu auch: Entscheiden.)

Intuition kann nicht gemacht werden. Sie ist ein hoch kreativer Prozess, äußerst komplex und bis dato von keinem Computer simulierbar. Man kann nur eines: die Fakten ernst nehmen, abwägen, die Situation auf sich wirken lassen und auf das Echo in sich achten. Intuition ist Achtsamkeit auf sich selbst, die einen für die Situation und den anderen „gspürig" macht. Wir spüren die innere Stimmigkeit oder die Unstimmigkeit. Oft wissen wir nicht warum und sind verunsichert. Gestandene Führungspersönlichkeiten haben Erfahrung, vertrauen ihrer „inneren Stimme" und trauen sich, diese für Entscheidungen heranzuziehen. Sie nehmen Fakten und ihre Erfahrung ernst und wägen diese ab. Sie verzichten aber darauf, alles mit Fakten begründen zu müssen, und berufen sich auf ihr subjektives „Bauchgefühl". Das erfordert Mut – eine besondere Fähigkeit, auf die ich nun eingehen möchte:

Mut

Das NEIN,
das ich endlich sagen will,
ist hundertmal gedacht,
still formuliert,
nie ausgesprochen.
Es brennt mir im Magen,
nimmt mir den Atem,
wird zwischen meinen Zähnen zermalmt
und verlässt
als freundliches JA
meinen Mund.
(Peter Turrini)

Mut ist die Kraft, die bewirkt, dass ich mich einer Sache gewachsen fühle.[11] Diese Kraft entsteht vor allem dann, wenn ich mich für meine Überzeugungen, Werte und Grundhaltungen einsetze. In den romanischen Sprachen haben Mut und Herz den gleichen ursprünglichen Wortstamm: coraggio – cuore. Mutig sein bedeutet: etwas beherzt tun ... mir ein Herz nehmen und mich für etwas einsetzen, auch wenn der Ausgang ungewiss ist und mir die möglichen Folgen meines Tuns „Bauchweh" bereiten.

Denn Mut und Angst sind Gegenspieler: Wenn ich keine Angst vor einer Situation habe, brauche ich auch keinen Mut. Seine Ängste zu negieren und so zu tun, als ob man ein „unerschrockenes Wesen" wäre, dem niemand und nichts etwas anhaben könne, ist nicht Mut – höchstens Übermut oder Naivität. Mut hingegen bedeutet, sich seine Sorgen, Bedenken und Ängste in Bezug auf die möglichen Folgen seines Handelns bewusst machen, sie abwägen und sich dann ein Herz nehmen und etwas trotz bzw. MIT der Angst angehen.

Unsere Ängste halten uns oft davon ab, mutig zu agieren. Lieber wählen wir den „Schongang" und vermeiden es, Probleme anzusprechen, Mitarbeitern Feedback zu geben oder unseren kritischen Standpunkt in einer Runde zu vertreten. Es ist gut, solche Situationen bewusst zu reflektieren. Mut zu haben bedeutet nicht zwingend, etwas Gefährliches zu überwinden. Manche Ängste haben ihren Ursprung in lange zurückliegenden Erfahrungen und Annahmen, die nicht mehr real sind.

Ein Beispiel: Die Kündigung eines Mitarbeiters vor vielen Jahren wird als Argument dafür genommen, warum man heute diesem Vorgesetzten gegenüber nicht ehrlich seine Meinung sagen kann. Tatsächlich kannte damals kein Mitarbeiter die Zusammenhänge der Kündigung, der Vorgesetzte hat verabsäumt, darüber zu informieren, und das Gerücht des „Chefs, mit dem man sich nicht anlegen darf, weil einem sonst gekündigt wird" hält sich über Jahre. Bei genauerem Hinschauen entdecken wir oft, dass uns unbegründete Ängste lähmen und in der Führungsarbeit blockieren.

Wenn du Angst vor einem Riesen hast,
schau genau hin, ob es nicht der Schatten
eines Zwerges ist.
(Quelle unbekannt)

Hier ein paar hilfreiche Fragen zum Umgang mit Situationen, die Ihren Mut erfordern:

1. Was würde ich jetzt in dieser Situation gerne tun? Was wäre für mich „stimmig"?
2. Was hält mich davon ab, das zu tun? Was könnte mein Verhalten auslösen? Hier beginnen wir zu differenzieren: Was sind berechtigte Bedenken und konkrete Ängste? Was sind diffuse Gefühle, die ich gar nicht so genau benennen kann?
3. Was wäre das Schlimmste, das passieren könnte?
4. Wenn DAS einträfe: Was würde dann passieren? Würde ich das aushalten? Wäre ich bereit, die Konsequenzen meines Verhaltens zu (er-)tragen?
5. Will ich es im Bewusstsein dieser Situation tun? Wie will ich es tun?

Ein Beispiel: Eine Führungskraft hat Angst, sich in einem Meeting zu einer Situation bzw. zu einem Thema zu äußern. Sie kann sich nun überlegen, wie sie die obigen fünf Fragen für sich beantwortet.

Ihre möglichen Gedanken werden dann vielleicht sein:

1. Ich würde gerne das Wort ergreifen und allen sagen, dass ich diese Vorgehensweise nicht gut finde. Ich würde gerne eine Alternative einbringen.
2. Ich könnte mich mit meiner Idee blamieren. Der Direktor könnte ärgerlich werden, wenn ich seinen Vorschlag kritisiere. Die anderen könnten mich belächeln oder für einen Streber halten. Ich könnte mit meiner Idee abblitzen. Der Kollege A, von dem das Konzept kommt, könnte gekränkt sein. Meine anstehende Beförderung könnte platzen ... usw.
3. Eine der bei Punkt 2 genannten Folgen – vielleicht der Ärger des Direktors ...
4. Es wäre mir unangenehm, aber ich könnte es aushalten. Der Ärger der anderen würde sich wieder legen. Ich würde deswegen NICHT meinen Job verlieren.
5. Ich bin überzeugt, dass es richtig ist, das zu thematisieren. Es wird nicht angenehm, aber ich nehme mir jetzt ein Herz, ergreife das Wort und beziehe mutig Stellung. Ich werde mich bemühen, das möglichst wertschätzend zu tun.

Zum Mut gehört auch die Überwindung der Angst vor der Unvollkommenheit. Als Führungskraft muss und kann ich nicht überall perfekt sein. Führung ist kein Zehnkampf bei einer Olympiade, in der ich in allen Disziplinen antreten und gewinnen muss. Dieser Anspruch bringt nur Stress und Angst vor Bloßstellung. Es wird immer Fähigkeiten und Fertigkeiten geben, bei denen Kollegen oder Mitarbeiter besser sind als ich. Wie würde es klingen, wenn wir uns gegenseitig humorvoll zugestehen: „Ich bin auch vielseitig unbegabt"? Diese Tatsache zu akzeptieren und auch offen zu bekennen, würde uns als Führungskraft authentisch und menschlich zeigen.

Mutig führen heißt also:

... mich für meine Überzeugungen, Werte und Grundhaltungen einzusetzen,
... Risiken in Kauf zu nehmen und nicht immer auf Nummer sicher zu gehen,
... auch meine eigenen Grenzen wahrzunehmen und zu zeigen,
... meine Arbeit „beherzt" zu machen,
... mich für meine Werte und das, was für mich stimmig ist, einzusetzen und persönlich Position zu beziehen,
... in schwierigen Situationen unangenehme Themen offen anzusprechen und mit den direkt Betroffenen Lösungen zu suchen.

Wer Mut zeigt, bezieht auch Stellung und zeigt Verantwortung.

Eigenverantwortung: Vom Müssen zum Wollen

Wir sind nicht nur verantwortlich für das,
was wir tun, sondern auch für das,
was wir nicht tun.
(Molière)

Viele Menschen sehen sich immer wieder als Opfer äußerer Umstände und verleugnen ihren eigenen Beitrag zu Situationen. Sie sind Meister im Erklären, was andere nicht getan haben oder tun hätten müssen, und im Rechtfertigen, warum etwas nicht geklappt hat. Sie fühlen sich nicht verantwortlich und sitzen wie Zuschauer am Rande eines Spielfeldes, auf dem ihr Leben stattfindet.

Typisch für diese „Opfer-Haltung" sind Aussagen wie:

- „Ich habe keine Zeit, kein Geld, keine Kompetenz ..."
- „Mir sind die Hände gebunden."
- „Die da oben sollten ..."
- „Jemand sollte den ersten Schritt tun!"
- „Ich kann nicht so handeln, wie ich gerne wollte, weil die Organisation das nicht zulässt!"
- „Ich kann nichts dafür, dass Mitarbeiter abgebaut werden mussten."
- „Meine Abteilung kann nicht effizient arbeiten, weil die anderen uns zu spät zuarbeiten."
- „Ich komme zu spät, weil ich in einem Stau aufgehalten wurde."

Genau hier beginnt die Verantwortung von Führungskräften: Es geht darum, nicht alle Dinge als gegeben zu nehmen.

Erfolgreiche Leader haben ein Gespür für das Wesentliche und fragen sich:
- Welchen Herausforderungen stehe ich gegenüber?
- Was ist jetzt wichtig?
- Was verlangt die Situation (vielleicht auch Unangenehmes) von mir?
- Wo bin ich jetzt in meiner Rolle gefragt?
- Welches Handeln entspricht meinen Werten und Zielen?
- Was war mein Beitrag (durch Handeln oder Nichthandeln), damit diese Situation entstanden ist?
- Wie habe ich auf die Situation reagiert?
- Wie könnte ich in einer ähnlichen Situation künftig besser, anders, effektiver handeln?
- Was hätte ich in der Vorbereitung tun können, um die Risiken oder Folgen dieser Situation zu beeinflussen?
- Kann ich nun etwas tun, um den Schaden zu begrenzen oder zu beheben?
- Was kann ich aus dieser Erfahrung lernen?

Eigen-Verantwortung zu übernehmen bedeutet Antworten auf diese Fragen zu geben und den Fokus auf das zu legen, was man in der jeweiligen Situation selbst beeinflussen und bewirken kann.

Eigenverantwortung bedeutet,
- Verantwortung für das eigene Tun oder Nicht-Tun und die Konsequenzen daraus zu übernehmen,
- Spielräume und selbst beeinflussbare Lösungen zu suchen (mögliche Antworten auf eine Situation – „responsible" und daran angelehnt: „respons-able"),
- Initiative zu ergreifen und die Entwicklung selbst in die Hand zu nehmen,
- den eigenen Beitrag und auch die Grenzen zu sehen.

Eigenverantwortung zeigt sich auch in der Sprache von Führungskräften. Sie zeichnet sich durch starke Ich-Botschaften aus:
- „Ich will ..."
- „Mein Anteil an diesem Fehler / dieser Situation war ..."
- „Ich lege meine Prioritäten anders ..."
- „Ich habe noch keine Antwort gefunden."
- „Ich könnte den ersten Schritt tun."

- „Ich entscheide, es nicht zu tun."
- „Ich kann etwas gegen die Ungerechtigkeit beitragen."
- „Ich komme zu spät, weil ich zu spät weggefahren bin."

Solche Aussagen – auch vor Mitarbeitern – erfordern Selbstreflexion, die Fähigkeit, aus Fehlern zu lernen, Mut und die Bereitschaft, Risiken einzugehen. Eigenverantwortung erfordert starke, kraftvolle Persönlichkeiten.

Hingabe und Begeisterung

In dir muss brennen,
was du in anderen
entzünden willst.
(Augustinus Aurelius)

Ohne Begeisterung ist noch nichts Wesentliches auf unserer Welt verändert worden. Aus der Hirnforschung wissen wir, dass wir bis ins hohe Alter lernen können, wenn uns ein Thema begeistert. Die Begeisterung von Führungskräften für ihre Aufgaben und Ziele wirkt inspirierend und schafft eine motivierende Atmosphäre im Team. Aber: Diese Ausstrahlung hat eine Führungskraft nur, wenn sie ihren Job mit Leidenschaft und Hingabe ausübt. Was bedeutet das?

Wenn wir etwas mit diesem klaren inneren „Ja", also mit Hingabe tun, gehen wir auf in der Aufgabe, haben Freude oder Spaß daran. Die Zeit vergeht dabei oft „wie im Flug" – ich bin „im Flow". Ich bin danach vielleicht müde, aber nicht erschöpft, sondern erfüllt. Ich frage mich nicht, was ich dafür bekomme, sondern freue mich, wenn ich damit sogar auch noch Geld verdienen kann. Ich fühle mich vital und bin mit mir im Reinen.

Insofern ist auch Begriff der „Work-Life-Balance" völlig falsch: Er erweckt den Eindruck, dass Leben und Arbeit zwei Antagonisten sind – Gegenspieler im Kampf um meine Energie und Zeit. Leben spielt sich aber nicht erst in der Freizeit ab: Wer mit Hingabe arbeitet, findet Sinn und Erfüllung auch in der Arbeit und strahlt das auch aus.

Die Begeisterung der Führungskraft wirkt sich auf die Mitarbeiter aus. Man kann Begeisterung nicht einfordern. Als Führungskraft kann ich nur den Boden für die Begeisterung und Vitalität meiner Mitarbeiter bereiten, indem ich Rahmenbedingungen schaffe, bei denen jeder Mitarbeiter mit Hingabe arbeiten kann. Die Führungskraft ist in Bezug auf Hingabe und Begeisterung Lernmodell und Vorbild für die Mitarbeiter. Das ist aber auch gefährlich: Wenn wir begeistert sind, laufen wir Gefahr, über unsere Grenzen zu gehen und uns bis zur Erschöpfung für eine Sache einzusetzen. Die Auslöser dafür liegen nicht immer im Betrieb. Sie sind aber immer ein Zusammenspiel individueller und arbeitsplatzbezogener Faktoren – innerer und äußerer Rahmenbedingungen.

Innere Ursachen sind neben einer genetischen Disposition vor allem persönliche Antreiber und Glaubensmuster, wie:
- „Ich bin nur etwas wert, wenn ich etwas leiste."
- „Ich muss alles alleine schaffen."
- „Ich muss perfekt sein."
- „Ich muss stark sein."
- „Ich muss rasch sein."
- „Ich muss es allen recht machen."
- „Ich muss alles unter Kontrolle behalten."

Die Entstehung dieser persönlichen inneren Antreiber liegt meist schon Jahrzehnte zurück, der Arbeitgeber hat sie nicht primär verursacht. Sie wird aber oft durch das Verhalten der Führungskräfte positiv verstärkt: Wenn etwa am Abend oder am Wochenende eine Mail mit einer dringenden Frage des Chefs vom Mitarbeiter sofort beantwortet wird und der Vorgesetzte ihn dafür lobt, wird der Mitarbeiter beim nächsten Mal wieder sofort antworten. Er erhält Lob und fühlt sich für sein diensteifriges Verhalten positiv verstärkt.

Wenn Vorgesetzte nie Urlaub machen und ihre Mails regelmäßig nach Mitternacht und am Sonntag im Posteingang der Mitarbeiter landen, sind das Signale, die Selbstausbeutung und „Arbeiten rund um die Uhr" als erstrebenswert und karriereförderlich vorleben. Und so zählen in vielen Betrieben Wochenendarbeit und ständige Erreichbarkeit zum Normalzustand.

Saisonale Spitzen gibt es in jedem Unternehmen und eine Phase der Mehrbelastung über einige Wochen oder Monate wird von den meisten Mitarbeitern gut bewältigt. Aber wenn über Jahre versucht wird, das Maximum, das „Letzte" aus den Mitarbeitern herauszuholen, dann sinken üblicherweise die Leistungsfähigkeit und die Leistungsqualität. Es geht darum, das Optimum zu erreichen: die beste Leistung und gleichzeitig die beste Vitalität von Mensch und Organisation.

Leadership erfordert daher von der Führungskraft einen achtsamen Umgang: mit anderen und mit sich selbst.

Achtsamkeit

Ein alter Rabbi wurde gefragt: „Was ist das Wichtigste im Leben?“
Er antwortete: „Das was ich gerade tue.“
(Quelle unbekannt)

In unserer hektischen Zeit der ständigen Ablenkungen und des „Multitaskings“ ist es eine große Herausforderung, in jedem Augenblick unseres täglichen Lebens wirklich präsent zu sein. Achtsamkeit lässt uns erkennen, was im gegenwärtigen Augenblick in uns und um uns herum wirklich geschieht. Achtsamkeit ist eine Art von Energie, die jedem Menschen zur Verfügung steht. Achtsamkeit ist „Jetzt und Herz“.

Achtsamkeit besteht aus vier Bausteinen:
1. Meine Aufmerksamkeit ist beabsichtigt und bewusst gelenkt (ich bin nicht abgelenkt).
2. Ich lenke meine Aufmerksamkeit auf die Gegenwart, auf den jeweiligen Moment; das führt zu einer besonderen Qualität von Präsenz.
3. Ich nehme wohlwollend, freundlich, vor allem akzeptierend und nicht bewertend oder verurteilend wahr: Es ist wie es ist. „Jetzt und Herz“ bedeutet: Ich habe ein offenes Herz für das, was gerade da ist. Achtsamkeit kann man nicht denken.
4. Ich beobachte mich selbst in meiner Wahrnehmung der Situation. Ich bin mein „innerer Beobachter“.

Weshalb ist Achtsamkeit für Führungskräfte so wichtig?

- Wir nehmen wahr, was ist, und sind nicht geblendet und abgelenkt von Glaubenssätzen, Vorurteilen, rosa Brille, inneren Einsagern, ... wir sehen unvoreingenommen.
- Wir entwickeln uns als Person weiter: Dadurch werden wir offen für neue Erfahrungen, und es wird uns bewusst, welche Fragen das Leben und unsere Führungsaufgabe an uns stellen.
- Wir schenken unseren Mitarbeitern durch achtsamen Umgang Aufmerksamkeit und damit Anerkennung und Wertschätzung. Wir nehmen sie wahr.

- Wir finden neue Lösungsansätze und Ideen: Diese entstehen meist in einem Zustand der inneren Ruhe, wenn wir Zeit haben „uns zuzuhören“: Beim Spazierengehen, „nach innen“ Laufen, bei Tätigkeiten, die wenig geistige Anstrengung erfordern wie Rasenmähen, ...
- Wir gehen gut mit uns um, achten auf unsere Gesundheit und beugen so einem Burnout vor.
- Wir haben mehr Lebensqualität, wenn wir im Augenblick leben, statt uns dauernd mit Vergangenheit und Zukunft zu beschäftigen.

Achtsamer Umgang mit mir selbst

Führungsaufgaben erfordern oft viel Kraft. Führungskräfte sind auch im Umgang mit Energie und Grenzen Vorbild. Gesund führen beginnt daher beim achtsamen Umgang der Führungskräfte mit sich selbst. Es ist wichtig, für sich selbst immer wieder darauf zu achten.

Mein achtsamer Umgang mit mir selbst: QR→

- *Was mache ich mit Hingabe?*
- *Was sind für mich die Auslöser / „Einschaltknöpfe“ für Begeisterung?*
- *Habe ich schon einmal erlebt, dass ich für etwas „gebrannt“ habe?*
- *Was schützt mich dann vor dem Ausbrennen?*
- *Kann ich gut für mich sorgen?*

Meine aktuelle Vitalität: QR→

- *Wie vital fühle ich mich im Moment?*
- *Bin ich öfter erschöpft? Warum? Wie stehe ich dazu?*
- *Wie gut kann ich mich entspannen und abschalten?*
- *Ziehe ich mich vermehrt zurück?*
- *Habe ich keine Energie mehr für Freizeitaktivitäten, die mir früher einmal etwas bedeutet haben? (Freunde treffen, Sport, ...)*
- *Nehme ich Arbeitsprobleme oft mit nach Hause in die Freizeit?*
- *Empfinde ich oft starken Widerwillen gegen die Arbeit?*
- *Habe ich das Gefühl, dass ich mit immer mehr Energie immer weniger schaffe?*
- *Habe ich die Freude an den meisten Dingen verloren?*
- *Leide ich unter Vergesslichkeit und Konzentrationsschwäche?*
- *Brauche ich immer mehr Zeit, mich zu erholen?*
- *Kann ich mich überhaupt noch erholen?*

- *Fühle ich mich seit mehr als sechs Monaten erschöpft, ausgelaugt, kraftlos?*
- *Was sagt mein Umfeld? Bekomme ich Hinweise von Partner/in, Kollegen/innen und Freunden, dass etwas mit mir nicht stimmt?*
- *Was sagt mir mein Körper? Leide ich ständig unter Kopfschmerzen, Schlaflosigkeit, Ohrensausen, Gewichtsveränderung, ... ?*

Wenn Sie regelmäßig einige der beschriebenen Symptome bei sich feststellen, sind das Alarmzeichen, die Sie ernst nehmen müssen. Suchen Sie in diesem Fall einen Arzt auf, der Erfahrung in der Diagnose und Behandlung von Burnout hat. Denn Achtung: Der Körper hat das letzte Wort und gewinnt immer!

Achtsamkeit mit sich selbst zeigt sich vor allem im Umgang mit den Dimensionen Raum, Zeit und Energie:

Achtsamer Umgang mit meinem Raum:
- Ich richte mir meinen Arbeitsplatz so ein, dass ich mich wohlfühle.
- Ich entrümple meinen Arbeitsplatz regelmäßig und befreie ihn von Ballast.
- Meine Bürotür darf auch einmal zu sein, wenn ich konzentriert arbeiten will.
- Ich habe auch privat einen „Platz für mich“ oder in der Natur einen „Kraftplatz“, an den ich mich zurückziehen und an dem ich ganz für mich sein kann.

Achtsamer Umgang mit meiner Zeit:
- Ich schaffe Rahmenbedingungen, die es mir ermöglichen,
  gut zu arbeiten, und achte dabei auch auf meinen Bio-Rhythmus.
- Ich setze Grenzen für meine Erreichbarkeit und bin nicht ständig online.
- Ich achte auf „Zeit für mich“, die ich so ernst nehme wie einen wichtigen Kundentermin.
- Ich halte Urlaube, private Termine und Rituale
  (Sport, Theater, Zeit mit Kindern, Treffen mit Freunden, ...)
  ein und sage diese nicht wegen geschäftlicher Verpflichtungen ab.
- Ich versuche bewusst aus dem Aktionsmodus in den Seins-Modus zu wechseln.
- Ich gönne mir immer wieder ruhige Momente, um für mich selbst
  nach-zu-denken und nach-zu-spüren, wie „stimmig“ etwas für mich ist.
  3 x 10 Minuten täglich für Reflexion, Stille und Nichts-Tun.
  Das ist ein Achtundvierzigstel des Tages!

Achtsamer Umgang mit meiner Energie:
- Ich überfordere mich nicht. Ich achte darauf, mir „gut zu tun".
- Ich gönne mir ausreichend Schlaf, sodass ich mich in der Früh ausgeruht fühle.
- Ich verzichte auf den regelmäßigen Gebrauch von Aufputsch- oder Beruhigungsmitteln und Drogen, um wach zu bleiben oder schlafen zu können.
- Ich gönne meinem Körper eine gesunde Ernährung und ausreichend Flüssigkeit und achte auf ein gesundes Gewicht.
- Ich habe ein regelmäßiges Bewegungsprogramm, das mir entspricht.
- Ich habe „Tankstellen", die ich pflege: Garten, Musik, Lesen, Abende mit der Familie, mit Freunden, ...

Wie zeigt sich Achtsamkeit im Führungsalltag?

Ich konzentriere mich auf das, was gerade JETZT zu tun ist, mache nichts „nebenbei".

Ein paar Beispiele:
- Ich tue, was ich gerade tue:
  Wenn ich in der Sitzung sitze, bin ich präsent.
  Wenn ich telefoniere, lese ich nicht nebenbei Mails.
  Wenn ich zuhöre, gehe ich ganz auf meinen Gesprächspartner ein.
  Wenn ich esse, dann esse ich.
- Ich teile mir fixe Zeiten für die Erledigung von Mails ein.
- Ich gönne mir bei der Arbeit eine „stille (halbe) Stunde" für konzentriertes Arbeiten.
- Ich horche auf Zwischentöne und achte im Gespräch mit den Mitarbeitern auf Stimmungen.
- Ich nehme mich in Sitzungen manchmal bewusst zurück, beobachte und nehme wahr, was mir auffällt und was mich bewegt.
- Ich nehme meine Wahrnehmungen, mein „Bauchgefühl", meine Intuition ernst und beziehe diese auch in meine Entscheidungen und mein Handeln ein.
- Ich löse mich im Alltag immer wieder bewusst aus operativen Erledigungen und „schalte auf Führung um". Dabei frage ich mich: Was ist jetzt in meiner Führungsaufgabe wichtig?

Wie kann ich meine Achtsamkeit im Umgang fördern und entwickeln?

Wir können unsere Achtsamkeit durch Übungen im Alltag steigern, zum Beispiel durch Meditation im Sitzen oder Gehen, durch das Wahrnehmen des eigenen Atems oder indem wir einer Tätigkeit (z.B. Essen) unsere volle Aufmerksamkeit widmen. Auch bewusstes Wahrnehmen dessen, was ich gerade tue, steigert meine Achtsamkeit: essen, in der Sitzung anderen zuhören, staubsaugen, Musik bewusst hören. Durch bewusstes Hin-hören, Hin-schauen, Riechen, Begreifen öffnen wir unsere Wahrnehmung. Wir können versuchen, alles wie zum ersten Mal wahrzunehmen und bei Tätigkeiten die neugierige Haltung eines Anfängers einnehmen. Bewusstes Reduzieren wie Aufräumen, Entrümpeln (siehe dazu auch Kapitel Entrümpeln), Vereinfachen hilft mir zu erkennen, was mir wirklich wichtig ist, und achtsam damit umzugehen.

Achtsamkeitsfördernde Settings lassen sich auch in den Führungsalltag einbauen, wenn wir z.B. bei Sitzungen Dialoge und Reflexionsrunden durchführen, in denen wir offen darüber reden, wie wir eine aktuelle Situation jetzt wahrnehmen, wie wir die Zusammenarbeit erleben, welche Emotionen uns im Moment bewegen.

Mit Achtsamkeit führen heißt also:

- mit mir selbst achtsam umzugehen und auch auf Körper, Seele und Geist zu achten,
- die gegenwärtige Situation so anzunehmen, wie sie ist, und zu verändern, was zu verändern ist,
- die aktuelle Situation bewusst und aufmerksam wahrzunehmen, mit echtem Interesse zuzuhören und jedem Einzelnen Respekt zu schenken,
- dem Mitarbeiter mit voller Aufmerksamkeit zu begegnen und dabei auf die eigenen Gedanken, Worte und Umgangsformen zu achten.

Verlässlichkeit und Commitment

Eine wichtige Rolle in der Zusammenarbeit mit anderen spielt das Thema Verlässlichkeit: Wir vertrauen einem Mitarbeiter oder Geschäftspartner z.B., wenn das Versprochene gehalten wird. In unserer Zusammenarbeit mit Mitarbeitern, Kollegen und Vorgesetzten sind wir ständig auf die Verlässlichkeit der anderen angewiesen. Die Führungskraft sollte dabei Vorbild sein. Durch Verlässlichkeit und Vorhersehbarkeit entsteht Vertrauen in einer Beziehung. In einer Kultur, in der man Commitments ernst nimmt und sich gegenseitig für das Einhalten von Commitments verantwortlich macht, findet man Koordination und Effektivität, es werden Ziele erreicht und der Selbstwert wird wahrgenommen. Ein Commitment ist dabei ein Versprechen und wie ein moralischer Vertrag zu sehen. Die Anfrage lautet: „Ich ersuche dich ... (eine spezifische Handlung) zu tun bis ... (Zeitpunkt). Kannst du das einhalten?“ Oft werden Zusagen und Versprechungen gemacht, weil man das Gegenüber beruhigen, kritische Auseinandersetzungen vermeiden will oder einfach dem Druck einer Autorität nachgibt. Führungskräfte sollten gut überlegen, bevor sie voreilig Versprechungen und Zusagen machen, die sie dann nicht einhalten können. Nicht eingehaltene Zusagen zerstören das Vertrauen und die Glaubwürdigkeit.

Fragen Sie sich, bevor Sie vorschnell etwas zusagen:
- Verstehe ich, was der andere von mir verlangt?
- Habe ich die Fähigkeiten und Ressourcen dazu?
- Habe ich die Disziplin und den Fleiß dazu?
- Kann ich es erfüllen, ohne über meine Grenzen zu gehen?
- Bin ich sicher, dass diejenigen, von denen ich abhängig bin, rechtzeitig liefern werden, sodass ich zusagen kann?
- Bin ich willens, die Verantwortung für ein mögliches Nichteinhalten des Versprechens zu tragen?

Verlässlichkeit gibt Halt und Orientierung. In der Führung gilt daher:
- Mein Wort gilt verbindlich; ich stehe zu meinen Zusagen und bin verlässlich.
- Ich halte Regeln, Prozesse und Abstimmungen ein.
- Ich kann nicht immer alles sagen, aber was ich sage, ist ehrlich und klar.

Emotionale Intelligenz – Gefühle integrieren

It is very important to understand that emotional intelligence
is not the opposite of intelligence, it is not the triumph of heart
over head – it is the unique intersection of both.
(David Caruso)

Führungskräfte sind nicht nur rationale, kopfgesteuerte Wesen, sondern haben auch Emotionen. Es zeichnet erfolgreiche Leadership-Persönlichkeiten aus, dass sie mit diesen Emotionen gut umgehen können. Dabei geht es nicht um das Gegenteil von rationaler Intelligenz und nicht um einen Sieg des Herzens über den Verstand, sondern um deren wirkungsvolle Verbindung.

Die Kernfähigkeiten „emotionaler Intelligenz" (EQ) sind:[12]

1. Die eigenen Gefühle wahrnehmen und beobachten

Wer die eigenen Gefühle nicht erkennt, ist ihnen ausgeliefert. Durch Einsicht in unseren eigenen Erregungszustand hat man die Chance, aktiv mit seinen Emotionen umzugehen. Das erfordert eine gewisse Selbst-Distanzierung, in der wir uns und unsere Gefühle wie ein Betrachter von außen achtsam wahrnehmen und daraus lernen können.

Hilfreiche Fragen dazu:

- Welche Stimmung, welches Gefühl löst ein Ereignis bei mir aus?
- Wie geht es mir mit diesem Gefühl? Kann ich akzeptieren, dass mich etwas ärgert, kränkt, freut?
- Wie beeinflusst mich dieses Gefühl? Was will es mir sagen? Wozu will es mich drängen?

2. Die Gefühle so handhaben, dass sie angemessen sind

Tiefen und Höhen sind im Leben ganz normal und verleihen ihm erst die Würze. Wenn wir uns aber von unseren Gefühlen steuern lassen, kann das schnell zu Gereiztheit, Wut, Zorn, verbaler und körperlicher Gewalt führen. Emotional intelligente Menschen können sich selbst beruhigen und auch mit ihren negativen Emotionen umgehen. Diese Fähigkeit baut auf der achtsamen Selbstdistanzierung und Selbstwahrnehmung auf. Wer diese beherrscht, ist nicht getrieben von seinen Emotionen, kann leichter mit den Aufregungen und Rückschlägen des Lebens zurechtkommen, erholt sich schneller und reagiert mit Gelassenheit.

3. Emotionen produktiv nutzen und in die Tat umsetzen

Gefühle können sich fördernd oder hindernd auf unser Handeln auswirken. Wir sind nicht verantwortlich für unsere Gefühle, aber für unsere Handlungen. Unkontrollierte Emotionen beeinträchtigen unseren Verstand und unsere Vernunft. Weder unkontrolliertes „Auskotzen" noch Unterdrücken von Gefühlen ist sinnvoll: „Emotions are good advisors, but bad masters." Führungskräfte sollten ihre Stimmungen regulieren können. Dazu zählen Selbstbeherrschung, das Dämpfen der Impulsivität und die Fähigkeit, einem Impuls auf sofortige Bedürfnisbefriedigung zu widerstehen: Wir halten uns zugunsten eines Wertes oder eines weiter entfernten Zieles zurück. Ein produktiver Umgang mit Emotionen ermöglicht uns, diese zu nutzen und in den Dienst eines Zieles zu stellen.

4. Mich in andere einfühlen können – Empathie

Empathie bezeichnet die Fähigkeit und Bereitschaft, Gedanken, Emotionen, Motive und Persönlichkeitsmerkmale einer anderen Person zu erkennen und zu verstehen. Der Psychoanalytiker Arno Gruen bezeichnet Empathie als die Fähigkeit, die Menschen eine Art Immunität gegen das Unmenschlichsein verleiht.[13] Wer einfühlsam ist, erkennt eher die versteckten sozialen Signale, die anzeigen, was ein anderer fühlt oder braucht: Wie ein Ton die Saite eines Instruments zum Schwingen bringen kann, so gelingt durch aufmerksame Wahrnehmung, dass wir uns in die Situation eines anderen Menschen hineinversetzen können und damit etwas „in uns anklingt“: Wer empathisch ist, beginnt auch zu fühlen, was der andere fühlt, was zu gegenseitigem Verstehen führt.

5. Beziehungen gestalten

Die Kunst, Beziehungen zu gestalten, besteht zum großen Teil darin, mit den Emotionen anderer umzugehen, ihre Grenzen zu achten, Gefühle achtsam und nicht verletzend anzusprechen.

Der Umgang mit Emotionen ist eine Gewohnheit. Gewohnheiten sind angelernt und können unser Leben lang verändert werden. Der Umgang mit unseren Emotionen ist daher ein lebenslanges Lern- und Übungsfeld. Jeder, der sich darin verbessern will, kann darin Fortschritte machen.

Mein Umgang mit Emotionen:

- *Kann ich meine Gefühle gut selbst wahrnehmen?*
- *Kann ich meine Gefühle so handhaben, dass sie angemessen sind?*
- *Kann ich mit negativen Gefühlen (Angst, Trauer, Wut, Ärger, Ohnmacht, Misstrauen, Scham, Eifersucht, ...) konstruktiv umgehen?*
- *Kann ich Empathie für andere Menschen empfinden und auch zeigen?*
- *Kann ich meine Gefühle als Wegweiser wahrnehmen: Angst für Gefahr, Trauer für Verlust, Wut für Grenzverletzungen bzw. Ungerechtigkeit?*
- *Habe ich ein gutes Gespür für Grenzen?*
- *Was ist in Bezug auf Emotionen DAS wichtigste Entwicklungsthema für mich?*
- *Wenn ich das erreicht habe, was würde ich dann – anders – tun?*
- *Was mache ich stattdessen, wenn es mir nicht gelingt? Durch welches Verhalten verhindere ich immer wieder, dass ich dieses Ziel erreiche?*
- *Welche Annahme steht hinter diesem „Gegenverhalten“? Was ist der Nutzen davon?*

Selbstbewusstsein

Jeder Mensch hat ein persönliches Gefühl seines Wertes. Dieses Gefühl ist abhängig von der Situation und von seiner eigenen Selbstwert-Geschichte:

Die Psychologin Virginia Satir[14] hat dazu ein Bild gezeichnet, in dem sie beschreibt, dass jeder Mensch über einen „Selbstwerttopf" (Zuwendungseimer) verfügt, welcher durch Zuwendung gefüllt werden kann:

- durch Zuwendung von mir selbst: indem ich achtsam mit mir umgehe, mich und meine Bedürfnisse ernst nehme, mich akzeptiere, so wie ich bin, und mich auch anerkenne, genussvolle Situationen erlebe,
- durch Zuwendung von außen / von anderen: durch Lob, Wertschätzung, Zuwendung (geschenkte Zeit), Fürsorge, achtsamen Umgang von anderen mit mir.

Selbstwerttopf

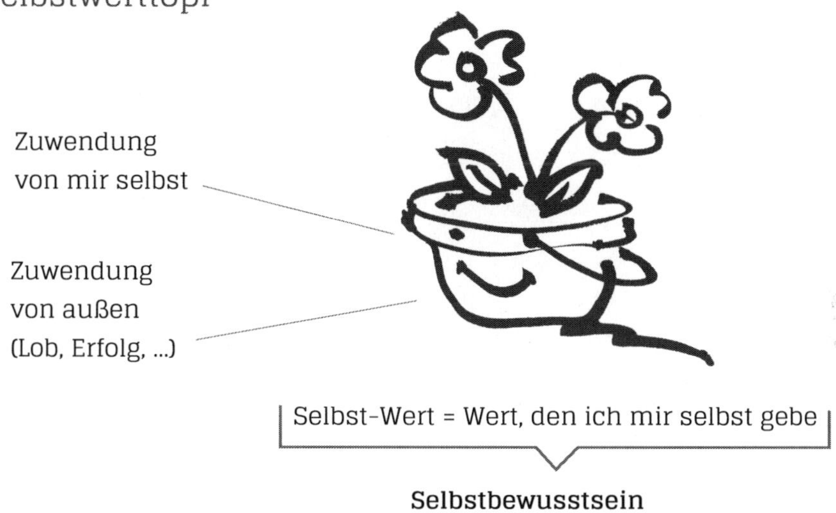

Der Selbstwert ist Schwankungen unterworfen – der Topf ist nicht immer gleich voll. Ein gut gefüllter Topf sorgt für einen hohen Selbstwert sowie für Vertrauen in andere. Er ermöglicht guten Kontakt zu sich und anderen. Er fördert Mut und die Fähigkeit, auch Krisen gut zu überwinden (Resilienz). Ein leerer Topf zeigt sich in Selbstzweifeln, dem Gefühl der Isolation, in Anpassung und Abhängigkeitsverhalten, Misstrauen, Aggression, ausweichendem Verhalten, Kontaktverlust zu mir und anderen, ständigem Kontrollbemühen und Ängsten.

Die meisten Menschen haben schon Situationen erlebt, in denen sie sich in ihrem Selbstwert angegriffen oder minderwertig gefühlt haben. Wenn Menschen in der Kindheit in ihrem Bedürfnis nach Zuwendung, Geborgenheit und Nähe verletzt wurden, dann haben sie einen generell leeren Topf und streben ständig nach Anerkennung und Bewunderung von außen. Sie gleichen den Mangel an Selbstwert dadurch aus, dass sie sich durch extreme Leistung, Perfektionismus oder Statussymbole entsprechend Zuwendung und Anerkennung von außen holen.

Für Führungskräfte ist das eine große Gefahr: In ihrem Ehrgeiz sind sie nicht frei in ihren Entscheidungen, sondern getrieben von Ängsten zu versagen, sich zu blamieren und im Vergleich mit anderen schlechter abzuschneiden. Das kann leicht zu Fehlentscheidungen führen. Daher ist es wichtig, sich mit seiner eigenen Selbstwert-Geschichte und seinem Zuwendungshaushalt zu beschäftigen.

Mein Zuwendungshaushalt:

- *Wo nehme ich mein Können und meine Kompetenz wahr?*
- *Habe ich mich in der letzten Woche einmal selbst gelobt bzw. anerkannt?*
- *Bin ich mit mir zufrieden?*
- *Genüge ich mir selbst oder bin ich nie ganz zufrieden mit mir?*
- *Wann habe ich mir zuletzt etwas Gutes gegönnt? Einen Genuss?*
- *Woraus beziehe ich meinen Selbstwert?*
- *Kann ich mich mögen, so wie ich bin?*
- *Wer oder was hat diese Woche meinen Selbstwert-Topf gefüllt?*
- *Habe ich ein Lob gehört und es annehmen können?*
- *Arbeite ich (zu) viel, um ein wenig Anerkennung von meiner Umwelt zu erhalten?*
- *Wie voll ist jetzt gerade mein Selbstwerttopf?*

Selbstbewusste Führungskräfte kennen ihre Stärken, Fähigkeiten und auch ihre Schwächen. Sie akzeptieren ihre Grenzen und Schwächen. Sie können damit leben, dass sie in zahlreichen Bereichen hochgradig unbegabt oder inkompetent sind – wie jeder Mensch. Sie konzentrieren sich auf ihre Stärken und streben einen Arbeitsplatz an, an dem sie ihre Stärken einsetzen können. Menschen sind dann am erfolgreichsten, wenn sie das tun, was sie gut können.

Selbstbewusste Führungskräfte sind sich aber bewusst, dass ihre größten Stärken auch gleichzeitig ihre Stolpersteine sein können und umgekehrt, denn jede Eigenschaft hat zwei Seiten. Auch ihre Schwächen können positive Seiten haben. Wenn wir eine Stärke übertreiben, so kann sie kippen und zur Schwäche werden: Wenn Sie zum Beispiel sehr ordentlich sind und es Ihre Stärke ist, gut strukturiert vorzugehen, so kann es sein, dass Sie manchmal zu perfektionistisch oder gar rigide vorgehen. Wer von sich sagen kann, dass er sehr schnell ist, läuft vielleicht Gefahr, auch mal in der Geschwindigkeit wichtige Dinge zu übersehen, andere zu überrollen oder etwas schlampig auszuführen. Es ist wichtig, sich beider Seiten seiner Eigenschaften bewusst zu sein.

Reflexion zur Stärkung Ihres Selbst-Bewusstseins:
Machen Sie ein kleines Experiment und erstellen Sie eine zweispaltige Liste: Schreiben Sie in die linke Spalte alle für Sie typischen Eigenschaften, die Ihnen einfallen – alle Stärken und Schwächen, so wie Sie denken, dass Sie sind.

Zeichnen Sie dann jeweils ein Smiley dazu:

 bei jenen Eigenschaften, die Sie als Stärke empfinden, auf die Sie eher stolz sind,

 bei Eigenschaften, die Sie als neutral empfinden,

 bei jenen, die Sie als Schwäche empfinden, die Sie stören.

Ergänzen Sie jetzt in der rechten Spalte zu jeder Eigenschaft, was die „Kehrseite der Medaille“ sein könnte: Die Stärke in der Schwäche ... die Gefahr in der Stärke.

Überlegen Sie dann:
- Sind mir überhaupt viele Eigenschaften eingefallen (mindestens zehn sollten es schon sein)?
- Überwiegen die Stärken oder sehe ich bei mir hauptsächlich Schwächen?
- Kann ich beide Seiten meiner Eigenschaften sehen und annehmen?

Beispiel: Auszug aus einer solchen Eigenschaftsliste

MEINE EIGENSCHAFTEN:	DIE KEHRSEITE DER MEDAILLE:
ICH BIN SCHNELL :)	ICH ÜBERSEHE WICHTIGE DETAILS UND ÜBERFAHRE ÖFTERS ANDERE
ICH ZEIGE MEINE GEFÜHLE SPONTAN :|	ICH BIN MANCHMAL UNKONTROLLIERT EMOTIONAL
ICH KANN GUT AUF DIE BEDÜRFNISSE ANDERER MENSCHEN EINGEHEN :)	ICH GEHE NICHT GUT MIT MIR SELBST UM
MUTIG :)	MANCHMAL ÜBERMÜTIG
SPONTAN :|	UNÜBERLEGT
UNORDENTLICH, CHAOTISCH :(	NICHT PENIBEL, RIGIDE
GUTGLÄUBIG :(	ICH HABE GRUNDVERTRAUEN IN ANDERE
BESCHEIDEN, NICHT GIERIG :|	ICH VERZICHTE OFT AUF DAS, WAS MIR ZUSTÜNDE

Eine kleine Anregung: Besprechen Sie diese Liste auch mit einem guten Freund, einer Kollegin oder Ihrem Vorgesetzten. So holen Sie sich wertvolles Feedback, ergänzen Ihr Selbstbild und erhalten vielleicht noch neue und andere Sichtweisen.

Selbstvertrauen ist Vertrauen in die eigenen Fähigkeiten. Selbstsicherheit entsteht, wenn häufig positive Erfahrungen gemacht wurden und der „Topf" regelmäßig gefüllt wurde. Wie beeinflussen wir als Führungskräfte das Selbstbewusstsein unserer Mitarbeiter? Durch wertschätzendes Verhalten, regelmäßiges Feedback, Aufgaben zu-trauen können wir als Vorgesetzte das Selbstbewusstsein unserer Mitarbeiter fördern. Damit kommen wir zur nächsten Grundhaltung, die wirksame Führungskräfte auszeichnet und die Basis für die Gestaltung von Beziehungen ist.

Wertschätzung

Wir leben in einem kulturellen Umfeld, in dem Wertschätzung sehr oft als Kuschelkurs abgetan oder wie ein Tool eingesetzt wird. Man lobt, weil man gelernt hat, dass eine gute Führungskraft loben sollte, aber macht es nicht aus innerer Überzeugung. Vielmehr wird gleichzeitig verlangt, kritisch zu sein, Defizite aufzudecken und an raschen Lösungen für Probleme zu arbeiten. Wichtig ist jedoch, sich vom Defizitdenken nicht vollständig beherrschen zu lassen. Die Defizitorientierung nährt kurzfristiges und reaktives Verhalten.

Wertschätzung ist keine „Lob-Masche" und kein Instrument, sondern eine Grundeinstellung dem Mitarbeiter gegenüber. Sie fließt in unser alltägliches Verhalten ein: Wir begegnen anderen Menschen (Mitarbeitern, Kollegen, Kunden, Geschäftspartnern) mit tiefem, „radikalem" Respekt. Wertschätzung ist das Schätzen des Wertes jedes einzelnen Mitarbeiters.

Es ist eine Herausforderung, seine Aufmerksamkeit auf Qualitäten, Fähigkeiten und Ressourcen zu lenken. Jeder von uns ist auch in zahlreichen Bereichen völlig unbegabt und besitzt höchstens die Chance, mit viel Aufwand darin ein Mittelmaß zu erreichen. Defizitorientierung saugt Energie. Wertschätzung führt dem Geber und dem Empfänger Energie zu. Sie ist somit eine höchst wirksame Form der Führung.

Um einen Mitarbeiter zu schätzen, muss ich mir seinen Wert bewusst machen. Seinen Wert als Mensch, seinen Wert für das Unternehmen. In dieser Haltung kann ich offenes und konstruktives Feedback geben und annehmen, um den Mitarbeiter zu fordern und in seiner Entwicklung zu fördern. Hier besteht ein Unterschied zum Loben, das meistens aus einer hierarchischen Sichtweise und als Belohnungshandlung ausgeführt wird, ohne aufrichtige Wertschätzung, oft sogar verbunden mit der Intention, zu noch mehr Leistung anzuspornen.

Wertschätzen statt loben?

In fast jedem Betrieb hört man die gleiche Klage: „Bei uns wird viel zu wenig gelobt." In Seminaren über Führung kommt das schuldbewusste Bekenntnis der Führungskräfte: „Ich weiß, ich sollte viel mehr loben." Dabei reagieren die meisten Mitarbeiter peinlich berührt, wenn der Chef ihnen eine Anerkennung ausspricht: „Was will er jetzt wieder von mir?" ist wohl der erste Gedanke, wenn ein Lob ausgesprochen wird. „... und was kommt jetzt an Kritik?" wird ebenfalls oft spontan gedacht. Die berühmte

Formulierung: „Das haben Sie gut gemacht, aber ...“ wird nach wie vor sehr häufig zur Einleitung einer Kritik verwendet. (Sehr oft mit dem Argument: „Damit die Kritik nicht so weh tut, sage ich zuerst etwas Positives ...“)

Die Reaktionen der Gelobten sind daher oft misstrauisch und zurückweisend: „Na ja, so gut war das auch wieder nicht.“ oder „Hab' doch nur meine Pflicht getan.“ oder gar: „Und was hat nicht gepasst?“ hören so manche Chefs, wenn sie sich bemühen, Anerkennung verbal auszusprechen. Das führt bei den Vorgesetzten, die das Lob echt und ernst gemeint haben, zu Verunsicherung.

Wenn wir für Dinge, die gut funktioniert haben, öfter einfach „Danke“ sagen, verliert verbales Lob vielleicht auch den Geruch von peinlicher Berührtheit und Misstrauen. Wenn es uns dann auch noch gelingt, statt „gar nicht so schlecht“ einfach „gut“ zu sagen, sind wir auf einem guten Weg. Zugegeben: Unsere Kultur ist keine „Lob-Kultur“. Wenn eine Führungskraft sich hierzulande mit Lob von Mitarbeiter zu Mitarbeiter bewegt, fragt man sich höchstens, auf welchem Seminar sie wieder war, was sie für eine „Technik“ ausprobiert, oder was sie jetzt will. Lob als Rundumschlag wirkt nicht echt, sondern ist „Lob-Hudelei“.

Was oft übersehen wird: Verbales Lob ist nur eine Form, Mitarbeitern Wertschätzung zu zeigen, aber nicht die einzige. Da gibt es auch noch andere Möglichkeiten, die aus meiner Sicht viel wichtiger sind:

1. Nähe, Kontakt, gemeinsame Zeit

In unserer hektischen Betriebsamkeit ist Zeit wohl eines der größten Zeichen von Wertschätzung: Keine überfallartigen Besuche, sondern Zeiten, in denen wir als Führungskraft nicht nur körperlich da, sondern wirklich präsent sind. In solchen „Momenten der Nähe“ können wir zuhören, auf den Mitarbeiter eingehen und ihn ernst und wahrnehmen.

2. Würdigung

Wenn Mitarbeiter mit der Leitung von Projekten oder verantwortungsvollen Aufgaben betraut werden, ist das ein Zeichen der Anerkennung. Auch die Möglichkeit, mit den eigenen Ideen in Erscheinung treten zu dürfen und z.B. ein Konzept vor dem Direktionsteam präsentieren zu können oder bei wichtigen Kunden oder Projekten einbezogen zu werden, ist Würdigung ohne ausdrückliches Lob. Es ist ein Zeichen von Vertrauen.

In die Kategorie der Würdigung gehören auch:

- das Umsetzen von Ideen, die Mitarbeiter eingebracht haben (und das mit Nennung des Urhebers und nicht als Idee der Führungskraft),
- die Möglichkeit, eine Fortbildung zu besuchen,
- die Würdigung besonderer Leistungen durch eine Prämie.

Daneben gibt es aber auch sehr persönliche Zeichen der Würdigung: das Gratulieren zum Geburtstag, zur Beförderung, persönliche Weihnachtswünsche (keine Massenmail, sondern mit persönlichen Worten, von Hand geschrieben oder als Kurzbesuch vor Weihnachten).

3. „Geschenke"

Kleine Geschenke erhalten nicht nur sprichwörtlich die Freundschaft, sondern sind auch Zeichen von Wertschätzung: Einmal spontan ein Eis für die gesamte Mannschaft, wenn es heiß ist, ein Blumenstrauß auf dem Tisch der Mitarbeiter – einfach so als „Danke" zwischendurch – das überrascht und freut ohne große Worte. Je individueller die Geschenke, desto stärker zeige ich, dass ich mich mit dem Mitarbeiter als Mensch befasst habe (z.B. der spezielle Tee für den Teetrinker). Um auf diese Art schenken zu können, muss ich auch gut in Kontakt mit den Mitarbeitern sein: Erst beim interessierten Zuhören komme ich auf Ideen für derart persönliche kleine Aufmerksamkeiten (hier schließt sich der Kreis zum Thema „Nähe und Kontakt zu Mitarbeitern").

Sie müssen also kein schlechtes Gewissen haben, wenn Sie nicht täglich lobend-anerkennend durch das Unternehmen wandeln. Aber auf irgendeine Art sollen Ihre Mitarbeiter bemerken: Meine Beiträge zum Unternehmenserfolg werden wahrgenommen.

Meine Signale von Wertschätzung: QR→

- *Was ist meine bevorzugte Form, Wertschätzung zu zeigen?*
- *Wie zeige ich meinen Mitarbeitern, dass ich ihre Arbeit schätze?*
- *Erkennen die Mitarbeiter das auch als Wertschätzung?*
- *Wie viel Zeit schenke ich den einzelnen Mitarbeitern?*
- *Gibt es Mitarbeiter, die bei mir „durch den Rost fallen" und nie Wertschätzung erleben? (Weil sie die „Stillen" sind, die zuverlässig ohne Wirbel ihre Arbeit erledigen, oder weil ich ihnen nur mehr kritisch begegne?)*

Demut und Bescheidenheit

Überhebliche, von ihrer Grandiosität eingenommene Führungskräfte nehmen für sich in Anspruch, die Wahrheit für sich gepachtet, auf jede Frage eine Antwort zu haben und immer sagen zu können, wo es langgeht. Wer anderer Meinung ist, wird verurteilt oder erhält noch mehr Druck. Solch ein Verhalten fördert weder eine Vertrauenskultur noch das gemeinsame Lernen oder neue Ideen.

Was diesen Führungskräften fehlt, ist ein Stück Bescheidenheit und Demut. Der Ausdruck Demut kommt von althochdeutsch diomuoti („dienstwillig", also eigentlich ‚Gesinnung eines Dienenden'). Er beschreibt damit die Haltung des Geschöpfes zum Schöpfer analog dem Verhältnis vom Knecht zum Herrn.

Demut ist ein in unserer Zeit selten gewordener Begriff und passt eigentlich nicht in das Bild der gängigen Erfolgsratgeber, die vermitteln: „Du musst nur wollen und dann erreichst du alles. Es liegt nur an dir!" Wer demütig ist, erkennt, dass es etwas Höheres gibt, das er nicht beeinflussen kann. Er kennt seine eigenen Begrenzungen und nimmt daher häufig die Haltung eines Lernenden ein, der neugierige Fragen stellt und interessiert zuhört. Die innere Einstellung einer Führungskraft mit Demut zeichnet sich dadurch aus, dass sie sich mehr als Diener für eine Aufgabe denn als Inhaber einer Machtposition versteht. Sie hat die Funktion zur Führung als Leihgabe erhalten, mit der es achtsam umzugehen gilt. Sie beansprucht daher nicht jeden Erfolg, jeden Vorteil und Nutzen aus der Funktion für sich.

Eine demütige Führungskraft
- erfüllt ihre Aufgabe mit Hingabe,
- ist sich immer bewusst, dass Erfolg nicht nur ein Ergebnis ihres eigenen Bemühens ist,
- gesteht sich ein, dass immer auch fördernde Umstände oder andere (Förderer, Mitarbeiter, ...) dazu beigetragen haben, dass sie Erfolg hatte. Eine typische Aussage dazu ist: „Ich hatte einfach auch Glück ...",
- interessiert sich für die Meinung anderer und will deren Sichtweisen verstehen,
- fragt Mitarbeiter nach Feedback und informiert sich, wo sie etwas verbessern kann,
- erwähnt immer, wenn ihr zu Erfolgen gratuliert wird, wer dazu beigetragen hat, und bedankt sich bei diesen Personen,
- kann auch Misserfolge selbstkritisch analysieren, ihren Anteil daran sehen (siehe Eigenverantwortung).

Das Ergebnis: Kultur des Vertrauens

Zeigen Führungspersönlichkeiten die auf den vorigen Seiten beschriebenen Haltungen und Prinzipien, so entsteht in ihrem Team und ihrer Organisation eine Vertrauenskultur, die Exzellenz ermöglicht. In einer Vertrauenskultur handeln Führungskräfte so, dass ihre Mitarbeiter gute Gründe haben, zu vertrauen und sich auf die Führung zu verlassen. Sie zeigen aber auch, dass sie die Fähigkeiten des Mitarbeiters anerkennen und ihm bei der Vereinbarung der Ziele zutrauen, diese in eigener Verantwortung zu erreichen.

Gerade in der modernen Arbeitswelt, in der detailliertes Fachwissen in unterschiedlichsten Bereichen notwendig ist, besteht auch eine große Abhängigkeit der Führungskraft von ihren Mitarbeitern. Man ist gegenseitig aufeinander angewiesen. Denken Sie nur an ein Operationsteam im Krankenhaus: Der Chirurg ist abhängig von der Achtsamkeit und Perfektion des Anästhesisten und des OP-Teams. Auch wenn er der Leiter der Operation ist, so muss er seinen Mitarbeitern vertrauen. Ähnlich ist es bei dem Werksleiter eines Chemiewerkes: Er kann nicht alle Werte ständig selbst kontrollieren. Er muss darauf vertrauen, dass auch der diensthabende Schichtführer alles verantwortungsbewusst kontrolliert und bei Fehlermeldungen rechtzeitig die richtigen Schritte in Gang setzt statt wegzuschauen. So wie ein Bankdirektor sich auf die Auswertungen seiner Analysten und ein Projektleiter sich auf die Pläne seiner Ingenieure verlassen können muss. Jede Führungskraft ist von ihrem Team abhängig. Die demütige Führungskraft ist sich dessen bewusst.

Ganz besonders stark zeigt sich eine „Vertrauenskultur", wenn die Führungskraft einen Fehler macht: Edgar Schein[15] beschreibt es so: Gibt es eine vertrauensvolle Beziehung zwischen Vorgesetztem und Mitarbeitern, so unterstützen die Mitarbeiter den Vorgesetzten. Macht er einen Fehler, zeigt er Schwäche, so weisen die Mitarbeiter ihn darauf hin und helfen bei der Korrektur. Ist die Vertrauensbasis zwischen dem Vorgesetzten und den Mitarbeitern gestört, so suchen die Mitarbeiter die Fehler und Schwächen des Vorgesetzten, machen sich darüber lustig und lassen den Vorgesetzten „dumm sterben". Oder sie trauen sich nicht, auf den Fehler hinzuweisen – schließlich ist er ja der Chef – und schauen schweigend zu, wie er in den Abgrund läuft.

In unserer komplexen Arbeitswelt sind Chefs immer stärker vom Wissen, der Erfahrung und dem Mitdenken der Mitarbeiter abhängig. Wir können gar nicht mehr alles überblicken, kontrollieren und korrigieren. Eine Kultur des Vertrauens ist daher die Basis für gemeinsame Exzellenz.

Eine Vertrauenskultur zwischen Führungskraft und Mitarbeitern besteht aus zwei Seiten: Vertrauen erhalten und Vertrauen geben.

1. Vertrauen ermöglichen und erhalten

Vertrauen baut immer auf Vertrauenswürdigkeit auf. Diese entsteht aus konkreten Erfahrungen im Alltag. Es ist jene zwischenmenschliche Nähe, die erst aufkommt, wenn Mitarbeiter nicht nur als „Funktionsträger" sondern als Menschen gesehen werden. Woraus schließen Mitarbeiter, dass sie mir als Führungskraft vertrauen können, dass ich „vertrauens-würdig" bin?

- Man kann sich auf mein Wort verlassen. Ich halte Versprechen ein (siehe auch: Verlässlichkeit und Commitment).
- Ich stehe zu meinen Mitarbeitern, auch wenn sie Fehler machen, und stelle sie nicht vor Kunden, Kollegen oder dem Management bloß.
- Ich gestehe auch selbst Fehler ein.
- Man kann mir auch Kritisches sagen, ohne Angst vor Repressalien oder Strafen zu haben.
- Ich zeige ehrliches Interesse am Mitarbeiter als Mensch, seinen Ideen und seinen Meinungen (siehe auch: Wertschätzung).

2. Vertrauen schenken – anderen etwas zutrauen oder anvertrauen

Wenn Vertrauenswürdigkeit gegeben ist, dann kann auch die Kontrolle „zurückgefahren" werden. Wenn ich jemandem vertraue, einem Mitarbeiter etwas zu-traue, so hat er mir Gründe für meine Sicherheit gegeben – sonst wäre das „blindes Vertrauen".

Als Führungskraft zeige ich Vertrauen, indem ich:
- Mitarbeitern Aufgaben zur selbständigen Erledigung delegiere,
- Mitarbeiter zu eigenständigem Handeln ermutige,
- ihnen etwas zutraue, Vertrauen in ihre Fähigkeiten zeige,
- nicht ständig alles nachkontrolliere,
- Rahmen vorgebe, innerhalb denen die Mitarbeiter entscheiden können,
- Möglichkeiten zur Selbständigkeit eröffne und zeige,
- ihnen herausfordernde Aufgaben anvertraue.

Wenn ich einem Mitarbeiter wenig vertraue, dann frage ich mich:

- Was waren die Gründe, die dazu geführt haben?
- Habe ich diese beim Mitarbeiter thematisiert?
- Hat er noch eine Chance, sich mein Vertrauen wieder zu verdienen? (Wenn nicht, dann sollte ich mich von ihm trennen.)

Reflexionsfragen zu „Vertrauen“: QR→

- *Biete ich meinen Mitarbeitern Gründe, mir zu vertrauen? Welche?*
- *Habe ich das Gefühl, meine Mitarbeiter vertrauen mir?*
- *Gibt mir mein Team Halt? Kann ich mich auf meine Mitarbeiter verlassen?*
- *Trauen sich meine Mitarbeiter, mich auch auf Fehler hinzuweisen und ihre Sichtweise entgegenzuhalten?*
- *Kann man sich auf mich und meine Zusagen verlassen?*
- *Habe ich ein Grund-Vertrauen, dass ich mein Leben und die daraus entstehenden Herausforderungen bewältigen kann?*
- *Kann ich aushalten, nicht alles „im Griff“ bzw. unter Kontrolle zu haben?*
- *Kann ich Aufgaben wirklich abgeben und Mitarbeitern an-vertrauen?*

In den folgenden Kapiteln werden wir auf Führungsaufgaben und Führungsinstrumente eingehen und dabei immer wieder auf das Thema „Vertrauenskultur“ zurückkommen.

III. Eine Organisation führen

Wie wird man eigentlich Führungskraft?

Die meisten Führungskräfte, die ich kenne, haben ihre berufliche Karriere nicht als Manager begonnen, sondern als Fachkraft in einem gewissen Bereich: als Jurist, als Techniker in der Produktion, als Buchhalter, Programmierer oder Verkäufer. Sie alle haben ihr Fach-Know-how erweitert, sich offensichtlich als tüchtig erwiesen. Irgendwer ist vielleicht auf sie aufmerksam geworden und hat sie gefördert? Irgendwann hat man ihnen möglicherweise mehr Verantwortung übertragen, sie Projekte leiten lassen oder sie speziell geschult und gefördert. Und irgendwann war dann eine Führungsposition frei, und man hat diese Menschen mit einer Führungsaufgabe betraut.

Bei der Ernennung von Führungskräften lässt man sich oft von einem fatalen Missverständnis leiten: Man macht die beste Fachkraft zur Führungskraft der Abteilung: Der beste Verkäufer wird Verkaufsleiter, der beste Programmierer wird Leiter der IT und die fachlich beste Juristin Leiterin der Rechtsabteilung. Doch eine gute fachliche Qualifikation allein bedeutet noch nicht unbedingt, dass dieser Experte sich auch als Führungskraft gut entwickeln wird. Schlimmstenfalls verliert das Unternehmen eine gute Fachkraft, z.B. einen Spitzenverkäufer, und „gewinnt" eine schlechte Führungskraft. Fehlentscheidungen bei der Besetzung von Führungspositionen kosten Unternehmen sehr viel Geld: Bis diese erkannt werden, vergehen meist Jahre und teilweise – in manchen Unternehmen und im öffentlichen Bereich – kann dann gar nicht mehr darauf reagiert werden oder dies ist nur mit hohen Zahlungen möglich. Oder es bleibt dann nur ein „Warten auf die Pensionierung". Bis dies erkannt wird, kann unpassendes Führungsverhalten die Motivation des gesamten Teams untergraben. Strukturelle Schwächen sowie strategische Fehlentscheidungen können im Extremfall die Existenz des Unternehmens gefährden.

Man kann sich natürlich auch schlechte Führung einige Zeit „schön reden", aber irgendwann sprechen die Ergebnisse für sich. Lesen Sie dazu nochmals die Beschreibung zu erfolgreichem Leadership auf Seite 28. Auch für die Führungskraft selbst ist es sehr unbefriedigend, wenn sie merkt, dass sie ihre Aufgaben nicht zufriedenstellend erfüllen kann – und dass sie gescheitert ist. Bevor Sie also jemandem eine Führungsaufgabe übergeben oder überlegen, ob Sie eine solche übernehmen sollen, sollten Sie sich bewusst machen, welche Aufgaben damit auf Sie selbst bzw. diese Person künftig zukommen und zu bewältigen sind.

Die Aufgaben einer Führungskraft

Eine Führungskraft hat Verantwortung für die Expertise, also für das fachliche Know-how in ihrem Bereich. Dazu zählen folgende Aufgaben (die sie aber nicht alle selbst erledigen muss):

- Qualitätsmanagement und Setzung von Standards,
- Verantwortung für die fachlichen Kompetenzen des Teams (Know-how, Arbeitstechnik, ...): dafür sorgen, dass man fachlich „state of the art“ ist,
- fachliches Coaching und Weiterentwicklung des Teams,
- Versorgung ihres Bereichs mit den notwendigen Ressourcen (technischen Geräten, Arbeitsmethoden, ...),
- Erkennen von Trends im Fachbereich und rechtzeitiges Reagieren darauf.

Wie viel Expertentätigkeit aber ist für Führungskräfte sinnvoll? Bei dieser Frage erleben wir ein typisches Spannungsfeld von Führung: Eine Führungskraft ist immer in ihrer Fachkompetenz für den Bereich gefragt, für den sie zuständig ist. Ich halte nichts von der Theorie, dass Führungskräfte nur führen sollen und fachlich keine Aufgaben haben. Eine Führungskraft, die vom Fach keine Ahnung hat, wird auch die Akzeptanz der Mitarbeiter vermissen. Mitarbeiter wollen keinen Chef, den sie „für blöd verkaufen“ können. Vor allem junge Führungskräfte an der Basis können als Teamleiter nur bestehen, wenn sie fachlich fit sind. Fachwissen hat aber eine kurze Halbwertszeit. So wird es passieren, dass Mitarbeiter, die tagtäglich mit einer Expertentätigkeit befasst sind, bald in ihrem Themenbereich die besseren Fachkräfte sind als ihr Chef, selbst wenn er vorher diese Aufgabe jahrelang innehatte.

Die große Herausforderung für Führungskräfte besteht darin, trotz eigenen Fachwissens nicht zu viel im operativen Tun mitzumischen, sondern vielmehr die Mitarbeiter als Fachkräfte in ihrer Expertise zu schulen und einzusetzen. Ist die Führung der beste Spezialist, so besteht die Gefahr, dass sie zum Mittelpunkt der Abteilung, zur ständigen Auskunftsbörse für die Mitarbeiter wird. Sie beschäftigt sich dann primär mit Expertenaufgaben und hat keine Zeit für Führung.

Wann „schalten“ wir auf Führung um?

Führungskräfte sind im Alltag immer wieder mit fachlichen Aufgaben beschäftigt. Stellen Sie sich vor, Sie sitzen zum Beispiel im Büro am Computer und haben plötzlich den Impuls, einen Rundgang zu machen und „nach dem Rechten zu sehen", also Ihre Führungsverantwortung wahrzunehmen. Oder Sie berufen eine kurze Besprechung ein. Dann legen Sie den Schalter von fachlichen auf Führungsaufgaben um.

Fragen Sie sich: Was sind meine häufigsten Impulse, um auf Führung „umzuschalten"?
- Wenn ich ein ungutes Gefühl habe?
- Wenn mir ein Fehler aufgefallen ist?
- Wenn es eine Kundenbeschwerde gegeben hat?
- Wenn ich schlechte Stimmung wahrgenommen habe?
- Wenn ich von einem Konflikt erfahren habe?
- Wenn Mitarbeiter mit Problemen zu mir kommen?
- Wenn die Produktionsdaten, die Verkaufszahlen oder andere Ergebnisse nicht stimmen?
- Wenn ich vermute, dass zu wenig gearbeitet wird, und ich mein Team „antreiben" muss?
- Wenn ich Informationen der Unternehmensleitung vermitteln muss?

Bei all diesen Impulsen reagieren Sie als Führungskraft. Sie sind getrieben von fremdbestimmten und negativen Ereignissen. Hin und wieder wird das auch Teil von Führung sein. Finden sich aber nur oder ganz vorwiegend solche Punkte auf der „Impuls-Liste" einer Führungskraft, dann hat es den Anschein, sie sei für jeden „Mist" und alle heißen Kartoffeln zuständig und müsse alle Fehler ausbaden. So aber macht Führung wenig Spaß. Sie kostet Kraft und erlaubt wenig gestalterischen und unternehmerischen Spielraum. Darauf haben immer weniger Menschen Lust.

Führung wird dann kraftvoll, wenn wir selbst aktiv und gestalterisch tätig werden. Das beginnt damit, dass wir auch zu anderen Anlässen auf Führung umschalten, zum Beispiel:
- wenn es darum geht, Aufgaben zu klären,
- wenn ich meine Mitarbeiter beim Richtigmachen „ertappen" will,
- wenn ich eine Idee mit meinen Mitarbeitern besprechen will,
- wenn mich interessiert, wie es meinen Leuten bei der Arbeit geht,
- wenn ich erfahren will, womit meine Mitarbeiter gerade beschäftigt sind,
- wenn ich mit meinen Mitarbeitern über Verbesserungen nachdenken will,
- wenn ich klären will, was wir in der Zusammenarbeit voneinander erwarten,
- wenn ich einem Mitarbeiter etwas Neues erklären will,

- wenn ich einem Mitarbeiter helfen will, sein Problem zu lösen,
- wenn ich mich mit dem Team über die Zukunftsbilder und Ziele für unseren Bereich austauschen möchte.

Wollen wir also Führung lustvoll erleben, so müssen wir anfangen, die Führungsarbeit pro-aktiv anzugehen. Wir sollten gezielt auch positive Impulse wahrnehmen, um unsere Führungsaufgaben zu erfüllen.

Betrachten wir diese Aufgaben einmal genauer:

Das Führungsdreieck

Die folgende Grafik zeigt das „Führungsdreieck", das wir im Management Center Vorarlberg entwickelt haben. Es veranschaulicht, welche Aufgaben dazukommen, sobald wir mit der Führung einer Organisation, eines Bereiches oder eines Unternehmens betraut werden.

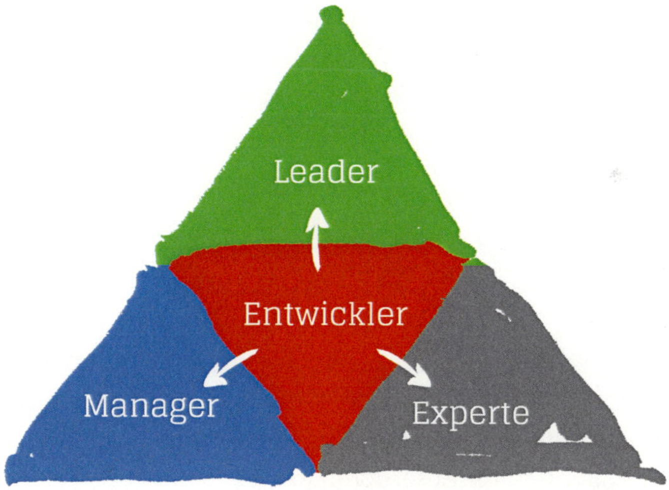

Die wesentlichen Führungsaufgaben

Als Manager steuert die Führungskraft die Organisationsstruktur und den Planungsprozess (Kennzahlen, Kostenmanagement, ...). Zu ihren Aufgaben zählen Führen mit Zielen, Projektmanagement, Controlling und Kostenmanagement, Ressourcenplanung, Informationsmanagement und strukturierte Besprechungen. Hier bewegt sich die Führungskraft im Bereich der klassischen BWL und im Qualitätsmanagement. Management ist Kopfarbeit und erfordert StrukturKRAFT. Hier benutzt man die klassischen „Management-Werkzeuge".

Als Leader gestaltet und beeinflusst die Führungskraft die Beziehungen zu Kunden, Geschäftspartnern, anderen Abteilungen, Geschäftsleitung oder Aufsichtsorganen. Sie sorgt innerhalb des Teams für einen Team-Spirit, fordert und fördert die Mitarbeiter. Sie fördert gute Kommunikation und menschlichen Umgang miteinander. Damit beeinflusst sie die Werte, Sinn und Kultur in der Organisationseinheit. Leadership ist Beziehungsarbeit, Herzensarbeit und Arbeit an sich selbst. Es fordert von der Führungspersönlichkeit BeziehungsKRAFT.

Als Entwickler sorgt die Führungskraft für Inspiration und attraktive Zukunftsbilder, für die Entwicklung eines Leitbildes und einer Strategie sowie die Umsetzung konkreter Ziele. Damit unterscheidet sie sich von reinen „Verwaltern": Sie gibt sich nicht mit dem Status quo zufrieden, sondern setzt sich ständig für die bewusste Weiterentwicklung in allen Bereichen ein:

- Entwicklung in der fachlichen Expertise,
- konsequente Verbesserung der Strukturen, Prozesse, Abläufe
- und ständige Entwicklung der Menschen – und dabei beginnt sie bei sich selbst.

Diese Aufgabe wirkt auf alle drei anderen Bereiche: Expertise (Experte), Struktur (Manager) und Mensch (Leader). Sie befindet sich daher im Mittelpunkt des „Führungsdreiecks". Entwickler sein ist eine Grundhaltung der Offenheit, im Kopf und auch im Herzen und im Wollen. Sie erfordert AufbruchsKRAFT.

Der Wirtschaftswissenschaftler Sascha Kugler hat mit der Alchimedus®-Methode ein System zur Analyse und Weiterentwicklung dieser drei Kraftfelder entwickelt.[16] Dabei werden die drei Bereiche jeweils als Sektoren eines Kreises dargestellt: Wenn ich in allen drei Kraftfeldern kompetent bin, so ergibt sich ein voll ausgefüllter Kreis:

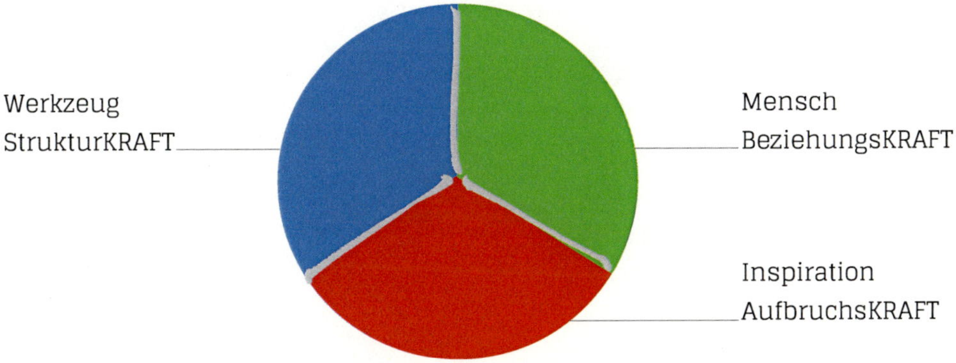

Die Kompetenzen einer Führungskraft in Bezug auf die einzelnen Führungsaufgaben und Kraftfelder sind bei den meisten Menschen nicht gleich stark ausgeprägt. Man hat Schwerpunkte oder man hat Stärken und Entwicklungsfelder. Wenn man eine neue Führungsaufgabe übernimmt, setzt man zuerst primär seine persönlichen Stärken ein und konzentriert sich auf Aufgaben in diesem gewohnten, vertrauten Bereich.

Hier zwei exemplarische Beispiele:

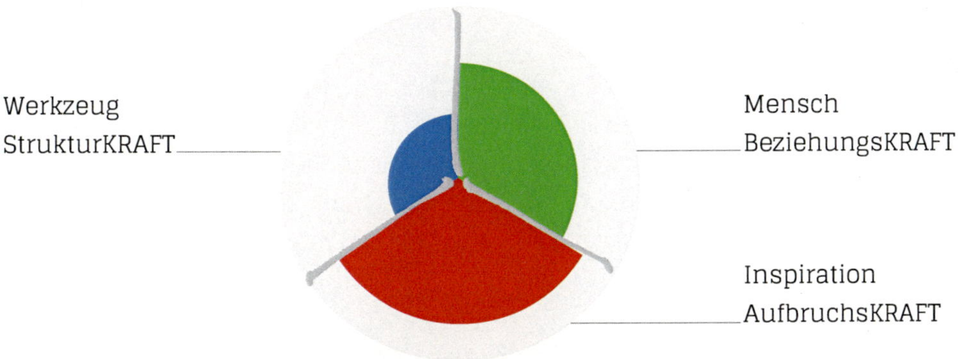

Grafik 1 zeigt das Profil einer Managerin, deren AufbruchsKRAFT stark ausgeprägt ist. Sie gilt als Visionärin und Strategin, kann auch andere Menschen begeistern und mitziehen, Strukturen sind aber „nicht ihr Ding“. Sie wird bei Übernahme einer neuen Führungsaufgabe eher motivierende Gespräche führen und Meetings abhalten, um gut mit den Menschen in Kontakt zu kommen, und dann gemeinsam mit dem Team ein Zukunftsbild für die Organisation und die Maßnahmen zur Umsetzung erarbeiten. Kümmert sie sich nicht um die Strukturen, so kann es aber passieren, dass die systematische Umsetzung dieser Pläne leidet. Im Vordergrund steht der Erfolg der Organisation,

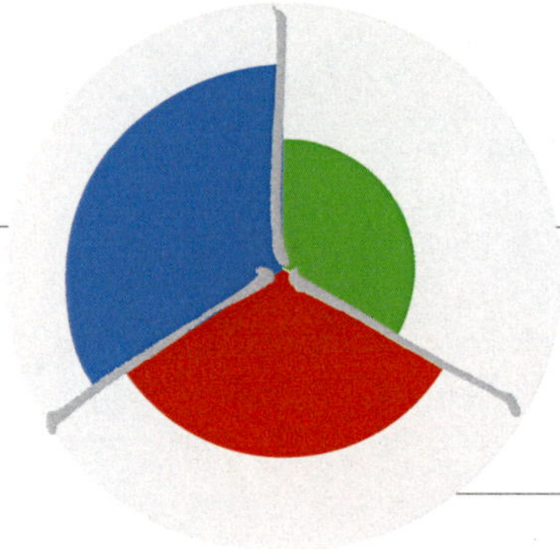

Grafik 2 zeigt das Profil eines Managers, dem man nachsagt, er betreibe „Management by Excel“. Er ist stark in der StrukturKRAFT, Kommunikation fällt ihm aber schwer. Er vermeidet den persönlichen Kontakt mit Mitarbeitern und es gelingt ihm nicht, sie für Neues zu begeistern und Veränderungen voranzutreiben.

Er wird sich bei der Übernahme der gleichen Aufgabe anders als die Führungskraft 1 in eine Analyse der Ergebnisse der letzten Jahre stürzen, Marktdaten erforschen und eventuell Prozesse neu definieren.

Es kann sein, dass die Organisation gerade das braucht, was uns nicht so liegt. Das Ziel für jede Führungskraft ist daher, in allen drei Kraftfeldern möglichst „rund“ zu werden, denn alle drei Bereiche sind für die erfolgreiche Entwicklung der Organisation notwendig. Daher ist es hilfreich, einen kritischen Blick auf die eigene Organisation zu werfen und sich selbst bewusst zu machen, wo man bislang seine Schwerpunkte setzt.

Mit der Alchimedus®-Methode von Sascha Kugler können Sie Ihre persönlichen Stärken und Entwicklungsfelder in diesen drei Kraftfeldern hinterfragen. Sie besteht aus einem Fragenkatalog mit je 20 Fragen zu StrukturKRAFT, BeziehungsKRAFT und AufbruchsKRAFT.

So erstellen Sie Ihr eigenes Führungsprofil: In Anlehnung an die Alchimedus®-Checkfragen finden Sie auf den nächsten Seiten je 20 Statements. Bewerten Sie jedes Statement mit 1 bis 10 Punkten und addieren Sie die Punktezahl. Beachten Sie: Manche der Aussagen verlangen mehrere Aktivitäten zu einem Thema. Wenn Sie nur einen Teil davon erfüllen, so geben Sie sich entsprechend weniger Punkte.

Bewertungsschema:

1 trifft überhaupt nicht zu (nein)
2-3 trifft ansatzweise zu
4-6 trifft teilweise zu
7-8 gut / gehört zu meinen Stärken
9 trifft voll und ganz zu
10 perfekt

Addieren Sie danach die Punkte zu den einzelnen Kräften, maximal sind 200 Punkte pro Kraftfeld erreichbar. Dann können Sie in der Grafik unten Ihr eigenes Profil einzeichnen.

Diese Methode will dazu anregen, sich in allen drei Kraftfeldern weiter zu entwickeln. Wir können uns hierzu gezielt bei einzelnen Aufgaben verbessern, bei denen wir uns wenige Punkte gegeben haben. Dadurch wird das Profil runder und größer – und wir sind in Bezug auf unsere Führungsaufgaben auf dem Weg zur Exzellenz.

Mein Führungsprofil

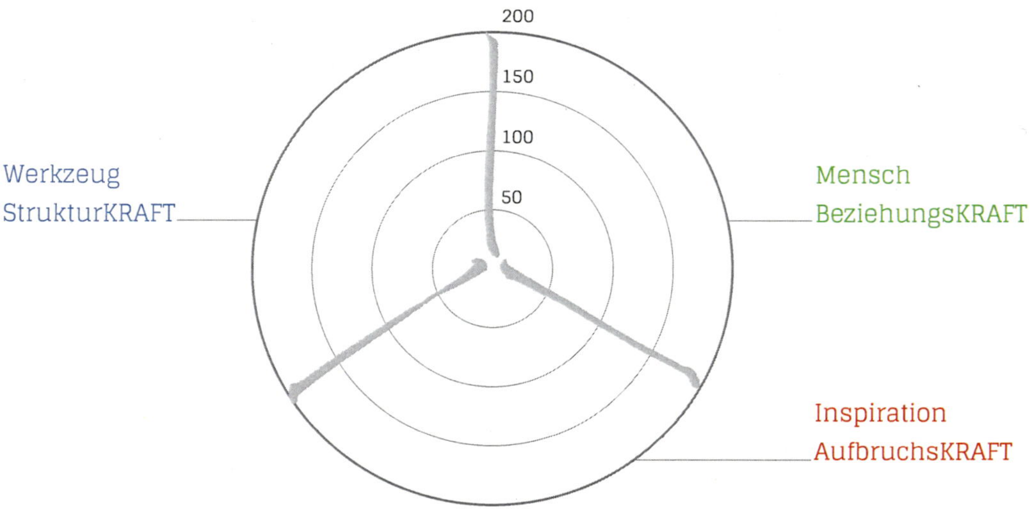

StrukturKRAFT

	1-10
1. Wir erstellen Jahresplanungen / Budgets und wir führen Soll/Ist-Vergleiche für alle relevanten Bereiche durch.	
2. Für mein Unternehmen / meinen Bereich ist eine betriebswirtschaftliche Auswertung vorhanden und zeitnah verfügbar. Ich bespreche diese mit meinen Mitarbeitern und ich weiß auch, wie ich auf Abweichungen reagieren soll.	
3. Wir arbeiten nach klar definierten Unternehmenszielen und für jeden Bereich existieren anspruchsvolle sauber formulierte Ziele, die aktiv umgesetzt werden und deren Zielerreichung gemessen wird.	
4. Ich bin mir der Stärken und Schwächen meines Bereichs bewusst, überprüfe diese regelmäßig und arbeite systematisch an der Verbesserung.	
5. Ich sorge dafür, dass die Vision, die Mission und das Angebot für alle Mitarbeiter, Kunden und Partner erlebbar werden und benutze dazu unterschiedliche Methoden und Wege (Bilder, Sprache, Symbole etc.).	
6. Die Entscheidungsbefugnisse im Unternehmen sind klar und die Entscheidungsprozesse nachvollziehbar. Ich erkläre und begründe wichtige Entscheidungen.	
7. Mein Unternehmen / Bereich verfügt über die richtigen Abläufe / Prozesse und diese laufen reibungslos / freundlich – auch in Stresssituationen.	
8. Meine Mitarbeiter wissen genau, was sie zu tun haben, was von ihnen erwartet wird und wie sie zur Erreichung der Unternehmensziele beitragen können.	
9. Meine Mitarbeiter werden bei der Aufgabenerfüllung durch gute Ressourcenplanung, Firmenstruktur und Organisation optimal unterstützt und haben bei Abwesenheit eine Stellvertretung.	
10. Ich sorge immer wieder für die systematische „Entrümpelung" unserer Aufgaben, Prozesse und unseres Archivs, und wichtiges Wissen (auch Mails) ist bei uns systematisch und übersichtlich abgelegt und für die Mitarbeiter zugänglich.	
11. Meine Planung und Entscheidungen beruhen auf fundierter Analyse und berücksichtigen Fehler aus der Vergangenheit und Veränderungen im Umfeld unseres Bereichs (gestiegene Kosten, wirtschaftliche Entwicklung, Kundenbedürfnisse, ...).	
12. Die Qualität unserer Produkte und Dienstleistungen wird im Vergleich zur Konkurrenz kontinuierlich gemessen und ständig weiter verbessert.	
13. Die Qualität im Kundenkontakt und die Kundenzufriedenheit werden kontinuierlich erhoben und systematisch verbessert (Daten über Kundenbeziehung, -betreuung, -bindung, -wünsche).	

	1-10
14. Lieferanten, Fortbildungen und Partner werden systematisch ausgesucht und in gemeinsamer Arbeit kontinuierlich verbessert.	
15. Meine Mitarbeiter und ich planen und pflegen einen achtsamen Umgang mit Geld und Ressourcen.	
16. Verträge und Richtlinien im Umgang mit Kunden / Lieferanten / Partnern sind klar definiert und werden verlässlich von allen eingehalten.	
17. Ich sorge systematisch für die Verbreiterung des Wissens und Könnens der Mitarbeiter.	
18. Unsere Sitzungen sind effizient (Tagesordnung, Vorbereitung, Moderation, ...) und wir planen und führen diese kostenbewusst.	
19. Ich habe eine klare Qualitätsmanagement-Methodik ausgewählt, anhand der sich das Unternehmen kontinuierlich verbessert.	
20. Jeder Mitarbeiter fühlt sich für Organisation, Sauberkeit und Effizienz verantwortlich, und ich bin dabei ein Vorbild.	

BeziehungsKRAFT

21. Gemeinsame und gelebte Werte sind uns wichtig. Diese haben wir besprochen und wir erinnern uns auch im Alltag immer wieder daran.	
22. Wir haben eine echte Vertrauenskultur. Ich kann mich auf meine Mitarbeiter verlassen und sie vertrauen mir.	
23. Ich sorge dafür, dass alle Mitarbeiter die notwendigen Materialien und Arbeitsmittel haben, die sie brauchen, um die Arbeit gut und richtig zu machen.	
24. Ich gebe meinen Mitarbeitern die Chance, jeden Tag das zu tun, was sie am besten können, und übertrage ihnen auch verantwortungsvolle Aufgaben.	
25. Ich habe meinen Mitarbeitern in den letzten 14 Tagen für gute Arbeit echtes Lob und Anerkennung ausgesprochen.	
26. Mein Unternehmen / Bereich verfügt über alle fachlichen und menschlichen Fähigkeiten, die zur Verwirklichung der Vision / Ziele benötigt werden.	
27. Ich interessiere mich für meine Mitarbeiter als Mensch.	
28. Ich fördere aktiv die Entwicklung mindestens eines Mitarbeiters.	
29. Die Meinung meiner Mitarbeiter interessiert mich, und ich ermögliche einen offenen und mutigen Meinungsaustausch.	
30. Ich sorge für gemeinsame Zeiten, in denen wir nicht nur das operative Geschäft abarbeiten, sondern auch unsere Zusammenarbeit und Kommunikation im Team reflektieren.	

1-10

31. Ziele und Unternehmensphilosophie der Firma geben meinen Mitarbeitern das Gefühl, dass ihre Arbeit wichtig ist.
32. Ich / meine Partner / Mitarbeiter haben einen inneren Antrieb, Arbeit von hoher Qualität zu leisten und sind „beseelt" von ihrer Aufgabe.
33. Ich führe mit meinen Mitarbeitern zumindest einmal jährlich ein Mitarbeitergespräch, in dem wir offen über Arbeitsinhalte, unsere Beziehung und die zukünftige Ausrichtung sprechen.
34. Wir gehen im Team respektvoll miteinander um, und jeder hat das Gefühl, dass sein Wert gesehen und seine Meinung gehört wird. Wir können auch mit Konflikten und unterschiedlichen Meinungen umgehen und diese konstruktiv lösen.
35. Ich bin ausreichend mit jedem meiner Mitarbeiter in Kontakt. Es gibt fixe Zeiten, in denen ich für sie wirklich „präsent" und ansprechbar bin.
36. Die interne Kommunikation sowie die Kommunikation in Projekten und mit anderen Partnern funktioniert gut.
37. Das Unternehmen hält die Kunden / Klienten lange und die Beziehungen werden aktiv / kontinuierlich gepflegt.
38. Ich habe in den letzten sechs Monaten mit jemandem im Unternehmen über seine Fortschritte und Möglichkeiten gesprochen.
39. Meine Mitarbeiter hatten im letzten Jahr bei der Arbeit die Gelegenheit, Neues zu lernen oder sich weiterzuentwickeln.
40. Mein Unternehmen / Bereich ist in der Lage, die besten Mitarbeiter und Partner anzuziehen und diese auch zu halten.

AufbruchsKRAFT

41. Mein Unternehmen / meine Organisation hat eine einzigartige Identität und das spürt / sieht man auch.
42. Ich / meine Partner / Mitarbeiter können die Unternehmensmission und unseren Existenzgrund kurz, prägnant und überzeugend in wenigen Sätzen beschreiben.
43. Das Unternehmen bietet einen sinnvollen klaren Nutzen und wird vom Markt / von der Gesellschaft wahrgenommen.
44. Ich beobachte Entwicklungen im Umfeld meiner Organisation (gesetzlicher Rahmen, Umwelt, Gesellschaft, Politik, Technologie, Wirtschaft, ...) und berücksichtige diese bei meinen strategischen Überlegungen für meine Organisation / meinen Bereich.

	1-10
45. Unser Umfeld (Kunden, Lieferanten; Stakeholder) werden in die Entwicklung neuer Angebote eingebunden.	
46. Mein Unternehmen / meine Organisation hat eine klare Innovations- und Zukunftsstrategie und diese wird den laufenden Veränderungen kontinuierlich angepasst.	
47. Ich und meine Mitarbeiter haben ein attraktives Zukunftsbild, an dessen Erreichung alle mitwirken wollen.	
48. Mein Unternehmen / meine Organisation konzentriert sich auf die Kernkompetenzen, die klar definiert sind und systematisch entwickelt werden.	
49. Ich und meine Mitarbeiter vermitteln in hohem Maße die Einmaligkeit und Besonderheit des Unternehmens.	
50. Veränderungsnotwendigkeiten, neue Ideen, Produkte und Ansätze werden aktiv gesucht, gemeinsam im Team bearbeitet und verbindlich umgesetzt.	
51. Ich führe neue Ansätze und Beschlüsse ausreichend schnell im Unternehmen und am Markt ein.	
52. Mein Unternehmen / Bereich betreibt regelmäßige Öffentlichkeitsarbeit – wir tun Gutes und reden darüber – bei Kunden / Klienten und auch innerhalb unserer Organisation.	
53. Ich und meine Partner / Mitarbeiter äußern gerne eigene Ideen und Vorschläge, die von anderen offen aufgenommen werden.	
54. Engagement und innovatives Denken der Mitarbeiter / Leitung werden kontinuierlich gefördert.	
55. Das äußere Erscheinungsbild (Corporate Identity) ist klar und wird in der Außendarstellung durchgängig eingehalten (bei Präsentationen, Geschäftspapieren, Beschilderung, Drucksorten, Gebäuden, ...)	
56. Ich interessiere mich für die Sicht meiner Mitarbeiter und meiner Netzwerk-Partner und diese haben die Möglichkeit, Empfehlungen abzugeben und Verbesserungen vorzuschlagen.	
57. Ich stelle in meinem Unternehmen / Bereich ausreichend Ressourcen (Geld, Zeit, Freiräume, ...) für neue Wege / Produkte / Dienstleistungen zur Verfügung.	
58. Ich arbeite intensiv und permanent daran, immer bessere Problemlösungen für meine Kunden / Klienten / Zielgruppe zu schaffen.	
59. Ich habe eine klare Vorstellung davon, wie ich Kunden / Klienten / Partner gewinnen und positiv überraschen kann.	
60. Ich und meine Mitarbeiter haben die Bereitschaft und das Durchhaltevermögen, Veränderungen und Entwicklungsprozesse anzugehen und zu gestalten.	

Der Einsatz von Führungsinstrumenten

Wenn wir Führungsaufgaben übernehmen, setzen wir Führungsinstrumente ein. Das ist zum Beispiel im Bereich der StrukturKRAFT das Instrument „Führen mit Zielen", im Bereich der BeziehungsKRAFT das „Mitarbeiterjahresgespräch" und bei der AufbruchsKRAFT die Strategieentwicklung. Diese Instrumente sind das Handwerkszeug der Führung, das man sich als Führungskraft aneignen sollte. Mit dem Einsatz dieser Werkzeuge ist es wie beim Kochen:

Ein Koch braucht gewisse Werkzeuge und Zutaten, um arbeiten zu können: Lebensmittel als Grundzutaten, Herd, Pfannen, Messer, Schneidbrett usw. und ein Rezept. Wir wissen aber auch, dass es nicht reicht, jemandem die Zutaten und Geräte zur Verfügung zu stellen. Der eine Koch bereitet aus dieser Mischung ein hervorragendes Menü, der andere kocht damit ein schlechtes Essen und der Dritte wärmt gar lieber Fertigmenüs in der Mikrowelle auf.

Wie entsteht nun die gute Küche?

1. Man braucht die richtigen Werkzeuge, Zutaten und Rezepte: Das ist das WAS.

Auf Führung übertragen bedeutet das: Ich kenne geeignete Führungswerkzeuge wie Sitzungen, Mitarbeitergespräche etc. Viele Führungskräfte hätten gerne Standardrezepte und Checklisten, mit denen sie Führungsaufgaben mechanistisch abwickeln können, um sie dann abzuhaken. Das entspräche einem Tiefkühl-Fertigmenü: Man wärmt Vorgefertigtes von anderen Köchen bei vorgegebener Zeit und Temperatur auf und erhält dann ein langweiliges Gericht, das auf der Verpackung meist besser aussieht und in der Realität mit Kochkunst wenig zu tun hat.

2. Man muss das Handwerk beherrschen: Um zu kochen, muss ich die Basistechniken wie z.B. Gemüse oder Fleisch schneiden, garen, würzen etc. beherrschen. Das kann und muss man üben. Es ist noch kein Meister vom Himmel gefallen. Dadurch entsteht das Know-how. Das ist das WIE.

Auf Führung übertragen: Ich muss die Basis-Werkzeuge der Führung wie z.B. die richtige Formulierung von Zielen, die Führung eines Mitarbeitergesprächs oder einer Sitzung beherrschen und ständig weiterentwickeln. Das erfordert Üben, kritische Selbstreflexion und Weiterentwicklung.

3. Ein wirklich guter Koch ist beseelt von dem, was er tut. Er kocht nicht, weil er kochen muss, sondern weil es ihm Freude macht. Das ist sein WARUM. So lässt er sich immer neue Variationen einfallen, experimentiert raffiniert mit Gewürzen, kocht mit Achtsamkeit ... und das schmeckt man.

Auf Führung übertragen: Das Beherrschen einer Technik allein ist zu wenig. Es geht nicht nur darum, ein Mitarbeitergespräch zu führen, sondern mit welcher Grundhaltung ich an meine Aufgaben herangehe. Mitarbeiter durchschauen, ob das Gespräch für mich eine lästige Pflichtübung oder ein persönliches Anliegen ist. Da nützt mir auch eine einstudierte Gesprächstechnik nichts. Bei allen Führungsinstrumenten kommt es also nicht nur darauf an, dass ich sie beherrsche, sondern auch darauf, mit welchen Werthaltungen und welcher Einstellung ich sie anwende.

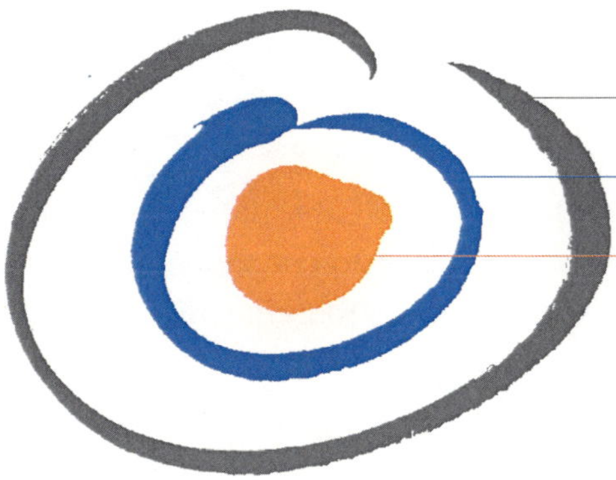

Funktion und Rolle in der Führung

Wenn wir als Führungskraft tätig sind, kann man zwischen zwei Begriffen unterscheiden, die in der Umgangssprache wenig differenziert werden: Funktion und Rolle[17]. Wichtig ist, dass ich mir bewusst bin, in welcher Funktion ich aktuell gefragt bin und wie ich meine Rolle ausfüllen will.

Was ist eine Funktion?

Eine Funktion definiert die Rahmenbedingungen in einer Organisation, die unabhängig von der Person an abgesprochene Tätigkeiten gebunden sind. Diese werden erworben, verliehen, vereinbart oder in der Organisation festgelegt.

Das bedeutet:

- Funktionen werden von anderen verliehen: vom Aufsichtsrat, vom Topmanagement, vom Inhaber eines Unternehmens, von der Gruppe ...
- Funktionen gelten auf bestimmte Zeit: zum Beispiel befristet auf eine Vorstandsperiode, ein Projekt, eine Sitzung, bis zu einer abgesprochenen Änderung (also bis zur Kündigung oder Pensionierung).
- Jede Funktion hat einen vereinbarten oder festgelegten Rahmen.
- Eine Funktion bleibt daher unabhängig von der jeweiligen Situation im Unternehmen konstant und gleich.

Man unterscheidet vier unterschiedliche Grundfunktionen, mit denen Führungskräfte betraut sein können:

1. **Leiten**: Als Geschäftsführer, Bereichs-, Abteilungs-, Team-, Projektleiter habe ich primär die Funktion, für Ziele zu sorgen, zu entscheiden, zu organisieren, zu kontrollieren ... Eine Führungskraft, die zum Beispiel nicht entscheidet oder kontrolliert, nimmt ihre Funktion nicht wahr.

2. **Beraten**: Als Vorgesetzter und vielleicht auch als Fachexperte bin ich gefragt, Mitarbeiter auszubilden, zu entwickeln und zu coachen. Ich stehe ihnen mit meinem Rat zur Seite. Ich helfe ihnen, ihre Probleme selbst zu lösen, statt ihnen alles abzunehmen.

3. **Verhandeln**: Als Vertreter der Organisation bin ich auch manchmal gefordert, zu verhandeln und die Interessen des Unternehmens bestmöglich zu vertreten. Wenn ich diese Funktion wahrnehme, muss ich auch Forderungen stellen, Standpunkte vertreten, Grenzen setzen, Kompromisse eingehen und Win-win-Lösungen suchen. Das fällt manchen Führungskräften vor allem bei den eigenen Mitarbeitern schwer, da sie ihnen gegenüber nicht gerne Nein sagen.

4. **(Team-)Mitglied sein**: Eine Führungskraft ist immer wieder mal in einer Gruppe nur normales Teammitglied und nicht in der Leitungsfunktion. Dann geht es darum, zielorientiert vorzugehen, Bereitschaft zur Zusammenarbeit zu zeigen, sich mit seinem Wissen und seinen Ideen einzubringen und ein wertvoller Teil des Teams zu sein. Das kann bei Projektsitzungen sein, innerhalb des Geschäftsleitungsteams, in Fachgremien. Manchen ist das nicht bewusst und sie verhalten sich in jeder Gruppe so, als ob sie in einer Leitungsfunktion wären.

Wichtig ist also, sich immer wieder zu fragen: Was ist meine Funktion hier und jetzt? Bin ich hier als Leiter oder als Teammitglied? Habe ich Interessen des Unternehmens zu vertreten und zu verhandeln? Bin ich jetzt gefragt als Berater, als Coach oder als Chef, der klar Stellung bezieht und fordert?

Ich bin als Führungskraft wirkungsvoll,
wenn es klare Vereinbarungen zu meiner Funktion gibt,
mir die vereinbarte Funktion bewusst ist
und ich mich auch daran halte.

Was ist eine Rolle?

Rollen sind eigene oder durch fremde Erwartung gewählte Verhaltensmuster, die abgesprochen oder unabgesprochen in einer Organisation oder Gemeinschaft ausgeübt werden. Wir sind in jeder Situation immer auch in einem Rollenbezug. Unsere persönliche Identität ist ohne andere Menschen gar nicht vorstellbar.

- Eine Rolle ist im Gegensatz zu einer Funktion situativ bedingt.
- Meine Rolle ist daher veränderbar und es gibt unzählige Varianten.
- Die Rolle wähle ich selbst! Ich entscheide z.B. ob ich in einer Führungssituation als „Oberlehrer", als „Perfektionist", als „Animateur", als „Unterstützer" oder als „Coach" auftreten möchte.
- Meine Erwartungen an mich selbst und die Erwartungen meines Umfeldes (zum Beispiel, wie ich als Chefin sein will oder sein soll) bestimmen zu einem großen Teil, welche Rolle ich einnehme.
- Ich kann meine Rollen offen inszenieren oder „neben mir stehen", um anderen ein Rollenbild zu vermitteln.[18] Authentizität ist getragen von Offenheit.
- Unausgesprochene, unklare und unerfüllte Erwartungen führen oft zu Spannungen und Konflikten. Es lohnt sich, gegenseitige Erwartungen in der Zusammenarbeit von vorneherein zu klären (siehe Klarheit, Seite 141).
- Es gibt Rollen, die ich aus meiner Geschichte gut kenne, die mir liegen (in denen ich eingespielt bin) und Rollen, die mir sehr fremd sind.
- Ich kann ausprobieren und mir neue Rollen aneignen. Dadurch kann Entwicklung stattfinden.

Ein Beispiel: Eine Führungskraft ist gewohnt, die „Retterin in der Not" für ihre Mitarbeiter zu sein. Diese können sich auf sie verlassen, denn sie haben die Erfahrung gemacht: Wenn wir etwas nicht schaffen oder wenn wir Fehler machen, wird es unsere

Chefin schon richten. Nun entscheidet die Führungskraft, dieses „Spiel" nicht mehr mitzuspielen, sondern als „fordernde Chefin" aufzutreten. Sie weist die Abgabe der halbfertigen Arbeit freundlich und klar zurück und fordert von den Mitarbeitern eine verbesserte Ausführung. Die Mitarbeiter sind zuerst irritiert und sie selbst kommt sich beim ersten Mal „komisch und unkollegial" vor, weil sie den Mitarbeitern nicht wie gewohnt nacharbeitet, aber siehe da: Am nächsten Tag findet sie eine perfekte Ausführung vor. Sowohl die Mitarbeiter als auch die Führungskraft haben durch das Ausprobieren einer neuen Rolle dazugelernt.

Ich bin als Führungskraft wirksam,
wenn es mir gelingt, nicht immer nur eine Rolle zu spielen,
sondern aus einer Vielfalt von Rollen
die jeweils passende zu wählen.

Funktion in der Führung	Tätigkeiten / Aufgaben / typische Handlungen: Was?	Mein frei gewähltes Verhalten: Wie?
Leiten	· Ziele setzen · Aufträge erteilen · entscheiden · organisieren · kontrollieren · bewerten / beurteilen · etc.	Rolle als: Anführer Initiator Verfolger Vorbild Vater / Mutter Zampano Manager Entwickler Spezialist Leader ...

Funktion in der Führung	Tätigkeiten / Aufgaben / typische Handlungen: Was?	Mein frei gewähltes Verhalten: Wie?
Beraten	· fachlich und prozessmäßig · bei persönlichen Fragestellungen · bei Konflikten · ausbilden, entwickeln und unterstützen · Kommunikationsfähigkeit und Lernwilligkeit fördern · dem anderen helfen, sein Problem zu lösen · etc.	... Netzwerker Koordinator Aufschieber / Umfaller Animateur Beobachter Begleiter Sachverständiger Helfer Hofnarr Rebell (stiller) Zuhörer Forderer und Förderer Besserwisser Idealist Retter Geheimnistuer Nachgebender Ausführender Super-Experte Fachmann bzw. -frau Mitspieler Exponent Rebell Angepasster Perfektionist Kritischer Hinterfrager Ideengeber Stimmungskanone Opfer etc.
Verhandeln	· Wünsche ansprechen · Forderungen stellen · Standpunkt vertreten · durchsetzen · Abweichungen und Gemeinsamkeiten festhalten · Kompromisse eingehen · etc.	
(Team-)Mitglied sein	· gleichrangig in einem Team / einer Projektgruppe ein Thema / Problem bearbeiten und sich einbringen · eine Situation beschreiben und sich mitteilen · Bereitschaft zur Zusammenarbeit feststellen und Aufgaben übernehmen · Ziele festhalten · zielorientiert vorgehen (IST-Situation analysieren, planen, durchführen, kontrollieren) · Informationen weiterleiten · etc.	

Jetzt sind Sie dran: Beantworten Sie für sich die folgenden Fragen:

Meine Funktionen in der Führung: QR→

- *Wofür bin ich als Führungskraft zuständig und verantwortlich?*
- *Wodurch unterscheidet sich mein Verantwortungsbereich von dem meiner Mitarbeiter?*
- *Ist meine Funktion beschrieben und festgelegt? Ist die Beschreibung aktuell?*
- *Welche Funktionen habe ich in anderen Lebensbereichen? (Familie, Vereine, ...)*
- *Wenn ich alle Lebensbereiche und Organisationen betrachte, in denen ich engagiert bin: Habe ich zu viele Funktionen? Kann ich diese alle wahrnehmen?*

Mein Rollenverhalten: QR→

- *Welche Erwartungen habe ich selbst an mich als Führungskraft?*
- *Wer hat welche Erwartungen an mich und welche Rollen ergeben sich daraus für mich?*
- *Welches sind meine bevorzugten Rollen? Welche liegen mir besonders gut?*
- *Welche Rollen fallen mir schwer bzw. welche mag ich nicht? Weshalb?*
- *Wo bestehen widersprüchliche Erwartungen an mich?*
- *Bei welchen Rollen erlebe ich immer wieder Schwierigkeiten oder Widerstand?*
- *Welche Rollenerwartungen an mich sind unklar?*
- *Wo ist Klärungsbedarf über in mich gesetzte Erwartungen?*
- *Was will ich ändern?*

Führung – Beziehungen 360 Grad gestalten

Führen bedeutet in erster Linie Beziehungen gestalten; neben der Beziehung zum eigenen Team auch die Beziehung zu meinem Vorgesetzten (Führen nach oben) und zu Kollegen in Projektgruppen und anderen Abteilungen (laterales Führen).

Außer gegenüber meinen Mitarbeitern ist das ein „Führen ohne Macht".

In Projektgruppen, Matrixorganisationen oder interdisziplinären Teams haben wir öfter zwar eine Führungsfunktion, können aber nicht wie ein disziplinär Vorgesetzter führen. Es gibt keine Jahresmitarbeitergespräche und wir haben üblicherweise auch nicht die Macht, Anweisungen zu geben wie ein direkter Vorgesetzter. Umso wichtiger sind die positive Beziehungsgestaltung und die Kraft der Überzeugung.

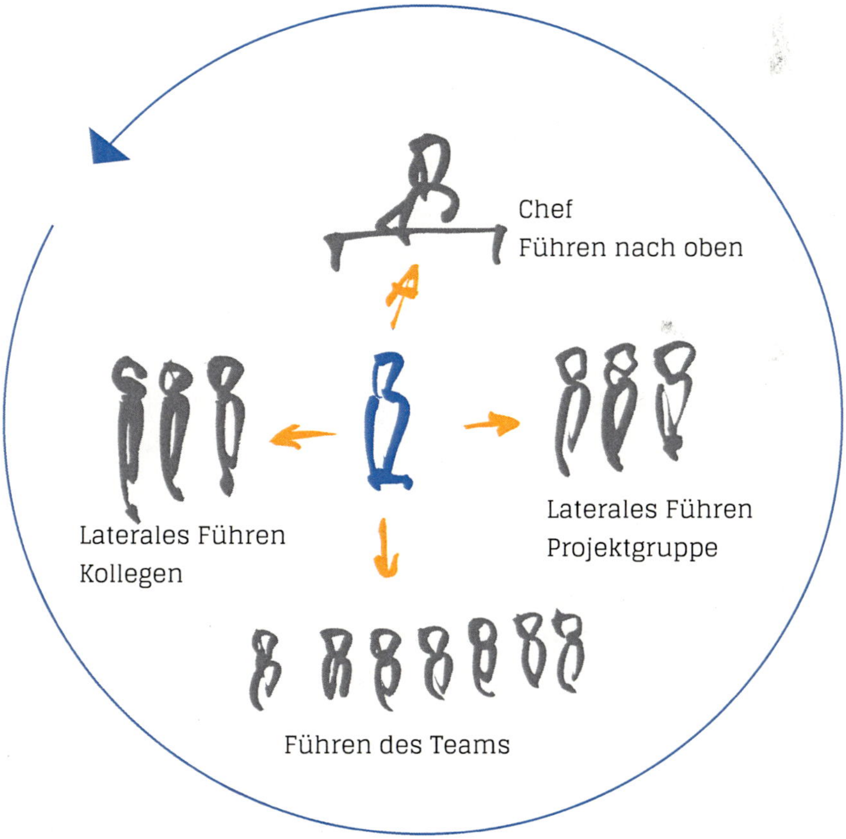

Ein paar hilfreiche Verhaltensweisen für das laterale Führen:

- Gestalten Sie bewusst eine wertschätzende Beziehung, die getragen ist von der Grundhaltung: Ich bin okay – du bist okay. Das bedeutet: anerkennen, wertschätzend und achtsam miteinander umgehen, Unterschiedlichkeit zulassen.
- Schaffen Sie eine gesunde Balance zwischen Wettbewerb und Kooperation: Es geht nicht darum, für den eigenen Bereich zu kämpfen, sondern um das Finden einer guten Lösung im Sinne Ihres Unternehmens und Ihrer Kunden bzw. Mitglieder.
- Vermeiden Sie politische Spiele, bei denen Sie als Gewinner aussteigen.
- Lassen Sie die beste Idee gewinnen – auch wenn diese nicht von Ihnen gekommen ist.
- Geben Sie nicht vor, perfekt zu sein: Stellen Sie Fragen, lernen Sie von anderen und geben Sie auch Fehler zu.
- Sprechen Sie Irritationen und Unstimmigkeiten bei den Betroffenen an – und nicht hinter deren Rücken. Sagen Sie klar, was Sie erwarten.
- Erweitern Sie Ihr persönliches Netzwerk im Unternehmen: Knüpfen Sie Kontakte zu anderen Abteilungen, Kollegen auch außerhalb Ihres Bereichs. Und finden Sie Gemeinsamkeiten außerhalb der Arbeit.
- „Feed the network first": Tun Sie Kollegen ruhig einen Gefallen, auch wenn Sie nicht sofort einen Nutzen dafür erwarten – also nichts von ihnen brauchen. Man hilft sich.

Häufig ist die Gestaltung der Beziehung zu den Vorgesetzten oder zu Aufsichtsorganen für Führungskräfte herausfordernder als die Führung des eigenen Teams.

Ein paar hilfreiche Verhaltensweisen für das „Führen nach oben":

- Gestalten Sie die Beziehung zu Ihrem Vorgesetzten bewusst und schaffen Sie eine tragfähige Arbeitsbeziehung.
- Informieren Sie sich über die Vision sowie die strategischen Ziele für den Bereich und unterstützen Sie Ihren Vorgesetzten dabei, sie zu erreichen.
- Nehmen Sie Ihren Vorgesetzten so wie er ist. Sie werden ihn nicht ändern.
- Unterstützen Sie ihn in schwierigen Situationen. Tun Sie manchmal auch das, was andere nicht täten: ein herausforderndes Projekt übernehmen, eine unangenehme Aufgabe abnehmen.

- Klären Sie mit Ihrem Vorgesetzten, in welche Entscheidungen er unbedingt eingebunden sein will und bei welchen er informiert werden will.
- Klären Sie mit Ihrem Vorgesetzten, welche Informationen er in welcher Form von Ihnen benötigt.
- Wenn Sie mit einem Problem zu Ihrem Vorgesetzten kommen, überlegen Sie auch eigene Lösungsvorschläge. Ihr Vorgesetzter braucht Problem-Löser und nicht Problem-Macher.
- Gehen Sie gut vorbereitet in Besprechungen.
- Berücksichtigen Sie die Vorlieben Ihres Vorgesetzten: Ist er Morgen- oder Abendmensch? Wann komme ich am besten mit Ideen? Bevorzugt er schriftlich ausgearbeitete Konzepte oder ein Gespräch, einen dialogischen Austausch? Welche Argumente braucht er für eine Entscheidung? Wann ziehe ich mich besser zurück und lasse ihn in Ruhe?
- Bringen Sie Wesentliches zum richtigen Zeitpunkt. Dann haben Sie gute Chancen, dass Ihre Ideen umgesetzt werden.
- Wenn Sie mit Entscheidungen nicht einverstanden sind: Bitten Sie um ein Gespräch, tragen Sie Ihre Sichtweise vor und fragen Sie nach den Gründen und dem größeren Zusammenhang für die Entscheidung.
- Informieren Sie rechtzeitig, wenn etwas schief läuft.
  Keine Vertuschung von Fehlern.
- Beziehen Sie Position in Diskussionen, vertreten Sie Ihre Sichtweise.
  Chefs brauchen keine Duckmäuser.
- Fallen Sie Ihrem Vorgesetzten nicht in den Rücken, z.B. durch Angriffe vor Publikum (im Meeting) oder schlechte Nachrede hinter seinem Rücken.
  Das rächt sich bald.
- Spielen Sie nicht die Rolle des Kumpels, der gemeinsam mit seinem Team über „die da oben“ klagt.
- Geben Sie auch Ihrem Vorgesetzten wertschätzend, offen und möglichst konkret Feedback. Davon bekommen die meisten Chefs zu wenig.

IV. Management – Aufgaben zur StrukturKRAFT

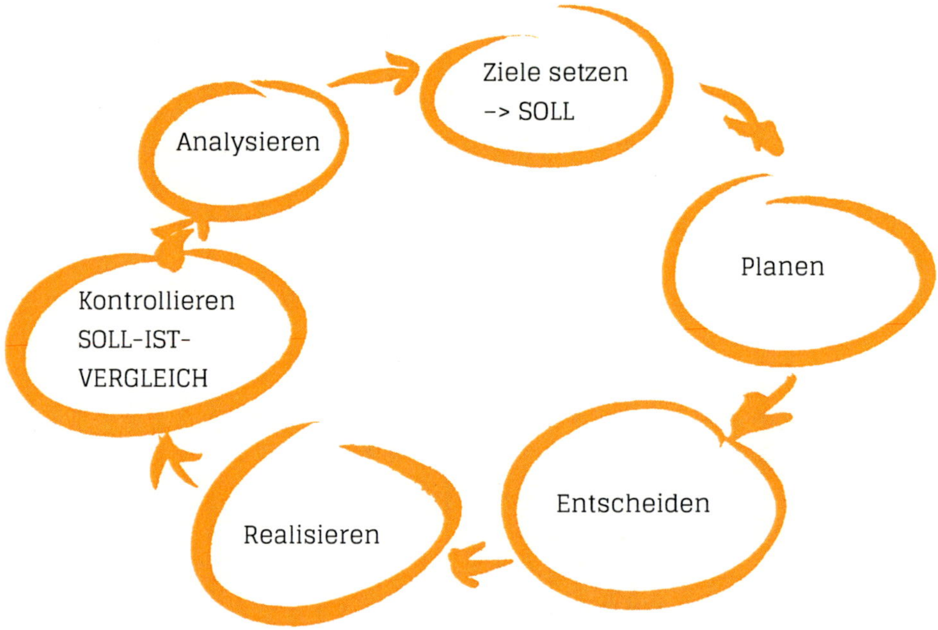

Im Management arbeiten wir methodisch nach einem Kreislauf von Tätigkeiten, der sich bei allen Problemlösungsstrategien wiederfindet. Ich nehme dazu – als eines von vielen ähnlichen Modellen – das AZPERK-Modell als Beispiel:

1. Analyse:
Wir verschaffen uns ein Bild von der Ausgangslage. Das ist zu einem großen Teil Sammlung, Aufbereitung und Interpretation von „ZDF" – Zahlen, Daten, Fakten. Ich verschaffe mir zum Beispiel ein Bild von

- der Kostensituation,
- der Marktentwicklung,
- politischen, rechtlichen, ökologischen Rahmenbedingungen,
- der Funktionsfähigkeit und Ausfallhäufigkeit einer Anlage,
- der Qualifikationen der Bewerber für eine Stelle,
- der Qualität eines Produktes,
- usw.

Im Management bin ich immer wieder gefragt zu analysieren, und das ist primär Kopfarbeit. Gerade bei der Interpretation der Daten spielt aber auch Intuition eine große Rolle: Erfahrung und achtsames Hinschauen lassen oft ein Bauchgefühl entstehen, welches bei der Einschätzung der aufbereiteten Fakten eine wichtige Rolle spielt.

2. Zielsetzung:
Ziele gehen über kurzfristige Anweisungen hinaus. Indem wir Ziele definieren, orientieren wir uns in einem größeren Rahmen. Wir lösen uns aus dem Sog des Alltags, und unsere Sichtweise geht über scheinbar dringende Dinge hinaus. Dabei definieren wir einen gewünschten Sollzustand. Wenn es ein attraktives Ziel ist, so richten wir unser Tun automatisch an diesem Ziel aus.

3. Planung:
In der Planungsphase fragen wir uns, welche Möglichkeiten wir haben, unser Ziel zu erreichen. Dabei analysieren wir nochmals im Detail die zu erwartenden Kosten, welche Ressourcen wir wann wie einsetzen und nach welchem Zeitplan die notwendigen Schritte zur Zielerreichung erfolgen können. Das ist wiederum Kopfarbeit und erfordert strukturiertes Denken. Erfahrung hilft auch hier: Wir lernen bei jedem Projekt.

4. Entscheidung:
Irgendwann – nach aller Analyse und Planung – sind Führungskräfte auch gefordert, sich für oder gegen eine Maßnahme oder Vorgehensweise zu entscheiden. Darin steckt das Wort „scheiden“: Entscheidung ist wie die Wahl an einer Weggabelung: Gehen wir diesen oder jenen Weg? Oder gehen wir gar nicht weiter und lassen das Projekt? Die meisten Wege (Projekte, Maßnahmen, ...) sind nicht eindeutig zu beurteilen, sondern bergen sowohl Vor- wie auch Nachteile und haben Risiken. Nicht immer haben wir alle Informationen und Grundlagen zur Verfügung. Oft muss die Führung aufgrund von Annahmen Entscheidungen treffen. Daher erfordern viele Entscheidungen eine gute Mischung aus rationaler Analyse und Bauchgefühl.

Da meist nicht alle Fakten eindeutig für eine Lösungsvariante sind und mit Entscheidungen wie gesagt auch Risiken verbunden sind, erfordern sie Mut und Selbstvertrauen: Als Führungskraft muss ich aushalten, dass ich von Interessensgruppen unter Druck gesetzt werde und dass ich mich nicht mit jeder Entscheidung beliebt mache. Da kann Führung ein sehr einsamer Job werden. Wenn ich mit einer Entscheidung „gegen den Strom schwimme“, ist der „Spiegeltest“ eine wichtige Hilfe: Kann ich mit dieser Entscheidung morgen früh in den Spiegel schauen und mir sagen: „Du hast alles dir Mögliche berücksichtigt. Deine Entscheidung war stimmig.“?

5. Realisierung:
Es gibt viele Unternehmen, in denen hohe Stapel von beschlossenen Strategiepapieren liegen, die nie umgesetzt wurden. Daher kommt wahrscheinlich der Spruch, dass „Erfolg zu zehn Prozent auf Inspiration, aber zu neunzig Prozent auf Transpiration“ beruht: Das tägliche „Dranbleiben“ und das konsequente Umsetzen von Maßnahmen, das verbindliche Einhalten von einmal beschlossenen Vorgehensweisen und Qualitätsstandards erfordern vom Management Durchhaltevermögen und StrukturKRAFT.

6. Kontrolle:
Schon bei der Zielsetzung definiert man, woran man später erkennen will, dass ein Ziel erreicht wurde. Sobald erste Ergebnisse vorliegen, vergleiche ich diese mit dem angestrebten Ziel. Controlling ist immer ein Soll-Ist-Vergleich!

Lassen Sie uns im Folgenden einzelne wichtige Führungsaufgaben aus dem Bereich der StrukturKRAFT näher betrachten.

1. Führen mit Zielen

„Führen mit Zielen“ (FMZ) oder „Management by Objectives“ (MbO) ist ein weit verbreitetes Führungs- und Steuerungsinstrument, das schon in den Fünfzigerjahren des vorigen Jahrhunderts von Peter F. Drucker entwickelt wurde.[19] Dabei vereinbart die Führungskraft mit dem Mitarbeiter Ziele, die er im kommenden Jahr in seinem Aufgabenbereich umsetzen soll. Diese Vereinbarungen sollen der Ausrichtung und Fokussierung der Mitarbeiter auf das Wesentliche dienen, eine klare Verantwortung für Beiträge zu Unternehmenszielen zuteilen und eine objektive Leistungsbeurteilung (oft verbunden mit Prämiensystemen) ermöglichen.

Soweit die Theorie. Obwohl in vielen Unternehmen auf diese Weise vorgegangen wird, sehe ich den Einsatz dieses Führungsinstruments aus mehreren Gründen sehr kritisch:

- Man spricht zwar von „Zielvereinbarung“, aber de facto werden die zu erreichenden Ziele „von oben“ vorgegeben und ergeben sich aus dem Verteilen der Jahresziele des Gesamtunternehmens. Es gibt in der Regel keinen Verhandlungsspielraum für den Mitarbeiter, geschweige denn, dass er eigene Zielvorschläge machen kann. Oft geht die Zielvereinbarung so weit, dass Mitarbeiter von vornherein sagen: „Das Ziel schaffe ich nie. Ich weiß es. Mein Chef weiß es. Aber wir haben es halt unterschrieben, weil der Bereichsleiter das vorgibt.“

- In manchen Unternehmen besteht die Regel, dass für jeden Mitarbeiter eine gewisse Mindestanzahl an Zielen zu vereinbaren ist. Bei Mitarbeitern, die seit Jahren die gleichen Routinetätigkeiten ausführen und ihre Stelle auch die nächsten Jahre innehaben wollen (zum Beispiel bei dem Hausmeister oder der Mitarbeiterin in der Telefonzentrale) wird es dann zur gekünstelten Pflichtübung, sich irgendwelche Ziele „aus den Fingern zu saugen".
- Häufig klagen die Mitarbeiter, dass sie bereits zwei, drei Monate nach der Zielvereinbarung völlig andere Aufgaben und Projekte zugewiesen bekommen und die vereinbarten Ziele damit keine Priorität mehr haben.
- Die festgelegten Ziele finden oft während des Jahres keinerlei Beachtung und werden erst ein Jahr später beim nächsten Mitarbeitergespräch aus der Schublade geholt. Dann stellt man erstaunt fest, was da alles vereinbart – und wieder vergessen – wurde.
- Ziele werden manchmal völlig losgelöst vom dichten Alltag der Mitarbeiter definiert. Dann hört man die Klage: „Ich habe so viel Arbeit und jetzt soll ich auch noch Ziele erfüllen". Es klingt, als ob die Arbeit nicht der Zielerreichung dienen würde.
- Ziele werden nicht sauber und klar formuliert. Häufig beschreiben sie eine zu erledigende Tätigkeit oder Maßnahme und nicht wirklich ein Ziel.
- Organisationen werden immer mehr nach rein finanziellen Gesichtspunkten geführt. Deswegen wird auch bei der Planung nur auf finanzielle oder mit Zahlen messbare Ziele fokussiert. Das führte zu dem Spruch „If you can't measure it, forget it!" Aus meiner Sicht ein Missverständnis, denn gerade qualitative und anspruchsvolle Ziele sind zwar genau zu definieren („Woran erkennen wir, dass wir das Ziel erreicht haben?"), aber oft nicht so einfach in Zahlen zu messen.
- Unser Verhalten wird stark durch das beeinflusst, was wir messen[20]: Die meisten Führungskräfte werden nach reinen Ertragszielen gemessen: der Steigerung des Aktienwerts, des Ertrag, niedrigen Mitarbeiterzahlen oder „FTEs – Full Time Equivalents", wie diese Zahl auch mechanistisch und wenig wertschätzend bezeichnet wird. Manager richten dann ihre Konzentration und ihre Bemühungen vor allem auf die Erreichung dieser Zielvorgaben. Nachhaltige Ziele wie die Zahl der Innovationen, die Verbesserung der Servicequalität, niedrigerer Energie- und Ressourcenverbrauch, eine Senkung der Arbeitsunfälle oder die Entwicklung kompetenter Mitarbeiter finden sich zwar in vielen Unternehmensleitbildern, aber selten in Zielvereinbarungen für Führungskräfte. Dementsprechend wird deren Erreichung nicht als wichtig erachtet.
- Durch unternehmensweite MbO-Programme wird oft ein zeitaufwendiger Bürokratismus hervorgerufen. Führungskräfte erleben ihn als lästige Pflicht und Formularkrieg.

Dabei kann das Prinzip des Führens mit Jahreszielen – richtig angewendet – die Führungsarbeit sehr unterstützen: Die Führungskraft löst sich von täglichen, operativen und kurzfristigen Anweisungen, gibt Orientierung und sorgt für Überblick und Konzentration auf das Wesentliche. Der Mitarbeiter erhält dadurch Gestaltungsfreiraum und kann eigenverantwortlich die Initiative ergreifen. Er sieht seinen Beitrag zum größeren Ganzen. Führungskraft und Mitarbeiter klären ihre gegenseitigen Erwartungen, und auch der Mitarbeiter kann sich einbringen. Man konzentriert sich gemeinsam auf wesentliche Kernaufgaben. Ein regelmäßiger Soll-Ist-Vergleich zeigt, ob man „auf Spur" ist, und Ergebnisse können einfacher beurteilt werden.

Ich bin überzeugt, dass es höchst motivierend ist, gemeinsam anspruchsvolle Ziele anzugehen, den eigenen Beitrag zu sehen und die Ziele gemeinsam zu erreichen. Das sind Erfolgserlebnisse, die jedes Team brauchen kann. Wie dies gelingen kann, schauen wir uns nun genauer an.

Das Vorgehen beim Führen mit Zielen:

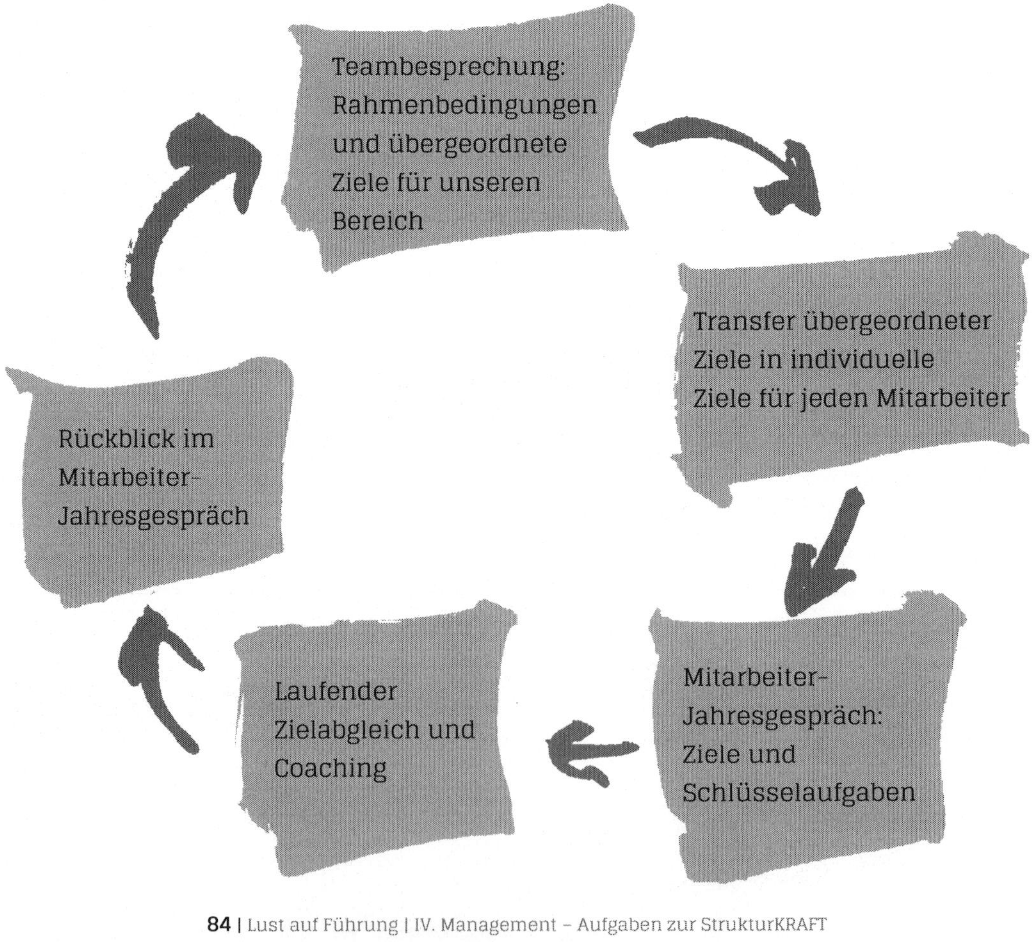

Beim Führen mit Zielen werden die Ziele im zeitlichen Ablauf mit der Jahresplanung im Unternehmen abgestimmt: Meist im dritten oder vierten Quartal eines Geschäftsjahres werden die Unternehmensziele für das Folgejahr von der Unternehmensleitung definiert (siehe dazu auch unter AufbruchsKRAFT: Ein attraktives Zukunftsbild entwickeln). Diese sollten sich nicht auf rein monetäre Budgetziele beschränken, sondern auch geschäftliche, an der Unternehmensstrategie ausgerichtete, qualitative Ziele beinhalten. Dabei wird auch festgelegt, wie jeder Bereich, jedes Team zur Erreichung der geplanten Unternehmensziele beiträgt. Auf diese Weise werden die Ziele auf die einzelnen Teams oder Abteilungen „heruntergebrochen".

Zu Beginn des neuen Geschäftsjahres sollen alle Mitarbeiter erfahren, wohin die Reise geht. Dabei ist es sinnvoll, auch darauf einzugehen, welche Entwicklungen man im Umfeld (angesichts der Marktsituation, gesetzlicher Änderungen, neuer Technologien, ...) erwartet und welche Schlüsse man für die Planung daraus gezogen hat. Auf diese Weise können die Mitarbeiter auch den Sinn und Gesamtzusammenhang von Entscheidungen nachvollziehen.

Die Ziele selbst sollen knapp, verständlich und einprägsam dargestellt werden. In größeren Organisationen ist es sinnvoll, dazu vorerst die Führungskräfte zu orientieren, doch anschließend sollten alle Mitarbeitenden die Unternehmensziele für das neue Jahr kennenlernen.

Eine Möglichkeit hierfür ist eine Mail oder eine schriftliche Information der Geschäftsleitung an alle, in der sie beschreibt, wie sie die aktuelle Situation einschätzt und für welche Ziele man sich entschieden hat. Schriftliche Informationen ohne Erklärung können aber leicht missinterpretiert werden. Wenn möglich, empfehle ich immer einen mündlichen Austausch, bei dem die Führung zur großen Richtung im kommenden Jahr Stellung bezieht.

Gute Erfahrungen haben wir mit Dialogveranstaltungen gemacht, die wir „Zukunftsdialoge" nennen. Sie können auch mit großen Gruppen mit bis zu 200 Teilnehmern durchgeführt werden. In manchen großen Organisationen macht sich das Topmanagement die Mühe, zu Jahresbeginn alle Geschäftsbereiche bzw. Regionen in einer „Roadshow" zu besuchen und vor Ort mit den Führungskräften die Ziele zu bearbeiten. Der Aufwand lohnt sich: Man kann von Führungskräften nicht verlangen, dass sie mit Zielen führen, wenn sie den Gesamtzusammenhang und die grundlegende Richtung nicht kennen und verstehen. Neben der Präsentation der Ziele und dem anschließenden Dialog erhalten die Führungskräfte auch eine übersichtliche und grafisch ansprechende schriftliche Darstellung der Ziele. Hier lohnt es sich abseits von PowerPoint unterschiedliche Methoden und Wege (Bilder, Sprache, Symbole, Landkarten etc.) einzusetzen, um die Botschaften zu verdichten. Die Führungskräfte können methodische Unterstützung und Material erhalten, mit dem sie die Ziele in ihrem Team für alle verständlich und be-greifbar machen können.

Die Teamleiter besprechen die Ziele anschließend in einer Sitzung mit allen Mitarbeitern. Dabei erfährt jeder Mitarbeiter die Ziele der eigenen Organisationseinheit und ihm werden die äußeren Faktoren vermittelt, die Auswirkungen auf das Team und seine Arbeit haben werden:

- Was sind die Unternehmens-/Bereichsziele?
- Welche äußeren Rahmenbedingungen kommen auf unsere Abteilung zu? Hierzu zählen z.B. neue Vorschriften, Technologien oder Software, Veränderungen im Team durch Pensionierungen, neue Mitarbeiter, Kostenvorgaben, ...
- Welche Ziele ergeben sich daraus für unser Team?

Erst danach werden die individuellen Ziele in den Mitarbeitergesprächen besprochen und vereinbart. Diese werden nicht nur Beiträge zu den Bereichszielen sein, sondern ergänzend auch individuelle persönliche Ziele umfassen (z.B. Übernahme einer Stellvertreterfunktion oder das Erlernen einer bestimmten Fertigkeit).

Arten von Zielen

Ziele können auf unterschiedliche Bereiche fokussieren: auf den Markt (Marktanteil, Volumina, Konditionen, ...), die Produktivität (z.B. Mengenziele pro Mitarbeiter), auf Produkte und deren Qualität (Standards, Innovationen, Verbesserungsvorschläge) oder auf den Mitarbeiter selbst (auf sein Verhalten, die Qualifikation, Führung, Zusammenarbeit, Einstellungen, ...). Ziele können sich darauf beschränken, einen gewissen Zustand zu erhalten (z.B. Leistungsstandards, Service und Qualität des Tagesgeschäfts) oder Neues initiieren (Innovationen wie die Entwicklung eines Produkts, eines neuen Prozesses, ...). Sie beschreiben entweder quantitativ ein konkretes Ergebnis (Umsatz, Kostenreduktion, Marktanteil, Produktionszahlen) oder Qualitäten wie Leistungsverhalten, Einstellungen, Sozialverhalten, Führungskompetenz. Diese qualitativen Ziele sind schwieriger zu messen, haben aber sehr wohl eine Wirkung, die konkret beobachtbar und erkennbar ist.

Worauf sollten Sie also bei der Formulierung von Zielen achten?

- Ziele beschreiben konkret, welches Ergebnis oder welchen Zustand wir zu einem gewissen Termin erreicht haben: „Der Mitarbeiter kann Ende des 3. Quartals selbständig die Anlage X betreuen." „Das Projekt X ist Ende des 2. Quartals erfolgreich abgeschlossen." „Die Mitarbeiterin kann Ende des 4. Quartals die Kundenabrechnung selbständig durchführen." „Der Mitarbeiter ist bis Jahresende gut ins Team integriert."
- Ziele sind positiv formuliert. „Nicht-Ziele", die Probleme beschreiben („Der Mitarbeiter macht das in Zukunft nicht mehr") sind keine Ziele und wirken schon gar nicht motivierend!
- Ziele sollen „messbar" sein. Das bedeutet nicht immer, dass man sie mit einer Zahl messen kann, wie z.B. Umsätze oder Kosten. Wir definieren jedoch: Woran erkennen wir, dass das Ziel erreicht ist? Wie lässt sich das beobachten? Ob ein Mitarbeiter zum Beispiel freundlich ist, lässt sich sehr wohl konkret beobachten. Vielleicht geht auch die Anzahl der Reklamationen durch Kunden zurück oder einzelne Kunden loben die Freundlichkeit des Mitarbeiters. Dieses Ziel kann man natürlich mit einer Zahl festmachen, wenn eine Kundenbefragung durchgeführt wird. Es ist aber aus meiner Sicht nicht immer nötig, eine Statistik zu erheben, um festzustellen, ob ein Ziel erreicht wurde.
- Ziele sollen durch den Mitarbeiter selbst initiierbar und beeinflussbar sein. Der Mitarbeiter soll bei seiner Zielerreichung nicht davon abhängig sein, dass andere Personen die Initiative ergreifen. Er selbst soll sie eigenverantwortlich in der Hand haben.
- Ziele sind – in der Regel – keine operativen Maßnahmen. Oft werden statt Zielen nur Aktivitäten für das kommende Jahr aufgelistet. Das ist eine Unschärfe, die Sie vermeiden sollten. Nur in seltenen Fällen lassen sich Ziele zwar nicht genau definieren, aber man kann eine Maßnahme vereinbaren, von der man annimmt, dass sie sinnvoll zur Entwicklung des Unternehmens oder des Mitarbeiters beiträgt. Es ist darüber hinaus durchaus auch sinnvoll, die Aktivitäten, die zur Erreichung von Zielen führen, mit dem Mitarbeiter zu beleuchten. Das verhindert, dass der Mitarbeiter mit Maßnahmen, die nicht zur Unternehmenskultur passen, oder mit ethisch nicht vertretbaren Methoden ein Ziel verfolgt, frei nach dem Motto „Hauptsache das Ziel wird erreicht – egal wie."
- Ziele sollen herausfordernd und realistisch sein. Wenn wir nur Ziele innerhalb der „Komfortzone" setzen, damit sie auch sicher erreicht werden, fehlt der Ansporn für Exzellenz. Zu hoch gesetzte Ziele können aber auch demotivieren, sodass die Einstellung entsteht: „Wozu soll ich mich anstrengen. Das schaffe

ich sowieso nie!" Das richtige Maß für die Ziele bei jedem Mitarbeiter zu finden, ist eine große Herausforderung für Führungskräfte. Sie brauchen ein Gespür für das individuelle Leistungspotenzial jedes Mitarbeiters, mit dem Sie Ziele vereinbaren. Man soll fordern und nicht überfordern.
- Ziele sollen einander nicht widersprechen. Wenn zum Beispiel in einem Lebensmittelhandel die Filialleiter einerseits das Ziel erhalten, die Abschreibkosten für verdorbene Waren zu reduzieren, und sie gleichzeitig ein Qualitätsprogramm verfolgen sollen, das fordert, dass möglichst nur 1A-Qualität am Ladentisch angeboten wird, so lässt sich das nicht gut verbinden.

Ziele vereinbaren oder vorgeben?

Wenn Sie wollen, dass Ihre Mitarbeiter eigenverantwortlich ihre Ziele verfolgen, dann sollten Sie sicherstellen, dass sie diese auch selbst erreichen wollen. Das spricht eindeutig für die partnerschaftliche Vereinbarung von Zielen. Im Führungsalltag erleben wir aber immer wieder, dass Ziele, die man als Vorgesetzter als Entwicklungsschritt für einen Mitarbeiter vorschlägt, oder Ziele, die einen notwendigen Beitrag zu den Unternehmenszielen bedeuten, vom Mitarbeiter selbst als unrealistisch oder sinnlos angesehen werden.

In diesem Fall sind Sie als Führungskraft gefragt: Es gilt dann, Erklärungs- und Überzeugungsarbeit zu leisten. Es ist Ihre Aufgabe als Führungskraft, Mitarbeitern den Zusammenhang und den Sinn von Zielen zu erklären. Oft hilft es dabei, große Jahresziele für den Mitarbeiter in überschaubarere Einheiten zu übersetzen.

So hatten wir einmal bei einem Kunden das hoch angesetzte Ziel, „25.000 qualifizierte Kundengespräche innerhalb von zwei Monaten" zu erreichen. Dies bedeutete eine Steigerung um 50% gegenüber dem normalen Gesprächsrhythmus. Als die Vertriebsmitarbeiter das hörten, schüttelten sie nur den Kopf. Bezogen auf jeden Mitarbeiter bedeutete dies aber genau ein Gespräch pro Tag. Das trauten sie sich zu und erreichten es auch.

Das Erklären und Verhandeln erfordert Mitarbeiter, die bereit und fähig sind, sich mit den Zielen qualifiziert auseinanderzusetzen. Und es braucht auch einige Zeit. Es wird trotzdem Situationen geben, in denen Sie trotz aller versuchter Überzeugungsarbeit und Erklärungsbemühungen keine Vereinbarung erreichen können. Dann wird es auch einmal notwendig sein, ein Ziel vorzugeben. Das ist immer noch besser als gar keine Ziele zu haben oder faule Kompromisse einzugehen. Oft habe ich erlebt, dass

Mitarbeiter dann im Laufe des Jahres zwar skeptisch sind, mit entsprechendem Coaching und den ersten Erfolgserlebnissen dann aber sehen, dass es doch geht. Am Jahresende sagen sie dann: Es war ein hohes Ziel und ich hätte nie gedacht, dass ich das erreiche. Jetzt bin ich stolz!

Zielvereinbarungen unternehmensweit und ausnahmslos für alle?

Für Führungskräfte und Schlüsselpersonen (Fachkräfte, die eine wichtige Funktion im Unternehmen ausführen) halte ich jährliche Zielvereinbarungen für ein sinnvolles Führungsinstrument. In manchen Unternehmen wird aber zwanghaft vorgeschrieben, dass für jeden Mitarbeiter mindestens fünf Ziele vereinbart werden müssen. Das führt – wie oben erwähnt – oft zu absurden Situationen, in denen künstlich nach Zielen gesucht wird, z.B. für den Hausmeister oder die Telefonistin. Damit wird der gesamte FmZ-Prozess ad absurdum geführt.

Die Geschäftsleitung sollte daher gut überlegen, bei welchen Mitarbeitern oder Funktionen „Führen mit Zielen" sinnvoll eingesetzt werden kann. Diese Entscheidung kann man auch von Jahr zu Jahr revidieren. Besser Führen mit Zielen wird nur bei einer ausgewählten Gruppe aber dort konsequent eingesetzt, als es werden alle „über einen Kamm geschoren" und das Instrument verkommt zu einer unwirksamen und bürokratischen Pflichtübung.

Checkliste zur Formulierung von Zielen: QR→

- *Ist das Ziel positiv formuliert?*
- *Was ist das beabsichtigte Resultat einer Tätigkeit? Ist dies klar formuliert?*
- *Ist das Ziel (Resultat, Verhalten, Methode) messbar / beurteilbar / kontrollierbar?*
- *Ist definiert, woran man erkennen kann, ob das Ziel erreicht wurde?*
- *Steht das Ziel im Widerspruch zu einem anderen Ziel oder zum Geschäftsziel?*
- *Stimmt das Ziel mit der Aufgabe des Mitarbeiters (siehe auch: Schlüsselaufgabe / Assignment) überein?*
- *Hat der Mitarbeiter die Ressourcen, um das Ziel zu erreichen?*
- *Ist vereinbart, ob und welche unterstützenden Maßnahmen zur Zielerreichung notwendig sind?*
- *Ist das Ziel realistisch?*
- *Kann der Mitarbeiter die Zielerreichung eigenverantwortlich verfolgen?*
- *Stellt das Ziel eine Herausforderung dar?*
- *Ist das Ziel wirklich wichtig?*
- *Was passiert, wenn es nicht erreicht wird?*

Die Umsetzung der Ziele liegt dann im Freiraum des Mitarbeiters. Führen mit Zielen besteht jedoch nicht nur aus einem jährlichen Gespräch, in dem mit dem Mitarbeiter Ziele vereinbart und festgehalten werden. Diese Zielvereinbarung soll keine lästige Pflichtübung sein, die in einem „Dornröschen-Ordner" schlummert und deren Ergebnis erst ein Jahr später betrachtet wird.

Vereinbaren Sie von vornherein, in welcher Form der Mitarbeiter Unterstützung zur Erreichung der Ziele (zum Beispiel durch Sie persönlich oder durch Coaching eines Kollegen, durch Zuteilung von Ressourcen, durch Abstimmung mit einer anderen Abteilung, ...) erhalten soll und in welchen Zeitabständen Sie den Stand der Umsetzung der Ziele besprechen werden. Ich empfehle, zur Standortbestimmung alle drei bis vier Monate gemeinsam das Erreichen von Teilzielen zu überprüfen. Auf diese Weise erkennt man Abweichungen früh und kann mit entsprechenden Maßnahmen reagieren.

Beispiel eines Zielvereinbarungsformulars[21]:

Vereinbarte Ziele

Nr.	Zielbeschreibung: Was ist der erreichte Endzustand?	Messkriterium: Woran erkennen wir die Zielerreichung?	Mittel / Unterstützung zur Erreichung des Ziels	Erfüllung Quartal in %							
				Q1		Q2		Q3		Q4	
	Zielkontrolle:										

2. Stellengestaltung und Schlüsselaufgaben

Jede Stelle in einer Organisation ist verbunden mit einem Aufgabenpaket, das der Stelleninhaber erfüllen soll. Diese Aufgaben sind in einer Stellenbeschreibung zusammengefasst und gelten meistens auf unbestimmte Dauer. Sie sind in der Regel nicht priorisiert und die Beschreibung sagt auch wenig über die Qualität oder den genauen Inhalt der Arbeit aus.

Eine Stelle bedeutet: Man ist Koch. Die Stellenbeschreibung dazu definiert ein Aufgabenpaket dazu (Menüplanung, Einkauf, Lagerhaltung, Zubereitung, ...) und legt fest, was der Koch selbst entscheiden darf und wer ihn vertritt. Die Stellenbeschreibungen werden meist bei Personalinseraten herangezogen, und sie lesen sich für Köche auf der ganzen Welt gleich. Eine Stellenbeschreibung sagt aber nicht, was der Koch kochen soll, legt kein Tagesmenü fest und definiert keine Linie dazu, wie gekocht werden soll. Diese Entscheidungen werden für einen bestimmten Koch regelmäßig aktuell definiert. Das sind dann seine „Schlüsselaufgaben".

Stellenbeschreibungen hinken in vielen Unternehmen der Realität nach und sind nicht aktuell. Der Stelleninhaber hat längst andere Aufgaben (dazu) bekommen. Regelmäßige Umstrukturierungen sorgen dafür, dass sich die mit einer Stelle verbundenen Kompetenzen, ihre Zuordnung zu einer Organisationseinheit wie auch Stellvertretungen ändern. Ich empfehle daher, bei jedem Jahresgespräch die Stellenbeschreibung gemeinsam anzuschauen und zu aktualisieren (siehe auch Mitarbeitergespräch, Seite 149).

Was die Mitarbeiter schwerpunktmäßig im nächsten Geschäftsjahr zu tun haben, richtet sich – wie oben beschrieben – nach den strategischen Zielen des Unternehmens, den Zielen des Bereichs / Teams und den aktuellen Rahmenbedingungen (siehe Prinzipien des Führens mit Zielen, Seite 82). Daraus ergeben sich jedes Jahr Schlüsselaufgaben, welche für den Mitarbeiter eine besondere Wichtigkeit haben. Sie sind die wesentlichen Beiträge des Mitarbeiters zur Umsetzung der strategischen Ziele der Abteilung und des Gesamtunternehmens.

Das kann zum Beispiel die Neugestaltung oder Optimierung eines Arbeitsprozesses sein, die Umstellung auf ein neues IT-System, die Akquisition von neuen Kunden, die Neugestaltung der Website, die Übernahme von neuen Aufgaben einer pensionierten Kollegin oder die Erhöhung der Rentabilität in einem gewissen Bereich.

Dabei berücksichtigt man das fachliche Wissen bzw. Können, die persönlichen Stärken des einzelnen Mitarbeiters und seine Entwicklungsmöglichkeiten. Eine neue Schlüsselaufgabe bedeutet meist auch eine fachliche oder persönliche Weiterentwicklung des Mitarbeiters.

Schlüsselaufgaben definieren also Schwerpunkte und Verantwortungen für das nächste Jahr und gehen über Aufträge für das Tagesgeschäft hinaus. Sie geben dem Mitarbeiter Orientierung, wo er seine Prioritäten bei der Arbeit setzen soll. Wenn es für diesen Mitarbeiter vorgesehen ist und Sinn macht, formuliert man aus diesen Schlüsselaufgaben auch Ziele für das nächste Geschäftsjahr.

Schlüsselaufgaben

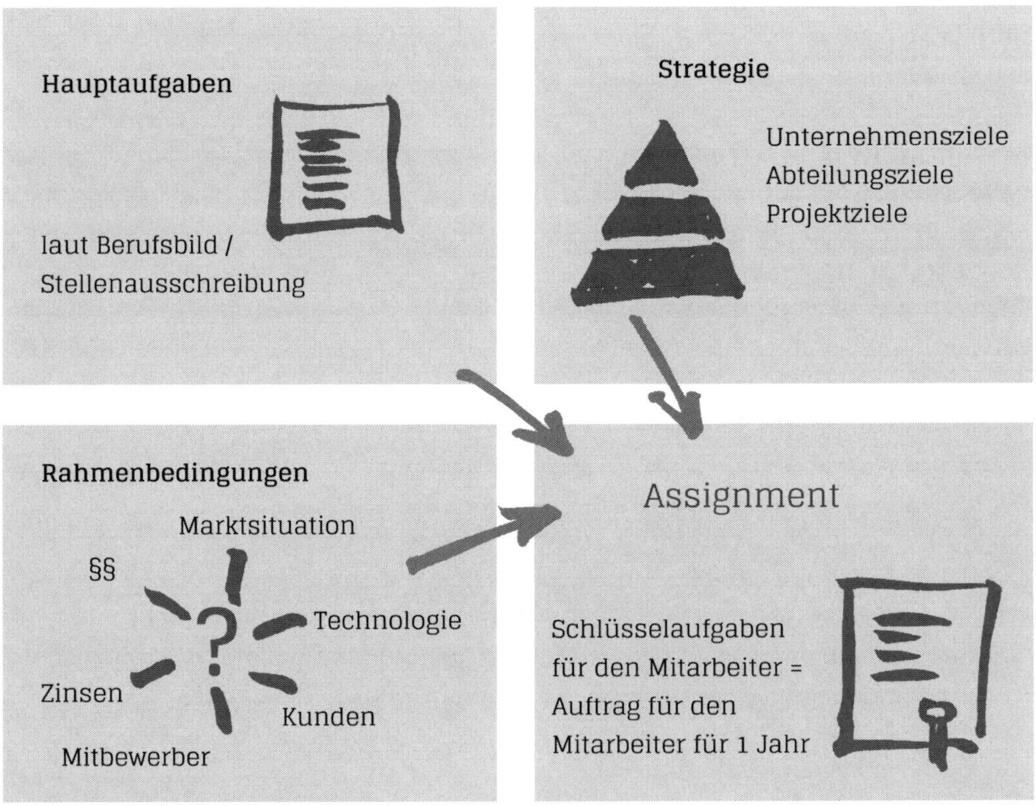

Stellengestaltung bei Führungskräften und Führungsspanne

Die meisten Führungskräfte haben neben ihren Führungsaufgaben immer auch noch fachliche Aufgaben zu erfüllen. Es ist wichtig, diese Aufgaben zu definieren und klar festzulegen, wie viel Zeit für die Führung des Bereichs (Teams) vorgesehen ist: zehn Prozent, 20 oder 50? Wie viel Zeit ist für die fachliche Betreuung der Mitarbeiter notwendig? Wie viel Zeit kann sich die Führungskraft für die Führungsarbeit überhaupt freispielen? Passt dies zu den Notwendigkeiten?

Das führt zu der generellen Frage, wie viele Mitarbeiter eine Führungskraft überhaupt führen kann. Man bezeichnet dies auch als sinnvolle „Führungsspanne". Wenn man die Führungsaufgaben – die in diesem und den nächsten Kapiteln beschrieben sind – wahrnimmt und jeden einzelnen Mitarbeiter im Auge behält, um ihn adäquat zu fordern und zu fördern, so wird dies nach meiner Einschätzung nur bei einem Team von fünf bis zehn Mitarbeitern möglich sein.

Natürlich kann man auch mehr Mitarbeiter führen: Bei 20 Mitarbeitern kann man aber nicht mehr jeden im Blick haben und für jeden präsent und ansprechbar sein. Ich habe erlebt, dass nach Lean Management Projekten eine ganze Führungsspanne eingespart wurde und manche Abteilungsleiter 40 bis 60 Mitarbeiter direkt zu führen hatten. Bei solchen Strukturen kann man beobachten, dass sich inoffizielle Führungsstrukturen bilden: Einzelne erfahrene und kompetente Mitarbeiter werden zu Quasi-Teamleadern.

Größere Führungsspannen sind häufig bei Fließbandarbeit in der Industrie vorzufinden. Hier arbeiten Menschen wie Roboter nach genau definierten Prozessen und es gibt wenig individuelle Führung. Selbst hier kämpfen Führungskräfte jedoch mit der Schwierigkeit, die Teamdynamik nicht mehr steuern zu können. Bei anspruchsvolleren Tätigkeiten, wo Fordern und Fördern jedes Mitarbeiters erfolgen sollen und wo die Führungskraft jeden Einzelnen individuell führen sollte, sind große Einheiten nicht sinnvoll.

Stellvertretung einer Stelle

Immer wieder erlebe ich in Organisationen, dass für Führungskräfte oder wichtige Know-how-Träger im Unternehmen keine Stellvertretung vorgesehen ist.

Das birgt ein Risiko für die gesamte Organisation:

- Wenn diese Person plötzlich ausfällt, lahmt womöglich die ganze Abteilung oder ein wichtiger Arbeitsprozess kann vorläufig nicht erledigt werden: So habe ich in einem Unternehmen erlebt, dass der Ausfall der für die Rechnungserstellung zuständigen Mitarbeiterin dazu führte, dass das Unternehmen zwei Monate lang keine Rechnungen erstellen konnte, weil niemand auf das komplizierte EDV-Programm geschult war – hier hatte die Führungskraft etwas Wesentliches übersehen.
- Die Ansammlung von Wissen und Know-how bei einer Person macht sie scheinbar „unersetzbar" und mächtig. Die Organisation wird abhängig.
- Mitarbeiter, an denen „alles" zu hängen scheint, laufen Gefahr auszubrennen und krank zu werden.

Achten Sie daher auf geregelte Stellvertretungen. Jeder Kernprozess sollte zumindest von zwei Personen ausgeführt werden können. Bauen Sie Stellvertreter für alle wichtigen Stellen auf.

Man unterscheidet zwei Arten von Stellvertretungen:

- Reine Abwesenheitsstellvertretung: Diese vertritt nur bei Abwesenheit des Stelleninhabers. Sie erledigt daher auch nur das Dringende, Alltägliche, damit der operative Betrieb läuft. Was liegen bleiben kann, bis der Stelleninhaber wieder zurück ist, bleibt liegen.
- Ständige Stellvertretung: Diese übernimmt auch bei Anwesenheit des Stelleninhabers abgesprochene Aufgabenbereiche (z.B. Arbeitseinteilung, Führung einzelner Mitarbeiter, Besprechungsleitung, bestimmte Projekte, ...) und sorgt so für Entlastung. Der Stellvertreter wird so gleichzeitig an Führungsaufgaben herangeführt.

Fragen Sie sich: QR→

- *Wenn ich gestern einen Unfall gehabt hätte und für Monate ausfallen würde: Welche Aufgaben würden dann liegen bleiben? Könnte der operative Betrieb problemlos weiterlaufen? Welche Lücken würden entstehen? Welches wichtige Wissen würde meinen Mitarbeitern fehlen, um das Tagesgeschäft zu bewältigen? Wem könnte ich dieses Wissen rechtzeitig vermitteln?*
- *Gibt es Aufgaben in meinem Führungsbereich, von denen nur eine Person im Detail weiß oder die nur sie ausführen kann? Wen könnte ich dafür als Stellvertreter schulen lassen? Wie könnte das entsprechende Wissen sonst noch zugänglich gemacht werden?*
- *Gibt es geregelte Abwesenheits-Stellvertretungen für alle Stellen?*

3. Budget

Laut Fredmund Malik[22] ist das Budget zwar eines der anspruchsvollsten Werkzeuge des Managements, aber auch eines der besten, weil wirkungsvollsten. Vielfach wird Budgetierung als Methode der Kostenkontrolle gesehen. Das ist jedoch nur eine – wenn auch notwendige – Folge davon. Ein gutes Budget geht von der Frage aus: „Welche Resultate will ich mit meinem Team im nächsten Planungszeitraum realisieren?" und erfordert das gründliche und gewissenhafte Durchdenken der angestrebten Resultate und der dazu erforderlichen Mittel und Maßnahmen. Das Budget ist ein transparentes Instrument, in dem sämtliche Strategien, Ziele und Ressourcen aller Abteilungen zusammenfließen und schlussendlich der Beitrag jeder einzelnen Organisationseinheit zur Zielerreichung des Unternehmens sichtbar wird.

Für eine neue Führungskraft ist es eine gute Methode, sich anhand von Zahlen einen raschen Überblick über die Natur des Geschäfts zu verschaffen. Wenn Sie das erste Mal für eine Organisationseinheit budgetieren, sind Sie gezwungen, sich mit den einzelnen Kostenpositionen auseinanderzusetzen und die wichtigsten Kennzahlen zu erfassen und beginnen dadurch, die Zusammenhänge und Gesetzmäßigkeiten Ihres Bereichs zu begreifen.

Mit der Zeit wächst ihre Erfahrung und das Budget wird das Grundgerüst für Ihre Planung der Aufgaben für das nächste Jahr. Indem Sie entscheiden, wie Sie die Schlüsselressourcen (also vor allem den Einsatz von Mitarbeitern) planen, steuern Sie auch, welche Schwerpunkte in Ihrem Bereich verfolgt werden. An der Budgetierung und Ressourcenplanung zeigt sich die wahre Wertigkeit von strategischen Grundsatzentscheidungen, denn die Umsetzung von Zielen erfordert auch ein entsprechendes Budget: Wenn zum Beispiel ein neuer Geschäftsbereich aufgebaut werden soll, muss man Ressourcen dafür budgetieren. Die Entwicklung neuer Produkte kann eine Investition in der Forschungsabteilung erfordern. Wenn kein Geld und keine Zeit für das Training der Kundenbetreuer zur Verfügung gestellt werden, ist die geplante Qualitätsoffensive in der Kundenberatung womöglich erfolglos.

Vielleicht wäre es in diesem Zusammenhang aussagekräftiger, die Budgetposition „Personalkosten" – analog zu den „Fremdleistungen" – in „Mitarbeiterleistungen" umzuformulieren, denn wir beschäftigen Mitarbeiter ja nicht, damit sie Kosten verursachen, sondern zur Leistungserbringung und Erreichung unserer Unternehmensziele. Ziele, denen keine entsprechenden Ressourcen im Budget zugeteilt werden, bleiben Lippenbekenntnisse. Die Ressourcenverteilung ist ein klares Signal, auf welche Zukunft die Führung setzt. Die Budgetierung sollte daher nicht nur den Planungs-, Finanz- und Controlling-Abteilungen überlassen werden. Und das Budget sollte kein Geheimpapier sein. Budgetierung ist ein Prozess, bei dem die Mitarbeiter eingebunden werden können und sollen: Die gemeinsame kritische Auseinandersetzung mit Planumsätzen und gewohnten Ausgabenpositionen stellt eine große Herausforderung dar – für die Führungskraft selbst und für das ganze Team: Wir neigen dazu, Ergebnisse und Kosten einfach fortzuschreiben, und orientieren uns dabei viel zu sehr an Gewohntem. Im Grunde genommen muss die Führungskraft aber jedes Jahr aufs Neue die Notwendigkeit und Sinnhaftigkeit von Kosten hinterfragen.

Gerade in Zeiten knapper Budgets und der Notwendigkeit zu Rationalisierung sollte grundsätzlich nichts „gesetzt" sein. Die Frage: „Ist die Ausgabe unbedingt notwendig, und wenn ja, auch in dieser Höhe?" sollte immer wieder gestellt werden. Hin und wieder sollte man so planen, als ob das Unternehmen erst gegründet werden würde. Das ist zwar deutlich zeitaufwendiger als das Fortschreiben der Zahlen der Vorperiode, aber auch effektiver.

Mit der Streichung von Kosten macht man sich üblicherweise nicht beliebt, vor allem wenn sie gewohnte Annehmlichkeiten betreffen: Welcher Mitarbeiter verzichtet schon gerne auf den Luxus-Dienstwagen, die Business-Class-Flüge oder die Teamassistenz? Verständnis für diese Maßnahmen wird die Führungskraft nur erreichen, wenn sie mit ihren Mitarbeitern in Dialog geht, wenn es ihr gelingt, diese Schritte im Zusammenhang der gesamten Planung darzustellen, und wenn sie auch mit gutem Beispiel vorangeht.

Die Budgetierung ist wie erwähnt eine gute Gelegenheit, Mitarbeiter einzubeziehen (siehe auch: Entscheiden): Ich halte es für wichtig, dass zumindest die Schlüsselkräfte in den Planungsprozess eingebunden sind. Gute Erfahrung habe ich auch damit gemacht, dass im Prinzip alle Mitarbeiter zumindest die zwei, drei wichtigsten Kennzahlen des Budgets kennen und regelmäßig über den aktuellen Soll-Ist-Vergleich informiert sind. Mitarbeiter wollen wissen, ob ihr Bereich oder Unternehmen läuft wie geplant. Wenn man die wichtigsten Ergebnisse und Kennzahlen (Key Performance Indicators) einfach und verständlich darstellt, im Team bespricht und bei Abweichungen gemeinsam nach Lösungen sucht, können die Mitarbeiter Zusammenhänge erkennen und merken, dass sich auch ihr Handeln auf das Gesamtergebnis auswirkt. Durch ein konsequentes Controlling eventueller Budgetabweichungen kann rasch gegengesteuert werden. Das Budget ist daher auch ein exzellentes Steuerungs- und Kontrollinstrument.

4. Analyse: Hinschauen, was ist

Durch Analyse steige ich aus dem Hamsterrad des Tuns und versuche,
- Zusammenhänge zu erkennen,
- Ursachen und Wirkungen zu erforschen,
- Vergleiche mit anderen Branchen oder Unternehmen zu erstellen,
- Stärken und Schwächen realistisch zu sehen,
- mögliche Trends, Verbesserungspotenziale und Chancen zu entdecken,
- das bestehende Geschäft radikal in Frage zu stellen,
- Sichtweisen und Alternativen miteinander zu vergleichen,
- eine Basis für Entscheidungen zu schaffen.

Damit stelle ich mich als Führungskraft der Realität und verschaffe mir einen klaren Blick auf das, was ist. Vogel-Strauß-Politik und Schönreden haben schon viele Unternehmen in den Ruin getrieben. Eine regelmäßige und realistische Standortbestimmung ist daher eine wesentliche Führungsaufgabe und wichtige Basis für viele Entscheidungen. Dies erfordert fleißiges Sammeln und Kopfarbeit und „Schieben von Excel-Tabellen".

Je nach Thema zieht man Produktionsdaten, Zeit- und Leistungserfassungen, Marktstatistiken, Mitarbeiter- oder Kundenumfragen, Studien, Forschungsergebnisse und Trendanalysen dazu heran. Die Möglichkeiten und Datenmengen sind in unserer Zeit enorm. Wir leiden eher unter einem Zuviel an Daten. Es ist schwer, diese richtig zu priorisieren, auf das Wesentliche zu reduzieren und sich nicht „zu Tode zu analysieren".

Vor allem sollten wir das Analysieren nicht nur auf „ZDF" – auf das Sammeln von Zahlen, Daten und Fakten – beschränken. Jede Analyse beinhaltet auch die Bewertung und Interpretation von Zahlen und Ergebnissen, und diese Aufgabe erfordert Intuition. Die eigene Erfahrung und ein gutes Gespür sind wertvolle Ergänzungen zu allen rationalen Analysen: „Das Gefühl kann viel feinfühliger sein als der Verstand scharfsinnig", erklärte Viktor Frankl zu unserer Wahrnehmung[23]. Intuition ist auch die Fähigkeit, aus Beobachtungen und kleinen Signalen zukünftige Entwicklungen vorauszuahnen. Wer Erfahrung hat und genau beobachtet, hat oft schon lange im Voraus ein „Bauchgefühl" für einen Trend, eine Marktchance, eine Krise oder das Scheitern eines Projekts.

Zur Analyse braucht man also beides: das rationale Sammeln von Zahlen, Daten und Fakten und die Reflexion darüber, wie wir diese interpretieren. Den ersten Teil kann man gut an Mitarbeiter delegieren. Für den zweiten Teil benötigen wir Ruhe und Abstand vom operativen Arbeitsalltag. Hilfreich ist dabei der Austausch mit Kollegen oder eine gemeinsame Standortbestimmung mit unserem Team. Indem wir gemeinsam Daten interpretieren und unsere Eindrücke und Sichtweisen austauschen, entsteht ein ganzheitliches Bild von der Situation aus verschiedenen Blickwinkeln.

Ich empfehle daher regelmäßig, möglichst ein- bis zweimal im Jahr, eine Klausur mit dem Team zur Analyse und Standortbestimmung zu strategischen Fragen (siehe dazu genauer: AufbruchsKRAFT Kapitel VI). Doch auch das operative Geschäft sollte regelmäßig durchleuchtet und analysiert werden. Die folgenden Fragen sind zur Analyse von Alltagsprozessen hilfreich. Sie beschränken sich nicht nur auf die Aufarbeitung der Vergangenheit, sondern analysieren auch mögliche Verbesserungen und Lösungen. Sie können aus der Liste für Sie wichtige Fragen auswählen und diese mit dem Team besprechen.

Hilfreiche Fragen zur Analyse:

Fragen zur Analyse von Alltagsprozessen (z.B. Kundenberatungsgesprächen, der Abwicklung von Verträgen, einem Ablauf in der Produktion, der Einführung eines neuen Mitarbeiters, einer regelmäßigen Sitzung, einer Liste, die regelmäßig erstellt wird):

- Wie wird der Prozess derzeit erlebt?
  Welche konkreten Situationen bzw. Ereignisse fallen uns ein?
- Was läuft gut dabei? Was nicht?
- Welche Ressourcen (Arbeitszeit, Energie, Papier und Druckkosten, Datentransfervolumen, Telefonate, ...) verbraucht dieser Geschäftsprozess?
  Wie könnten wir da effizienter werden? Was könnten wir uns ersparen?
- Gibt es Doppelgleisigkeiten, wo parallel und unabgestimmt am gleichen Thema gearbeitet wird? Bleibt etwas Wichtiges unerledigt?
- Wäre dieser Arbeitsvorgang mit Elektronik (Videokonferenz, automatische Datenerfassung, ...) effizienter abzuwickeln?
- Wie erleben die Kunden diesen Prozess? Ist das, was wir tun, für sie wertvoll bzw. nützlich? Schätzen sie es? Würden sie dafür auch bezahlen?
  Verbessert der Prozess die Beziehungsqualität zum Kunden?
- Wenn wir diesen Prozess wirklich „exzellent“ abwickeln würden:
  Was würden wir dann anders machen?
- Wenn wir diesen Prozess völlig neu planen würden (ohne Rücksicht auf das, was bisher immer so war): Wie würden wir es dann angehen?

Es lohnt sich auch, Zeit für die Analyse von Alltagsproblemen aufzuwenden. Mit folgender Fragensequenz können wir solche Situationen genauer analysieren und zu Lösungen finden:

- Wann? Wie? Wer? Wie oft? Wie kommt es dazu?
- Wann ist es nicht? Was ist dann anders?
- Welche Interessen haben die einzelnen Betroffenen?
- Welche Wünsche, Sorgen, Bedenken, Befürchtungen sind in Bezug auf das Thema vorhanden?
- Was wurde schon versucht? Warum haben diese Versuche nicht geklappt?
- Welche ähnlichen Situationen haben wir schon erlebt?
- Wie wurden ähnliche Situationen gelöst?
- Wie würden andere (Mitbewerber, andere Branchen, ...) das Thema lösen?

In Projektgruppen (z.B. zur Erarbeitung eines Konzepts, zur Einführung eines neuen Produkts, ...) werden regelmäßig der Zeitplan, die Aktivitäten und deren Erfüllungsgrad analysiert. Hin und wieder sollte das Projektteam aber auch die Vogelperspektive einzunehmen und die Qualität der Zusammenarbeit im Team analysieren:

Reflexionsfragen für Projektgruppen: QR→

- *Wie klar ist uns das gemeinsame Ziel, die gemeinsame Intention?*
- *Wie zufrieden sind wir mit dem fachlichen / sachlichen Ergebnis?*
- *Wie effektiv arbeiten wir zusammen?*
- *Wie gut laufen die gegenseitigen Informationen?*
- *Arbeiten wir parallel an den gleichen Aufgaben, stimmen wir uns genügend ab?*
- *Gibt es Aufgaben, derer sich niemand annimmt?*
- *Wie empfinden wir die Zusammenarbeit in der Gruppe (Zuhören, Verbindlichkeit, Dominanz einzelner Teilnehmer, Offenheit, ...)?*
- *Wurden unterschiedliche Meinungen gut aufgenommen?*
- *Wie erleben wir die Führung durch den Projektleiter, Teamleiter, ...?*
- *Was vermissen wir bei der Führung / Leitung? Was hätten wir gerne weniger?*
- *Was sollte unbedingt gleich bleiben / fortgeführt werden (weil es gut ist)?*

Fragen an einzelne Gruppenmitglieder: QR→

- *Wie wohl fühle ich mich in der Gruppe?*
- *Gab es genügend Raum für meine Ideen, Beteiligung, Mitwirkung?*
- *Wie stark erlebe ich die Energie und innere Beteiligung für die Aufgabe?*
- *Wenn wir noch einmal neu anfangen würden: Was würde ich aus heutiger Sicht anders machen?*

5. Entscheiden

Entscheiden zählt zu den wichtigsten Führungsaufgaben. Entscheiden ist die Wahl zwischen mehreren Möglichkeiten. Wie an einer Weggabelung ent-scheide ich mich für eine Richtung – und damit gegen eine andere.

Entscheiden zu müssen kann auch Druck machen:

- Meine Entscheidung kann richtig oder falsch sein und das wird sich erst im Laufe der Zeit zeigen.
- Oft müssen wir zwischen „Gift" und „Gegengift" wählen und mit jeder Lösungsvariante Nachteile in Kauf nehmen.
- Die Korrektur einer falschen Entscheidung ist häufig mühsam und kostet mehr Energie als die gründliche Analyse des Für und Wider davor.
- Meine Entscheidung kann auf Zustimmung des gesamten Teams stoßen oder auf Ablehnung. Das macht Führung manchmal einsam.

Meist denken wir bei Entscheidungen nur an die großen Befugnisse (Personalentscheidungen, Einkaufsrahmen, Zeichnungskompetenz, ...), die mit einer Funktion verbunden sind. Als Führungskraft sind wir aber ständig gefordert zu entscheiden. Laut einer Studie treffen wir täglich an die 20.000 Spontanentscheide[24] für uns selbst und unseren Bereich.

So sind wir beispielsweise frei zu entscheiden, ob wir am Morgen:

- mit einem Lächeln unsere Mitarbeiter und Kunden begrüßen oder mit Tunnelblick zum Schreibtisch ziehen,
- zuerst die Mails checken oder eine Besprechung mit dem Team machen,
- einen Newsletter, der gerade am Bildschirm aufpoppt, anklicken oder weiterarbeiten und die Pop-up-Fenster für neue Mails ausschalten,
- das Team über die gestrige Vorstandssitzung informieren oder lieber die Projektpräsentation noch mal durchgehen,
- eine To-do-Liste für heute schreiben oder uns gleich auf die Arbeit stürzen,
- die Anfrage des Chefs am Handy sofort beantworten oder uns dafür Zeit lassen, bis wir uns die Antwort kurz überlegt haben,
- darauf reagieren, wenn der Mitarbeiter zu spät kommt, oder nichts sagen.

Diese Spontanentscheidungen gehören zum Alltag und laufen oft unbewusst und unreflektiert in Bruchteilen von Sekunden ab. Deren Wirkung und Gefahren machen wir uns selten bewusst. Blitzentscheidungen führen zu anderen Ergebnissen als Entscheidungen, für die man viel Zeit hat. Die Ergebnisse sind aber nicht von Haus aus besser oder schlechter. So trainieren zum Beispiel Fußballer Standardsituationen so lange, bis sie den Spielverlauf intuitiv erkennen und entsprechend schnell und intuitiv entscheiden können, wie sie reagieren. Das bedeutet, sie üben und eignen sich Erfahrung an.

Beides benötigen wir auch für Spontanentscheidungen im Management: Wenn wir Blitzentscheidungen richtig treffen wollen, sollten wir Experten im jeweiligen Fachgebiet sein und auf ein fundiertes Wissen und Erfahrung zurückgreifen können: Wer schon hunderte Interviews mit Bewerbern geführt hat, wird ein gutes Gespür dafür haben, ob die Einstellung eines Kandidaten erfolgversprechend ist oder nicht. Wer schon viele Jahre die Verkaufszahlen akribisch analysiert hat, entwickelt ein Gefühl dafür, ob ein Ansatz im Budget richtig ist oder nicht.

Erfahrene Führungskräfte setzen daher vor allem bei Routineentscheidungen im Alltag durchaus auf ihre Erfahrung. Sie sind sich aber auch bewusst, dass sie sich nicht immer darauf verlassen können.

Sobald etwas anders läuft als erwartet, können wir unser Standardprogramm nicht mehr abspulen: Stress und Zeitdruck vermindern oft die Genauigkeit der Wahrnehmung. So kann es passieren, dass wir vermeintliche Standardsituationen falsch einschätzen und gar nicht merken, dass sich Rahmenbedingungen geändert haben. Auch Emotionen spielen eine wichtige Rolle bei Entscheidungen: Die Hirnforschung hat festgestellt, dass Entscheiden ohne emotionale Beteiligung gar nicht möglich ist.[25] Emotionen können uns in die Irre leiten und dazu führen, dass in unserem Hirn die klassischen Steinzeit-Reaktionen ablaufen: Flucht, Angriff oder Schockstarre. Entscheidungen im Affekt sind daher meist ein unreflektiertes Re-agieren. Die alte Regel, dass man wichtige Entscheidungen auch mal „überschlafen" sollte, macht durchaus Sinn. Die Fähigkeit, schnell Entscheidungen zu fällen, gilt in der Wirtschaft nach wie vor als Voraussetzung für erfolgreiche Führung. Nicht umsonst gehört die berühmte „Postkorb-Übung" noch in vielen Assessment-Centern dazu. Dabei muss der Bewerber entscheiden, welche Aufgaben er zuerst erledigen würde und was er vorerst liegen lässt. Schnelle und spontane Entscheidungen sind dabei gefragt. Nach wie vor gilt die Mär, dass sich gute Führungskräfte vor allem dadurch auszeichnen, dass sie viel und schnell entscheiden.

Sten Nadolny beschreibt in seinem Roman „Die Entdeckung der Langsamkeit"[26] die Führungsphilosophie des englischen Seefahrers und Nordpolforschers John Franklin (1786-1864):

„An der Spitze müssen zwei Menschen stehen: ... Einer muss die Geschäfte führen und mit der Ungeduld der Fragen, Bitten und Drohungen der Regierten Schritt halten. Er muss den Eindruck von Tatkraft machen und doch nur das Billige, Unwichtige und Eilige erledigen. ... Der andere hat Ruhe und Abstand, er kann an den entscheidenden Stellen nein sagen. Denn er kümmert sich nicht um das Eilige, sondern schaut einzelnes lange an und setzt sich keine Fristen, sondern macht es sich schwer. Er hört auf die innere Stimme. ... Sein eigener Rhythmus, sein gut behüteter langer Atem sind die Zuflucht vor allen scheinbaren Dringlichkeiten, vor angeblichen Notwendigkeiten ohne Ausweg, vor kurzlebigen Lösungen. Wenn er nein gesagt hat, ist er zur Begründung verpflichtet. Aber auch damit darf es keine zu große Eile haben."

Auch wenn in den meisten Organisationen Führungspositionen nicht mit zwei, sondern mit einer Person besetzt sind, so wäre es hilfreich, wenn dieser Mensch an der Spitze beide beschriebenen Rollen ausfüllen kann: schnelle, tatkräftige Entscheidungen für den Alltag und Ruhe und Abstand, genaue Analyse, Abwägen und Hören auf die innere Stimme bei wichtigen Fragen.

Die Entscheidung, was man sofort und was man erst nach strukturiertem Analysieren und Abwägen entscheidet, ist allein schon eine wichtige Entscheidung der Führungskraft, die ihr niemand abnehmen kann. Sie muss ständig abwägen, wie kompetent sie sich in einem Thema fühlt und wie sie die Tragweite jeder Entscheidung einschätzt.

Es gibt aber eine Reihe von Entscheidungen, welche man auf jeden Fall nur überlegt und nach gründlicher Analyse treffen sollte:

- Mitarbeitereinstellung und -kündigung
- Entlohnungssysteme, Prämien und Sozialleistungen (sowie deren Streichung)
- Umstrukturierungen
- Investitionen

Das eigene Entscheidungsverhalten analysieren

Der Management-Professor Peter F. Drucker empfahl, die Auswirkungen eigener Entscheidungen genau zu prüfen und dadurch auch Rückschlüsse auf das eigene Entscheidungsverhalten und persönliche Stärken zu ziehen[27]: Sobald Sie eine Schlüsselentscheidung treffen oder etwas Entscheidendes unternehmen, sollten Sie sich notieren, mit welchen Auswirkungen Sie rechnen. Neun oder zwölf Monate später sollten Sie Ihre Aufzeichnungen damit vergleichen, was tatsächlich eingetreten ist. Mit dieser einfachen Methode, die er „Feedback-Analyse“ nannte, erhält man nach zwei, drei Jahren klar vor Augen geführt, in welchen Bereichen man kompetent ist zu entscheiden und wo man Unterstützung für Entscheidungen benötigt und diese auch besser einholt.

Partizipation: Einbindung von Mitarbeitern in Entscheidungen

Als Führungskraft kann ich Mitarbeitende in Entscheidungen einbeziehen. Das bedeutet u.a., ihre Meinung einzuholen. Je nach Grad der Einbeziehung sprechen wir von einem „autoritären“ Stil, bei dem die Führung allein entscheidet, oder von einem „kooperativen“ Führungsstil, bei dem die Führungskraft das Team mitentscheiden lässt. Es geht jedoch nicht um „entweder – oder“. Zwischen der ganz autoritären Entscheidung und der basisdemokratischen Gruppenentscheidung finden sich zahlreiche Abstufungen für die Beteiligung von Mitarbeitern an Entscheidungen:

Partizipation

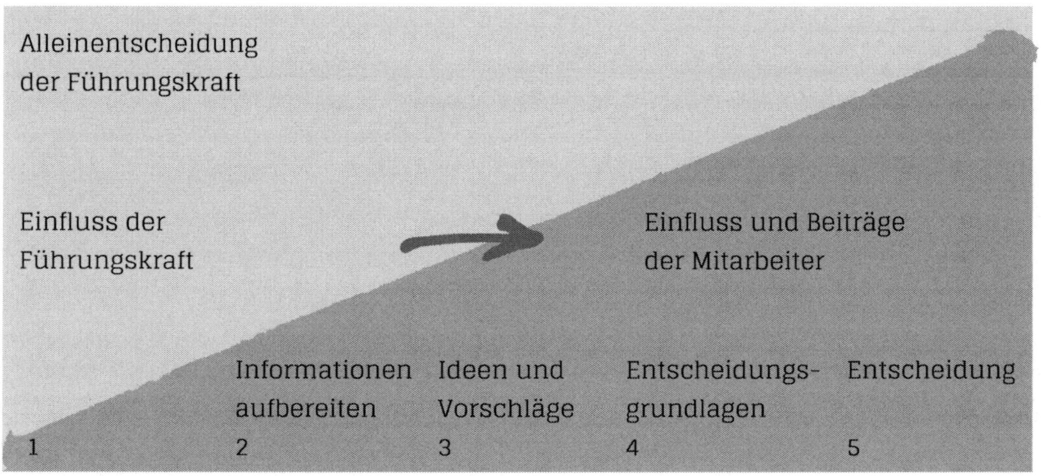

Dies lässt sich am Beispiel der Entscheidung über die Anschaffung einer neuen Produktionsanlage oder eines EDV-Programms darstellen:

1. Die Führungskraft entscheidet alleine. Basis der Entscheidung ist ihre eigene Sachkenntnis oder die Fachexpertise eines hinzugezogenen externen Beraters. Die Mitarbeiter werden über die Entscheidung informiert.

2. Die Führungskraft entscheidet alleine. Grundlage ihrer Entscheidung sind Informationen, die sie von den Mitarbeitenden einholt. Das bedeutet, dass sie vielleicht die Mitarbeiter beauftragt, zu erheben, welche Drucker oder passenden EDV-Programme erhältlich sind und was diese kosten. Der Einfluss der Mitarbeiter ist dabei nicht unerheblich: Eine Lösung, die den Mitarbeitern gar nicht passt, werden diese nicht in ihrer Markterhebung aufführen.

3. Die Führungskraft holt von ausgewählten Mitarbeitern mit besonderer Fachkompetenz Ideen und Vorschläge ein, die sie bei ihrer Entscheidung berücksichtigen kann. Bei der Auswahl einer Produktionsanlage oder des EDV-Programms würde die Führungskraft also die Mitarbeiter zu Produktpräsentationen mit den Lieferanten dazu holen und sie danach nach ihren Eindrücken zu den einzelnen Lösungen fragen.

4. Die Führungskraft diskutiert mit den Mitarbeitern Ideen, Vorschläge und Entscheidungsgrundlagen (oder lässt die Mitarbeiter diese ausarbeiten), die sie bei ihrer Entscheidung unterstützen können. Im Fall des Druckers könnte die Führungskraft die gesamte Markterhebung an die Mitarbeiter delegieren. Die Mitarbeiter präsentieren der Führungskraft dann eine Darstellung mehrerer Varianten mit allen Vor- und Nachteilen aus ihrer Sicht und machen einen Vorschlag für die Entscheidung: „Nach Abwägung aller Vor- und Nachteile empfehlen wir das Produkt B."

5. Die Führungskraft entwickelt gemeinsam mit den Mitarbeitenden in einer Gruppe Ideen und Vorschläge. Die Gruppe versucht, über das weitere Vorgehen eine Einigung zu erzielen. In diesem Fall ist die Entscheidung an das Team delegiert.

Autoritäre oder kooperative Entscheidungen sind nicht grundsätzlich gut oder schlecht. Rein autoritäre Führung ist heutzutage kaum mehr anzutreffen, genauso wie totale Partizipation, bei der alles basisdemokratisch im Team entschieden wird. In den meisten Organisationen erlebe ich, dass viele Entscheidungen auf den Stufen 3 bis 4 gefällt werden. Und nicht bei jeder Entscheidung muss gleich geführt werden.

In manchen Situationen muss die Führungskraft Ver-antwort-ung übernehmen und allein Antwort geben. Autoritäre Entscheidungen sind aus meiner Sicht notwendig bei:

- **Krisen**: Die Feuerwehr macht keinen Dialogkreis, um zu entscheiden, welche Spritzmittel und Schläuche sie verwendet, um das brennende Haus zu löschen. Wann immer „Gefahr im Verzug" ist, muss rasch und auf eigene Verantwortung entschieden werden.

- **Personalentscheidungen**: Entscheidungen über die Einstellung von Mitarbeitern, Beförderungen, Kündigungen oder Entscheidungen über Boni / Prämien halte ich für eine Führungsentscheidung, die von der Führungskraft selbst getroffen werden muss. Es gibt zwar vereinzelt Vorstöße, dass auch das Team diese Entscheidungen gemeinsam fällt[28]. Ich habe jedoch bis dato nur erlebt, dass Teams sich bei solchen Entscheidungen aufgerieben haben und damit überfordert waren.
- **Uneinigkeit**: Wenn Entscheidungen im Team getroffen werden sollen und dieses sich nicht einigen kann, muss der Vorgesetzte ein „Machtwort" sprechen, auch auf die Gefahr hin, dass einzelne Mitarbeiter dann sauer sind, weil sie ihre Interessen nicht durchsetzen konnten. Ich erinnere mich an einen Firmenchef, der beim Neubau eines Bürogebäudes die Zuteilung der Büroschreibtische (immer zwei pro Zimmer) dem Team überließ. Wochenlang gab es Diskussionen, und man konnte sich nicht einigen. Letztlich entschied er und teilte – unter allgemeinem Protest – alle Arbeitsplätze zu. Seine Erfahrung: „Zwei Wochen waren alle auf mich sauer, jetzt sitzen sie seit einem halben Jahr so zusammen und es scheint für alle zu passen."

Partizipation sollte nur dort genutzt werden, wo sie wirklich zu Vorteilen für die Beteiligten führt. Unnötige Diskussionen verlangsamen den Prozess und frustrieren alle.

Durch ihre Einbindung in Entscheidungen nutzt man das Know-how, die Ideen und die Kreativität der Mitarbeiter. Sie erfordert aber auch mehr Zeit und eine entsprechende Reife der Beteiligten (wobei ich immer wieder feststelle, dass Mitarbeiter dabei unterschätzt werden und man ihnen zu wenig zutraut). Die Einbindung in Entscheidungen stärkt meist auch das Selbstbewusstsein und die Kompetenz des Teams. Sie ist ein Fordern und Fördern. Die Voraussetzung von Mitarbeiterbeteiligung ist aber immer: Es gibt Zeit, die Entscheidung gemeinsam in einem Dialog zu entwickeln.

Beispiele für sinnvolle Partizipation:

- Die Mitarbeiter haben einen Rahmen, in dem sie selbst gestalten können: Die Mindestbesetzung im Büro oder die Kundenöffnungszeiten sind definiert. Das Team teilt die Dienste selbst ein.
- Die Mitarbeiter haben Know-how und Erfahrung, die sie in die Entscheidung einbringen können.
- Die Mitarbeiter sind stark von der Entscheidung betroffen und ihr Commitment ist wichtig: Das kann bei der Auswahl eines neuen EDV-Systems der Fall sein.

- Die Entscheidung erfordert eine starke Identifikation bzw. starkes Commitment der Mitarbeiter: Zukunftsbilder, Strategie, Leitbilder, Führungsgrundsätze, Qualitätsstandards lassen sich schlecht von oben verordnen. Damit sie tatsächlich gelebt werden, müssen die Mitarbeiter Gelegenheit haben, sich dazu (in Dialogveranstaltungen) zu äußern oder sie mitzugestalten (siehe dazu auch das Kapitel AufbruchsKRAFT).
- Die Mitarbeiter blockieren sich gegenseitig durch Machtkämpfe (zum Beispiel nach Fusionen). Manchmal lassen sich solche Situationen auflösen, wenn die „Gegner" in einer Projektgruppe beauftragt werden, gemeinsam neue Lösungen zu entwickeln. Die gemeinsame Arbeit ist dann oft ein „Zusammenraufen". Solche Teams brauchen aber meist auch eine professionelle Moderation.

Eine Warnung zum Schluss: Vermeiden Sie Scheinpartizipation! Wenn Mitarbeiter erleben, dass sie nach ihren Ideen und Meinungen gefragt wurden, dass sie Zeit dafür aufgewendet haben, gute Lösungen zu entwickeln, und dann feststellen, dass eigentlich ohnehin schon alles vorab von der Führung entschieden wurde, brauchen Sie sie nie wieder nach Ideen zu fragen. Sie haben das Vertrauen verspielt. Man wird Ihre nächste Frage nicht ernst nehmen und Ihnen nicht mehr glauben, dass Sie wirklich Interesse an der Meinung der Mitarbeiter haben (siehe auch: Vertrauen).

6. Informieren

Mitarbeiter klagen heute oft, sie seien „overnewsed but uninformed". Sie erleben:
- eine Unzahl eingehender Mails („an alle") samt seitenlanger Anhänge, die kaum mehr zu bewältigen seien,
- stundenlange Sitzungen mit „Powerpoint-Schlachten", deren Inhalt man nicht mehr erfassen könne,
- einen unüberschaubaren Datenwust im Intranet, auf den man zwar zugreifen könne, aber in dem man nichts finde.

Trotzdem haben sie das Gefühl, sie seien über die wirklich wichtigen Themen zu wenig informiert. Das Mantra „Information ist eben auch eine Holschuld" und die Vorwürfe „Das steht alles im Intranet" oder „Du warst ja auch auf dem Verteiler" klingen oft wie Hohn, weil die Menge an Informationen von vielen nicht mehr bewältigt wird. Wenn man hundert Mails am Tag erhält, ist die Gefahr groß, dass man auch eine wichtige Information übersieht und „wegklickt". Als Führungskraft sollten Sie sich daher eine Informationsstrategie überlegen, damit wichtige Informationen auch tatsächlich empfangen und wahrgenommen werden.

Informationen über E-Mail:

Vereinbaren Sie eine „Netikette“ (eine Etikette für den Umgang im digitalen Netz) mit Ihrem gesamten Unternehmen oder Ihrem Team und mit Kollegen andere Abteilungen, um die E-Mail-Flut einzudämmen.

Beispiele:
- Wir schreiben einen aussagekräftigen „Betreff“-Titel.
- Wir signalisieren im „Betreff“ mit dem Buchstaben A, dass wir eine Antwort erwarten – alle anderen Mails sind zur Information.
- Wir achten auf einen sinnvollen Verteiler. Kein hirnloses Weiterleiten „an alle“. Empfänger, für die nur eine kurze Passage einer Nachricht wichtig ist, erhalten eine eigene Mail.
- Wir lesen Mails genau und antworten sorgsam, um mehrmalige Rückfragen zu vermeiden.

Information an alle im Intranet / Web:

Ein Intranet ist eine gute Möglichkeit, um in größeren Betrieben Standards, Strukturen und Prozessbeschreibungen für alle zugänglich zu machen. In kleineren Unternehmen gibt es dafür manchmal einen Ordner (virtuell oder im Regal) mit dem Titel: „Was ist bei uns fix?“

Klassische Intranets sind häufig starre Systeme und eignen sich schlecht für Newsmeldungen oder interaktive Dialoge. Dazu braucht man ein Intranet, das ähnlich wie soziale Medien aufgebaut ist, wie ein „internes Facebook“. Es bietet viele Möglichkeiten:
- Vernetzung und Bildung von Gruppen (zum Beispiel von Ausbildungsgruppen),
- Postings über Neuigkeiten mit der Möglichkeit, diese zu kommentieren,
- Chats und Videotelefonate,
- spontane Meinungsumfragen.

Diese Intranets sollten auch über eine App auf Mobilgeräten verwendbar sein, so dass von überall darauf zugegriffen werden kann: Die meisten Mitarbeiter nutzen diese Form der Informationsaufnahme nicht gerne an ihrem Arbeitsplatz. Für große Unternehmen sind solche Kommunikationskanäle eine gute Chance, rasch alle Mitarbeiter zu informieren und zu einem innerbetrieblichen Dialog einzuladen. Eine kurze Videobotschaft des Vorstands zur Situation des Unternehmens, eine Umfrage zu einer neuen Produktidee, die Vorstellung einer neuen Führungskraft oder ein Dialog über Unternehmenswerte kann so innerhalb kurzer Zeit unternehmensweit erfolgen und die Mitarbeiter beteiligen.

Newsletter der Führung:

Wenn mehrere hundert Mitarbeiter in einem Bereich oder Unternehmen arbeiten, so hat sich eine Mail des Topmanagements an alle Mitarbeiter bewährt, die drei- bis viermal im Jahr verschickt wird.

Schreiben Sie dazu in einfacher und persönlicher Sprache

- über die wirtschaftliche Situation des Unternehmens,
- über geplante und aktuelle Projekte (Bauvorhaben, Entwicklungen, ...) und die dahinterstehende Intention (die Mitarbeiter sollen den Sinn der großen Vorhaben nachvollziehen können),
- über bewältigte Schwierigkeiten und Fehler, aus denen das Unternehmen gelernt hat,
- was Sie persönlich freut: Highlights aus der letzten Zeit, Dank an Mitarbeiter,
- laden Sie zum Schluss die Mitarbeiter ein, Ihnen Feedback zu diesen „News" zu schreiben.

Das sind üblicherweise jene Mails, die Mitarbeiter sehr genau und sofort lesen. Im Laufe der Zeit spielt es sich auch ein, dass über diesen Kanal Feedback an die Führung erfolgt.

Informationsveranstaltungen / Dialogforen:

Eine persönlichere Form als der Newsletter sind Informationsveranstaltungen der Führung, bei denen nicht nur informiert wird, sondern wo die Mitarbeiter auch Gelegenheit haben, die gehörten Informationen in Kleingruppen zu „verdauen" und im Anschluss daran Feedback zum Gehörten zu geben. Diese Form der Veranstaltungen bietet sich an für Informationen über

- Strategie, strategische Jahresziele,
- Projekte (z.B. eine Veranstaltung, wo alle Mitarbeiter über die Pläne des neuen Bürogebäudes informiert werden),
- Leitbild und Werte,
- große Veränderungen (Fusion, Werksschließung, Umstrukturierungen, ...),
- Ergebnisse von Mitarbeiterbefragungen.

Persönliche Information im Gespräch:

Bei manchen Themen ist das persönliche Gespräch trotz aller modernen Kommunikationskanäle die einzig sinnvolle Form der Information der betroffenen Mitarbeiter. Informationen über Veränderungen sollen immer über ein persönliches Gespräch erfolgen:
Im Einzelgespräch:
- Versetzungen,
- Kündigung,
- Veränderung des Arbeitsplatzes (räumlich).

Über diese Themen kann auch in einer Teambesprechung informiert werden:
- Wechsel des direkten Vorgesetzten,
- Wechsel im Team,
- Information über die Kündigung eines Kollegen,
- Strukturveränderungen wie Zusammenlegung von Abteilungen,
- Einstellung von Teilbetrieben, Filialen, ...

Alle diese Veränderungen sind aus meiner Sicht nicht geeignet, in schriftlicher Form mitgeteilt zu werden. Hier sollten Sie als Führungskraft Ihren Mitarbeitern unmittelbar für Rückfragen und auch als Ansprechpartner bei emotionalen Reaktionen zur Verfügung stehen (siehe auch: Seite 244).

7. Kontrollieren

Das Wort „Kontrolle" ist in unserer Kultur meist negativ besetzt: Wir erinnern uns an Lehrer in Schulen oder Verkehrskontrollen, bei denen die Polizisten mit Radarpistolen hinter einem Gebüsch versteckt lauern, um uns zu „erwischen". Kontrollen verunsichern und erzeugen oft Ängste: Wer uns kontrolliert, misstraut uns und will uns Böses.

Natürlich soll eine Führungskraft auch kontrollieren. Eine Form der Überprüfung ist notwendig, wenn wir Ziele ernst nehmen. Wenn unsere Mitarbeiter den Eindruck bekommen, dass es ohnehin egal ist, welche Ergebnisse sie liefern, und wenn wir nur „blind vertrauen", nehmen wir unsere Aufgabe nicht wahr. Manche Führungskräfte haben das Kontrollieren aber derart perfektioniert, dass sie ein Gespür dafür entwickelt haben, wo überall im Unternehmen Fehler passieren. Sie denken von sich, dass sie besonders gut führen, wenn sie die Mitarbeiter ständig dabei ertappen, Mist zu bauen, und dies dann korrigieren. Für die Mitarbeiter ist solch ein Verhalten ebenso frustrierend wie Führungskräfte, die von vornherein so misstrauen, dass sie sich alles zur Kontrolle und Korrektur vorlegen lassen. Solche Verhaltensweisen sind aus meiner Sicht eine völlige Fehlinterpretation von Kontrolle.

Im Englischen versteht man unter „Controlling" Steuerung. Damit ist die regelmäßige Überprüfung der Zielerreichung gemeint, also ein Soll-Ist-Vergleich. So sollte auch Kontrolle in der Führung gesehen werden: Wir vereinbaren Ziele als angestrebte Soll-Ergebnisse und vergleichen regelmäßig, ob wir mit den aktuellen Ergebnissen die Ziele erreicht haben.

In den meisten Fällen ist es sinnvoll, mit der Überprüfung der Zielerreichung nicht bis zum Endtermin zu warten, sondern bereits im Laufe der Durchführung hin und wieder Zwischenbilanz zu ziehen. Wie oft wir solche Zwischenkontrollen machen, wird von der Erfahrung und den Kompetenzen des Mitarbeiters in Bezug auf die übertragene Aufgabe abhängen (siehe auch: Situativ führen).

Man unterscheidet zwei Arten von Kontrolle:

Strafende Kontrolle		Helfende Kontrolle
Auf Fehlersuche gehen	Das Ziel	Fehlerfreie Arbeit Zielerreichung Feedback Lernen aus Fehlern
„Ha, wieder erwischt!" – Mitarbeiter beim Fehlermachen ertappen	Die Intention der Führungskraft	Sparringpartner zum Zielerreichen sein
Unangesagt, ohne Ankündigung	Das Vorgehen	Angekündigt, vereinbart
Frust Angst vor Sanktion Vermeidungsverhalten (Wie vertusche ich Fehler?)	Die Wirkung auf Mitarbeiter	Begleitung Klare Standortbestimmung Anleitung zur Selbstkontrolle Hilfe zur Erreichung der Ziele

Helfende Kontrolle soll dem Mitarbeiter helfen,
- eine Zwischenbilanz zu ziehen,
- Feedback zu seiner Leistung zu erhalten,
- allfällige Korrekturen vorzunehmen,
- seine Ziele zu erreichen.

Sie ist also der Teil des „Führens mit Zielen" (FmZ / MbO), der über das jährliche Vereinbaren von anzustrebenden Ergebnissen hinausgeht und für ein konsequentes Verfolgen der Ziele sorgt.

Auch unangesagte Kontrolle ist manchmal notwendig. Wenn wir den Verdacht oder Hinweise dafür haben, dass Mitarbeiter unser Vertrauen missbrauchen und Regeln ignorieren oder das Unternehmen hintergehen, indem sie zum Beispiel Arbeitszeiten falsch angeben oder unachtsam mit Ressourcen umgehen, müssen wir kontrollieren. In solchen Fällen wird das auch unangekündigt oder gar ohne Wissen des Mitarbeiters erfolgen. Dann sind wir gefordert, die Tatsachen zu überprüfen und gegebenenfalls Konsequenzen (Kritikgespräch, Kündigung, ...) zu ziehen. Wegschauen und blindes Vertrauen ist hier der falsche Weg.

8. Zielorientierte Besprechungen

Die Zahl der Sitzungen, Besprechungen, Meetings – die Bezeichnungen variieren je nach Unternehmen und Branche – nimmt ständig zu. Viele Besprechungen dauern zu lange und sind wenig effektiv. In einer Umfrage der Unternehmensberatung Bain & Company stuften Manager mehr als die Hälfte der Meetings als ineffektiv oder sehr ineffektiv ein[29]. Die Teilnehmer erleben oft eine Diskrepanz zwischen der investierten Zeit und der Qualität der Ergebnisse. Am meisten geklagt wird über Überschreiten der geplanten Zeit durch „Endlosschleifen" bei Diskussionen, ausufernde Sitzungszeiten und über „Rapport"-Sitzungen ohne Dialog: Jeder berichtet der Reihe nach an den Chef, alle anderen hören zu und langweilen sich.

Eine solche „Sitzungskultur" ist lähmend und demotiviert alle Beteiligten. Dazu kommt, dass jede Besprechung auch Zeit zur Vor- und Nachbereitung beansprucht: Informationen müssen eingeholt werden, „perfekte" PowerPoint-Präsentationen erstellt werden (deren grafische Perfektionierung oft viel länger dauert als das Zusammontragen des wesentlichen Inhalts). Und in der Sitzung werden Maßnahmen beschlossen, deren Umsetzung wiederum Zeit kostet.

Die Besprechungswut nimmt vor allem in größeren Organisationen mit mehreren Führungsstufen groteske Züge an. Welche Kaskade an Konferenzen ein Meeting des obersten Führungsteams zur Folge haben kann, erlebten die Berater von Bain & Company bei einem ihrer Kunden. Die wöchentlichen Lagebesprechungen des Topmanagements dieses Konzerns verursachten einen direkten Aufwand von 7000 Stunden pro Jahr. Zur Vorbereitung auf diese Sitzungen traf sich jede Führungskraft wiederum mit ihrem Bereich, die Bereiche forderten ihre Teams – meist während eines Meetings – auf, wichtige Informationen zusammenzutragen und zu überprüfen. Vorbereitende Sitzungen kosteten das Unternehmen weitere Zeit. Eine Stunde Sitzung des Topmanagements verursachte damit 42,8 Stunden weiterer Besprechungen, sodass der Gesamtzeitaufwand für die wöchentliche Sitzung des Executive Committees bei 300.000 Stunden pro Jahr lag.[30] Kein Wunder, wenn Führungskräfte das Gefühl haben, ihre Zeit „nur mehr in Sitzungen" zu verbringen und für ihre Mitarbeiter keine Zeit mehr zu haben.

Checkliste für die Gestaltung einer zielorientierten Besprechung:

Vorbereitung:

- Definieren Sie klare Ziele.
- Definieren Sie in der Einladung Ort, Anfang und Ende sowie eine klare Tagesordnung. Praktisch ist die Einladung aller über elektronische Terminkalender.
- Überlegen Sie, wer bei welchen Themen dabei sein sollte (eventuell brauchen einzelne Teilnehmer nur zu einem Thema dazukommen).
- Definieren Sie für jeden Tagesordnungspunkt
  - die Dauer des Themas
  - die gewünschte Art der Themenbehandlung: einseitige Information (I) oder Dialog zu einem Thema, Meinungsaustausch, Erfahrungsaustausch (D) oder Entscheidungsfindung in der Sitzung (E). Wenn Teilnehmer ein Thema zur Sitzung einbringen, so sollen auch sie das vorab bekanntgeben und notwendige Vorinformationen rechtzeitig (zumindest einen Tag vor der Besprechung) zur Verfügung stellen.
- Organisieren Sie die notwendige Infrastruktur: Raum, Bestuhlungsform, Ausstattung, Getränke.
- Senden Sie Unterlagen zur Vorbereitung an die Teilnehmenden. (Vorsicht bei seitenlangen Dokumenten! Das Wesentliche pro Thema sollte auf maximal einer DIN-A4-Seite zusammengefasst sein.)

- Definieren Sie im Voraus, wer wie was protokolliert. Empfehlungen hierzu:
  - Der Moderator führt nicht selbst das Protokoll.
  - Ein Protokoll ist Pflicht bei Sitzungen ab drei Teilnehmern aus verschiedenen Abteilungen; keine Pflicht bei Teamsitzungen.

In der Sitzung:

- Starten Sie mit Begrüßung und einer „Eröffnungsrunde" z.B.
  - „Was wäre heute ein gutes Ergebnis unserer Sitzung?"
  - „Was wollen wir heute alles klären?"
  - „Was ist mir heute besonders wichtig?"

    Achten Sie dabei auch auf Kontakt (siehe Kontakt Seite 120)
- Machen Sie die Ziele der Sitzung, den roten Faden und die Tagesordnung für alle sichtbar.
- Falls die Gruppe neu zusammenkommt, vereinbaren Sie „Spielregeln", z.B.:
  - Die Besprechung startet und endet pünktlich.
  - Wir deaktivieren alle Klingeltöne / Vibrationsgeräusche von Mobilgeräten.
  - Wir sind präsent und bearbeiten keine Mails „nebenbei".
- Klären Sie auch:
  - Wie gehen wir mit der Abwesenheit eines Mitglieds um: Sind Vertreter erwünscht?
  - Was wird schriftlich festgehalten? Wer erhält alles ein Protokoll?
  - Wie vertraulich sind die besprochenen Themen? ...
- Falls es nicht klar ist: Lassen Sie sich Ihre Funktion als Sitzungsleiter eventuell legitimieren: „Ist es in Ordnung, wenn ich die Sitzung moderiere?"
- Arbeiten Sie die Themen der Reihe nach ab.
- Sorgen Sie für eine Visualisierung der Diskussionsbeiträge: Mitschreiben am Flipchart, auf Pinnwand oder Laptop mit Beamer. Achtung: Der ständige Blick auf die Leinwand verhindert Kontakt innerhalb der Gruppe.
- Wenn länger als geplant an einem Thema gearbeitet wird, so sprechen sie diesen Umstand an und treffen sie eine neue Vereinbarung mit der Gruppe:
  - „Machen wir mit diesem Thema trotzdem weiter?"
  - „Was streichen wir dann für heute oder vertagen wir es auf das nächste Mal?"
- Wer fragt führt: Durch Fragetechnik können Sie z.B. stille Teilnehmer aktivieren, Vielredner in den Griff bekommen und die Diskussion in Richtung neuer Lösungen steuern (siehe auch: lösungsorientierte Fragen im Kapitel Führen durch Fragen Seite 178).
- Moderationstechnik kann die Meeting-Effizienz unterstützen: Nützen Sie hin und wieder Brainstormings, kurze Kleingruppenarbeit / Arbeit zu

zweit statt Plenumsdiskussion, Kartenabfrage, Punktabfrage auf einer Skala ...

- Erstellen Sie noch während der Sitzung gemeinsam ein Ergebnisprotokoll mit
  - Nächste Schritte: Vereinbarte weitere Termine
  - „Vereinbarungen“: Das sind Entscheidungen, an die sich – meist ab sofort – alle im Team halten: definierte Vorgehensweisen, neue Regeln, Prozesse ... Man kann diese auch in einem Ordner „Was ist fix“? ablegen.
  - „Maßnahmen“: Wer macht was mit wem bis wann? Diese Maßnahmen haben immer auch einen (und nicht mehrere!) Verantwortlichen und einen Termin.
- Reflektieren Sie die Zufriedenheit der Teilnehmer am Schluss. Das geht mit einer „Schlussrunde“ – jeder zieht kurz ein Resümee – oder auch mit Punktabfragen: Wie zufrieden bin ich:
  - mit dem Ergebnis der heutigen Sitzung?
  - mit der Art, wie wir zusammengearbeitet haben?

Nach der Sitzung:

- Reflektieren Sie den Verlauf der Besprechung für sich selbst:
  - Wie zufrieden bin ich?
  - Was war hilfreich?
  - Was war hinderlich?
  - Was lerne ich daraus?

- Machen Sie das Protokoll möglichst zeitnah für alle zugänglich. Es wird bei der nächsten Besprechung herangezogen, um den Stand der Umsetzung vereinbarter Maßnahmen zu aktualisieren.

Analyse Ihrer Besprechungen bzw. Sitzungen: QR→

1. *Welche Ziele verfolgen wir in Sitzungen in meinem Bereich?*
   Was ist jeweils der Hauptnutzen für die Sitzungsteilnehmer?

Ziel	**Nutzen**	✔
Planung sicherstellen	*Absprache, sicherstellen eines gemeinsamen Wissenstandes, Aufgaben zu-/verteilen*	
Kontrolle haben	*Feedback für Mitarbeiter, Informationsaustausch*	
Koordination sicherstellen	*Ressourcen nutzen, Absprache, sicherstellen eines gemeinsamen Wissenstandes*	
Visions- / Wertevermittlung	*Motivation / Vertrauen*	
Innovation	*Aufgaben zu-/verteilen, Suche nach kreativen Lösungen, bearbeiten von Lösungen*	
Entscheidungen fällen	*Absprache, sicherstellen eines gemeinsamen Wissenstandes, Motivation, Aufgaben zu-/verteilen*	
Austausch von Informationen	*Ressourcen nutzen, Absprache, sicherstellen eines gemeinsamen Wissenstandes*	
Weitere:		

2. *Welche Beiträge leisten die Mitarbeiter in der Vorbereitung und den Sitzungen?*
3. *Wie sorge ich dafür, dass die Tagesordnung sich auf die wirklich wichtigen und notwendigen Punkte bezieht?*
4. *Wie gut gelingt es mir, Prioritäten und Zeitbedarf für die Themen festzulegen?*
5. *Wie klappt jeweils die Organisation der Sitzung (Ort, Zeitbedarf, Hilfsmittel, Pünktlichkeit, Störungsfreiheit, usw.)?*
6. *Haben wir Sitzungsregeln vereinbart und halten wir uns daran?*
7. *Werden das Sitzungsergebnis und die Aufträge festgehalten? (Was wurde erreicht? Was nicht erreicht? Wie geht es weiter?) Wie erfolgt die Nachbereitung der Sitzung?*

Was möchte ich diesbezüglich verbessern?

8. Wie gut beherrsche und wende ich die folgenden Durchführungsstandards bei der Sitzungsleitung an?		
	in Ordnung ✔	*zu verbessern*
Durch die Tagesordnung führen und den Zeitplan im Auge behalten		
Worte erteilen, Vielredner bremsen		
Fragen stellen, wenn eine Äußerung unklar war		
Bei Ausschweifungen zwischen Teilnehmern auf das Hauptthema zurückführen		
Killerphrasen identifizieren und abstellen		
Persönliche Ebene von Sachebene trennen		
Zwischenresultate zusammenfassen, evtl. auf Flipchart oder anderen Hilfsmitteln visualisieren		
Nicht geplante Themen in einen Themenspeicher aufnehmen		
Persönliche Konflikte zwischen den Teilnehmern nicht in der Sitzung aufkommen lassen, sondern getrennt behandeln (unter vier Augen)		
Störende Verhaltensweisen einzelner Teilnehmer während der Sitzung offen ansprechen, auf die vereinbarten Spielregeln hinweisen		
Für bestimmte Themen die Gruppe mit Fragen / Gruppenarbeiten aktivieren		
Vereinbarungen mit klaren Verantwortlichkeiten und Terminen am Schluss der Sitzung nochmals durchgehen		

9. Dokumentieren

Eine wichtige Aufgabe der Führungskraft ist, dafür zu sorgen, dass das in ihrem Bereich vorhandene Wissen

- erfasst,
- dokumentiert,
- gemeinsam genutzt,
- der gesamten Organisation (z.B. in Schulungen) zur Verfügung gestellt,
- an neue Mitarbeitende weitergegeben und
- gemeinsam weiterentwickelt wird.

Die Herausforderung für die Führungskraft besteht somit darin, sicherzustellen, dass das in ihrem Zuständigkeitsbereich vorhandene Wissen möglichst effizient und effektiv dokumentiert und aktualisiert wird.

Wissen erfassen und dokumentieren: QR→

- *Haben wir ausreichend Wissen im Team, um unsere Aufgaben gut zu erledigen?*
- *Welches Know-how ist auf einzelne Personen beschränkt?*
  Was wäre, wenn eine dieser Personen gestern einen Unfall gehabt hätte? (Risiko!)
- *Sind unsere Konzepte, Erfahrungen und Arbeitsprozesse gut dokumentiert?*
- *Ist die „Ablage" (Daten und Ordner) so aufgebaut, dass jeder Zugang zu dem für seine Arbeit notwendigen Wissen hat, ohne lange suchen zu müssen?*
- *Ist die Dokumentation aktuell?*
- *Welches Wissen ist nur „in den Köpfen" vorhanden?*
- *Wer könnte für eine Verbesserung der Dokumentation sorgen?*

Wissen gemeinsam nutzen, weitergeben und weiterentwickeln: QR→

- *Wie werden unsere Erfahrungen aus der täglichen Arbeit „vergemeinschaftet"?*
- *Wie werden neue Konzepte gemeinsam besprochen?*
- *Wie werden Inhalte von Tagungen und Seminarbesuchen an andere weitergegeben?*
- *Wie wird Fachliteratur, Trendforschung, Marktforschung im Team thematisiert?*
- *Wie wird vorhandenes Wissen von „alten Hasen" an Junge weitergegeben?*
- *Wie funktioniert der strukturierte Wissenstransfer bei Stellenwechseln und Pensionierungen?*

Die gemeinsame Beantwortung dieser Fragen im Team ist bereits der erste Schritt zu einem besseren Wissensmanagement.

10. Entrümpeln

Menschen und Organisationen neigen dazu, zu viel zu tun, zu viel anzuhäufen – zu viel Verschiedenartiges und zu viel, das oft keinen Nutzen stiftet. Man trägt zu viel Ballast mit sich.[31] *(Fredmund Malik)*

Daher ist es wichtig, regelmäßiges und systematisches Entrümpeln zur Routine zu machen. Wir befreien uns damit von Ballast – in Räumen, in Archiven und ebenso im Kopf.

Systematische Müllabfuhr in den Räumen

Wenn wir mit unserem Büro umziehen, entdecken wir beim Ausräumen, was sich alles in Schränken und Regalen angestaut hat: schön sortierte Ordner mit handschriftlichen Notizen, die man jahrelang nicht mehr angesehen hat, Stöße von ungelesenen Broschüren, Ausdrucke von abgeschlossenen Projekten. Mindestens einmal im Jahr sollte man einen Entrümpelungstag im Büro ansetzen und sich großzügig von allem trennen, was nicht aus gesetzlichen Gründen archiviert werden muss. Ähnlich ist es mit Daten auf unseren Computern und mit Mails. Was man seit Jahren nicht mehr gebraucht hat, muss nicht unbedingt Speicherplatz belegen. Immer wieder stelle ich fest: Entrümpeln ist MEHR als nur Aufräumen. Das Ergebnis wirkt unheimlich befreiend: Kein Ballast mehr. Endlich Überblick und Ordnung und viel Platz für Neues. Nur mehr das im Fokus, was ich wirklich brauche.

Entrümpeln von Aufgaben

Für Sie als Führungskraft lohnt es sich zu fragen: „Was von all dem, was wir heute tun, würden wir nicht mehr neu beginnen, wenn wir es nicht schon täten?" Diese Frage sollte sich eine Organisation alle ein bis drei Jahre stellen, und zwar im Hinblick auf Märkte, Kunden, Produkte und Technologien.

Für alles andere sollte die Frage jährlich gestellt werden:
- sämtliche Verwaltungsabläufe und Prozesse,
- Computersysteme und -programme,
- Formulare, die verwendet werden,
- aktuelle Listen,
- Berichte,
- Sitzungen, die man sich angewöhnt hat,
  die aber womöglich längst keine Ergebnisse mehr produzieren,

- den Belegfluss,
- Prozeduren, Programme und Methoden, die in Gebrauch sind.

Wichtig beim Entrümpeln ist der Blick in die Zukunft. Wenn man eine Organisation entschlackt, stößt man auch immer auf den Basiszweck der Tätigkeit, indem man die Frage stellt: „Warum tun wir etwas überhaupt? Was ist der Zweck dieses administrativen Ablaufs, dieser Sitzung oder dieses Formulars?“

Am sinnvollsten ist es, wenn Sie sich einen Tag pro Jahr für diese Fragestellung reservieren. Damit dieses Führungsinstrument auch wirksam bleibt, sollten sich Führungskräfte diesen Tag in den Kalender eintragen und auch gewissenhaft einhalten!

Auch die Führungskraft selbst sollte sich einen Tag pro Jahr zur Standortbestimmung nehmen und sich fragen: „Was sollte ich nicht mehr tun, ...?“

- weil es sich überlebt hat,
- weil ich über die Dinge hinausgewachsen bin,
- weil ich mich in eine andere Richtung entwickeln will,
- weil es andere und bessere Methoden gibt,
- weil ich älter geworden bin und andere Prioritäten setzen muss.

Überprüfen Sie auch immer dann Ihre Aufgaben und Verpflichtungen, wenn Sie sich überlegen, eine neue Funktion, ein Projekt oder ein Ehrenamt zu übernehmen. Dann beantworten Sie sich zuerst die Frage: „Was will ich in Zukunft nicht mehr tun? Worauf will ich bewusst verzichten, wenn ich das Neue mache?“

Wenn wir konsequent sind, lassen wir uns auch auf ein „Entrümpeln im Kopf“ ein. Auch hier findet sich Ballast, den wir loslassen sollten: Ängste, Neid, alter Ärger auf jemanden, der jedes Mal hochkommt, wenn wir die Person sehen. Glaubenssätze, wie „Das kann ich nicht“, die uns hindern und einschränken. Oder das Festhalten an Aufgaben, Ämtern oder Positionen, ohne die wir glauben, nicht wertvoll zu sein. Hier fällt das Entrümpeln wohl am schwersten: Es erfordert ein Loslassen, ein Abschiednehmen von sturen Standpunkten und eine innere Versöhnung mit dem, was war.

Finden Sie ein für sich passendes Abschiedsritual, um sich davon zu lösen: ein echtes oder gedankliches Wegwerfen oder Verbrennen eines Symbols oder einfach einen Abschiedsbrief, den Sie zwar schreiben, aber nie absenden. Das „Entrümpeln im Kopf“ ist sicherlich die größte Herausforderung. Doch wer auch innerlich entrümpelt und loslassen kann, der befreit sich.

V. Menschen führen – BeziehungsKRAFT

Die 3 Ks zum Aufbau von Beziehungen

Als Führungskraft gestalten Sie die Beziehungen zu jedem einzelnen Mitarbeiter in den alltäglichen Begegnungen und Kontakten. Sie sind gefragt

- jeden einzelnen Mitarbeiter zu fordern und zu fördern,
- innerhalb des Teams für einen „gemeinsamen Geist" zu sorgen,
- mit der Dynamik und Konflikten in Teams umzugehen.

Dadurch entsteht BeziehungsKRAFT. Diese beruht auf den drei „K"s:

- Kontakt: brauche ich, um in Beziehung zu kommen und zu bleiben.
- Kommunikation: ist notwendig, um Beziehungen positiv zu gestalten.
- Klarheit: über gegenseitige Erwartungen und Aufgaben sorgt für ein konstruktives Miteinander.

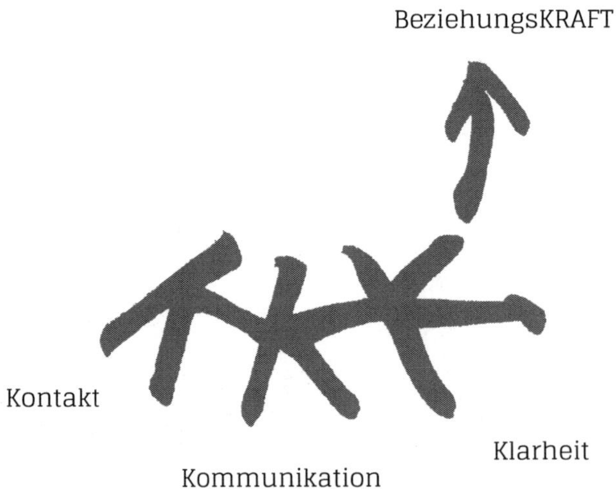

1. Kontakt – die Basis für gute Beziehungen

Wenn ich bei mir bin ...

brauche ich keinen Applaus
höre auf mich zu vergleichen
lasse los von überzogenen Ansprüchen
und kämpfe nicht um Erfolg

brauche ich keine Rolle zu spielen
keine Erwartungen zu erfüllen
kann mich annehmen, wie ich bin,
und das Herz wird ganz weit

vertraue ich auf meine innere Stimme
darf ja und nein sagen
kann geben und nehmen
und erkennen, wann es genug ist,

spüre ich, was stimmig ist,
kommen Ideen von selbst
entsteht Kraft, die mich trägt,
und wird es ganz leicht

kann ich ganz bei Dir sein
eingehen auf Deine Sorgen und Freuden
mich Dir liebevoll zuwenden
Beziehung leben

himmlisch geerdet
erdverbunden mit dem Himmel

(Marianne Grobner)

Kontakt - zu sich selbst und zu anderen - ist die zentrale Voraussetzung für gute Kommunikation und Beziehungsgestaltung. Selbst ausgereifte Kommunikationstechniken können diesen nicht ersetzen. Ohne Kontakt entsteht keine BeziehungsKRAFT.

Nelson Mandela beschreibt in seiner Autobiografie[32] eine Begrüßungszeremonie bei den Zulus, die sie ritualisiert vor wichtigen Begegnungen anwenden: Man reicht einander die Hand und spricht zueinander nur zwei Sätze:
Eine Person sagt: „Ich bin hier, um gesehen zu werden."
Die andere antwortet: „Ich sehe dich."

Gesehen, gehört und verstanden zu werden, ist ein zentrales Grundbedürfnis von Menschen. Darin liegen wesentliche Kräfte, die uns antreiben und Beziehungen ermöglichen. Die Formel: „Ich sehe dich", geht über das reine Ansehen hinaus. Sie beinhaltet, dass der Mensch erst durch die Wahrnehmung eines anderen zum Individuum wird. Virginia Satir, die Begründerin der Familientherapie, drückte das so[33] aus:

„Ich glaube daran, dass das größte Geschenk, das ich von jemandem empfangen kann, ist, gesehen, gehört, verstanden und berührt zu werden. Das größte Geschenk, das ich geben kann, ist, den anderen zu sehen, zu hören, zu verstehen und zu berühren. Wenn dies geschieht, entsteht Kontakt."

In der modernen Arbeitswelt gibt es viele Begegnungen ohne diese bewusste Wahrnehmung des anderen. Anzeichen für Kontaktlosigkeit sind:
- kein Blickkontakt,
- lange Monologe,
- gegenseitiges Unterbrechen,
- „Abdriften" in andere Gedanken,
- ständiger Themenwechsel,
- Akzeptanz von ständigen Ablenkungen (Klingeltöne, ...),
- Flucht in andere Tätigkeiten (Mails checken, surfen, „kritzeln", ...) oder
- Themen kommen und gehen („Bienenhaus") in einer Besprechung ohne klaren Anfang und klares Ende.

Ohne Kontakt ist Beziehungsgestaltung unmöglich. Es lohnt sich daher, bewusst Rahmenbedingungen zu schaffen, in denen Kontakt und Begegnung stattfinden können und BeziehungsKRAFT entsteht.

Jeder Kontakt besteht aus mehreren Phasen:

1. Vorbereitung
Kontaktbereitschaft bei der Arbeit setzt mehrere Schritte zur Vorbereitung voraus.

Inhaltliche Vorbereitung
Sammeln Sie Informationen zur geplanten Begegnung:
- zur Sachebene: Was ist das Thema, was sind die Ziele des Kontakts?
- zur Beziehungsebene: Einstellungen, Verhalten; Erwartungen, Befürchtungen, Wissensstand, Spannungen im Team,
- zum Umfeld: tagesaktuelle Geschehnisse, Rahmenbedingungen,
- zu meinen Kontaktpartnern und deren Umfeld (das Internet bietet dazu über Websites und soziale Netzwerke zahlreiche Möglichkeiten).

Egal ob als Bewerber, Sitzungsteilnehmer oder Geschäftspartner: Es ist ein Zeichen von Wertschätzung, sich inhaltlich gut auf einen Kontakt vorbereitet zu haben.

Persönliche „Einstimmung“
Stimmen Sie sich selbst auf den Kontakt ein. Dabei helfen Ihnen drei Fragen:
- Was will ich erreichen? Worum geht es mir – eigentlich?
- Was will ich / wünsche ich von den anderen Beteiligten?
- Wie geht es mir mit den anderen Beteiligten und mit dem geplanten Kontakt?

„Szenische“ Vorbereitung
Wenn es Ihnen möglich ist, so gestalten Sie den Raum in einer Form, die Kontakt fördert: Schon die Auswahl des Begegnungsortes hat Bedeutung. Sie senden ein anderes Signal, wenn Sie zum Mitarbeiter an seinen Arbeitsplatz kommen, eine Besprechung in einem neutralen Raum ansetzen oder wenn Sie als Vorgesetzter Ihren Mitarbeiter ins Chefbüro (also in Ihren „Machtbereich“) rufen. Eine Klausur für Ihr Team wird an einem Kraft-Ort (zum Beispiel einer einfachen Berghütte, einem Tagungshaus oder einem Kloster im Grünen, mit der Möglichkeit, sich auch einmal beim Spazierengehen auszutauschen) eine ganz andere Dynamik entwickeln, als wenn Sie die gleiche Klausur im Besprechungsraum Ihres Unternehmens abhalten. Kontakt und Kreativität brauchen ein förderliches Umfeld.

Die Sitzordnung hat eine große Bedeutung. Beachten Sie dabei:
- Tische geben Halt und ermöglichen, schriftliche Unterlagen abzulegen und Notizen zu machen.
- Ein großer Tisch sorgt aber auch für große Entfernung.
- Sitzpositionen vis-à-vis fördern Konfrontation, Sitzen im Winkel fördert Kontakt.

- Runde oder quadratische Tische sind besser als eckige, bei denen automatisch ein „Kopfplatz“ entsteht.
- Stehtische fördern lockeren, offenen Kontakt.
- Ein Stuhlkreis („Circle“) mag zu Beginn verunsichern, weil die „Schutzmauer“ eines Tisches fehlt. Bei einem Kreis gibt es dafür eine gemeinsame Mitte, einen gemeinsamen Fokus. Wenn Sie einen echten Dialog erzielen wollen, bei dem man sich offen über Zusammenarbeit, Kontakt, gemeinsame Werte oder Zukunftsbilder austauscht, so ist das die ideale Sitzordnung.
- Christina Baldwin und Ann Linnea beschreiben[34], dass allein die Art, wie wir normalerweise Meetings gestalten, welche Sitzordnung wir dafür wählen, wie viele (zu viele) Tagesordnungspunkte festgelegt werden, zu sehr viel Frust, Ineffizienz, unzureichender thematischer Auseinandersetzung und schlechten Entscheidungen führt. Als Alternative empfehlen sie „The Circle Way“ – Dialoge in Sitzkreisen. Sie erklären, dass diese Methode auf die Urzeiten der Menschheit (die Erfindung des Feuers) zurückgeht, als alle im Kreis rund um die Feuerstelle saßen. Der Kreis ist Symbol für eine gemeinsame Mitte, ein Zentrum, auf das alle schauen (Thema). Der gleiche Abstand zur Mitte ist Symbol für die Gleichrangigkeit innerhalb der Gruppe mit wechselnder (Gesprächs-)Führung.
- Wenn bei großen Gruppen ein Podium – womöglich mit Rednerpult oder Tischen – aufgestellt wird, so baut man damit Distanz zum Publikum auf. Stuhlreihen wie im Theater drängen die Zuhörer in Passivität. Auch bei großen Gruppen wie bei Zukunftsdialogen (siehe AufbruchsKRAFT) habe ich gute Erfahrungen mit der Arbeit auf gleicher Ebene und runden Tischen für jeweils sechs bis acht Personen gemacht.

Auch die eingesetzten Medien haben für den Kontakt große Bedeutung: Ab ca. 15 Personen ist ein Beamer sinnvoll, um etwas zu zeigen. Bei kleineren Gruppen reicht meist ein Flipchart. Sobald aber ein Beamer verwendet wird, sind alle Blicke auf die Leinwand gerichtet. Das Gleiche passiert, wenn jeder für sich am Laptop mitschreibt: Der Augenkontakt wird bedeutend reduziert. Wir konzentrieren uns mehr auf den Inhalt, als auf den Kontakt. Sorgen Sie daher schon bei der Vorbereitung dafür, dass es auch Sequenzen gibt, in denen der Beamer abgeschaltet wird und echter Dialog stattfinden kann.

Bereiten Sie einen Rahmen vor, der ungestörtes und konstruktives Arbeiten ermöglicht:
- Sorgen Sie für Störungsfreiheit (Türschild, Handy abschalten, ...).
- Räumen Sie optische „Mauern“ (große Blumengestecke, Flaschen, ...) aus dem Weg, um einen ungestörten Augenkontakt zu ermöglichen.
- Bereiten Sie notwendige Unterlagen für die anderen Beteiligten vor.

Präsenz

Meine geerdeten Füße
und meinen aufrechten Rücken

Meine offenen Arme
und mein Fingerspitzengefühl

Meinen wachen Kopf
und mich samt Haut und Haaren

Meinen klaren Blick
und meine gespitzten Ohren

Meine feine Spürnase
und all meine Sinne

Meinen ganzen Verstand
und mein untrügerisches Bauchgefühl

Mein offenes Herz

schenke ich diesem Augenblick
dem Hier und Jetzt
der Magie des Moments
Mir und Dir

Und lasse mich beschenken
von dem was entsteht

Präsent

Ich schenke mir
Eine Minute für mich

Ich schenke mich
Der gegenwärtigen Situation

Ich schenke meine Aufmerksamkeit
Meinem Gegenüber

Ich bin präsent

(Marianne Grobner)

2. **In Kontakt treten**

Es ist nicht nur eine Höflichkeitsgeste, den oder die anderen zu begrüßen: Erinnern Sie sich an das Zulu-Ritual und nehmen Sie bei der Begrüßung den anderen bewusst wahr. Wenn Menschen sich treffen, um gemeinsam etwas zu besprechen, brauchen sie auch etwas Zeit, um sich aufeinander einzustimmen und wirklich in Kontakt zu kommen. Smalltalk, um gedanklich „anzukommen", ein erster Austausch über die Erwartungen an das Ergebnis und Absprachen für die Zusammenarbeit gehören dazu. Wenn Sie eine Stunde Sitzung haben, so planen Sie fünf bis zehn Minuten Zeit für Kontakt, bei einer Klausur von einem Tag kann diese Phase auch 30 bis 60 Minuten dauern. Bei größeren Gruppen entsteht Kontakt zu Beginn leichter, wenn wir die Teilnehmer ihre Erwartungen, Sorgen und ersten Ideen in wechselnden Zweiergruppen oder in Kleingruppen im Stehen austauschen lassen und so langsam zum Thema hinführen.

Planen Sie dafür bewusst Zeit ein – der Aufbau von Kontakt ist gut investierte Zeit. Wenn Menschen gut in Kontakt gekommen sind, entsteht eine andere Gesprächsqualität und man kommt rascher zu Ergebnissen. Wird diese Phase des In-Kontakt-Tretens versäumt, rächt sich das meist in der nachfolgenden Kommunikation. In der Phase des „In-Kontakt-Tretens" gibt eine kurze Absprache über Zeit, Ziele und die geplante Vorgehensweise den Teilnehmern Halt, Sicherheit und eine gemeinsame Orientierung. Das könnte so klingen: „Wir haben uns heute getroffen, um ... zu besprechen. B hat dazu einige Informationen zum Einstieg vorbereitet. Danach wollen wir gemeinsam unser Vorgehen planen. Wir haben dafür einen Zeitrahmen bis ... geplant. A wird ein Protokoll schreiben. Ist das für alle gut so?"

Wenn in eine Gruppe jemand Neues hinzugekommen ist, so ist es eine neue Gruppe. Führen Sie die neue Person ein und sorgen Sie dafür, dass sie mit allen wichtigen Informationen versorgt wird, um konstruktiv mitarbeiten zu können.

3. **In Kontakt bleiben**

Der Kontakt während einer Begegnung ist oft ein Prozess. So wie Sie darauf achten sollten, ob Sie inhaltlich beim „roten Faden" bleiben, so sollten Sie auch den Kontakt der Gruppenmitglieder untereinander und Ihren eigenen Kontakt zu den Beteiligten immer wieder beobachten.

Damit wir in Kontakt bleiben, brauchen wir (siehe dazu auch: Dialog):

- Präsenz und Selbstkontakt (siehe der Text „Wenn ich bei mir bin"),
- Interesse am anderen,
- Dialog statt Monolog,
- Tiefe: wir müssen an den Themen „dranbleiben" können,

- Meta-Kommunikation: Das ist der Dialog darüber, wie wir unsere Kommunikation oder den Prozess gerade erleben oder erlebt haben und was uns vielleicht im Moment fehlt. Der offene Austausch darüber kann Missverständnisse, Kränkungen und Fehlinterpretationen auflösen und so gegenseitiges Verständnis und Vertrauen fördern.

Wenn wir Kontaktlosigkeit feststellen, ist es wichtig, dass wir uns selbst immer als einen Teil des Geschehens wahrnehmen. Wir sind Betroffene und Mitwirkende zugleich. In solchen Momenten ist es wichtig, zu reflektieren ohne zu moralisieren und eventuell neu zu starten.

4. Abschluss

Auch der Abschluss einer Begegnung sollte von respektvollem Kontakt geprägt sein:

- Eine Zusammenfassung des Ergebnisses oder des Zwischenstandes sowie die Klärung, wie es weitergeht, sorgen für Orientierung.
- Ein kurzes Resümee von jedem Teilnehmenden rundet das Ergebnis ab und ermöglicht, nochmals persönliche Eindrücke zum Prozessgeschehen zu teilen: Das kann auch verbunden sein mit einem Danke, dem Ansprechen einer Irritation oder eines Feedbacks. Die Einleitung dazu könnte beginnen mit: „Was ich noch sagen wollte …“
- Abschied: Wenn ich sehe, wie manche Gruppen auseinandergehen, kommt mir oft das Bild eines Hühnerhaufens in den Sinn, auf dem die Hühner fluchtartig und hektisch gackernd den Platz verlassen. Eine saubere Verabschiedung ist ein Zeichen für einen respektvollen Umgang miteinander.

Kontakte pflegen

Nach einem allgemeinen „Gesetz“, das der Sozialpsychologe George C. Homans formuliert hat,[35] und das deswegen auch „Homans Gesetz“ bezeichnet wird, steigt die Sympathie unter Menschen mit der Anzahl ihrer Kontakte. Beziehungen pflegen bedeutet auch den Kontakt – manchmal auch über die Ferne oder längeren Zeitraum ohne Treffen – aufrecht zu erhalten. Das gilt für unser Team, aber auch für unser berufliches Netzwerk mit Arbeitskollegen, Geschäftspartnern und Kunden.

- Pflegen Sie die Beziehung unabhängig von aktuellen Anlässen.
- Nehmen Sie auch mal Kontakt auf, wenn Sie vom anderen nichts brauchen und melden Sie sich nicht immer nur „bedürfnisbezogen“.
- Zeigen Sie dem anderen hin und wieder, dass Sie an ihn denken. Ein interessanter Link zu einem für ihn wichtigen Titel, eine kurze Kontaktaufnahme, wenn man in der Gegend ist, persönliche Post zu Weihnachten oder Glückwünsche zum Geburtstag sind solche Signale der Wertschätzung.

- Nicht aus jeder Begegnung muss ein sofortiger Nutzen entstehen. „Feed the network first": Seien Sie ruhig großzügig mit der Weitergabe von Erfahrungen und Kontakten. Irgendwie kommt das zurück.
- Wenn Sie jemanden getroffen haben, danken Sie in den Tagen darauf für die Begegnung. Schreiben Sie, was Ihnen bei dem Treffen wichtig war und wie Sie den Kontakt weiter pflegen wollen.

2. Kommunikation

Ich möchte Ihnen nun einige hilfreiche Modelle für Ihre Kommunikation als Führungskraft vorstellen:

Der Dialog

Sitzung, Besprechung, Meeting oder Gesprächsrunde nennt man heute Versammlungen, in denen informiert wird, Standpunkte vorgestellt, Argumente ausgetauscht, Positionen verteidigt, Gedanken ausgeführt und Theorien angerissen werden. Der Zweck solcher Gespräche ist häufig, den Status quo der Differenzen zu klären, sich auf Ziele zu einigen und Unstimmigkeiten auszuräumen.

David Bohm hat die Erfahrung gemacht, dass all dies gut gemeint ist, aber nicht reicht, um einen wirklichen Schritt nach vorne zu kommen. Er gab dem Gespräch, dem Dialog seine Tiefe zurück, die ihm im Zeitalter der Kommunikation und Diskussion abhandengekommen war. Statt der Diskussion fordert er den Dialog[36]: Dieser beginnt, wo die Diskussion aufhört. Der Dialog ist eine neue Form des Gesprächs. Hier werden weniger Argumente ausgetauscht. David Bohm versteht ihn nicht als ein freundliches Gespräch miteinander, sondern als ein Horizonte öffnendes Aufeinander-Zugehen. Ein Dialog ist ein grundsätzlich gelungenes, die Teilnehmer mit wirklich neuen Erfahrungen und Erkenntnissen belohnendes Gespräch. Der Dialog ist eine Chance, Neues zu entdecken, keine Garantie, Altes zu bewahren.

Zu einem echten Dialog gehört, dass diese dialogischen Elemente beachtet werden:

Zuhören mit radikalem Respekt
- als ob die Person, die spricht, sehr weise ist,
- mit der Bereitschaft, sich auf das Gesagte einzulassen und sich vom Gesagten beeinflussen zu lassen,

- andere werden in ihrem Wesen anerkannt: Ich sehe die Welt aus der Perspektive des anderen.

Sich wahrnehmen
- das eigene Denken „beobachten",
- in mich hineinhören,
- den Kontext meiner Annahmen erforschen,
- äußere ebenso wie innere, auf Gedanken beruhende Wahrnehmung.

Achtsames Plädieren
- sich als Kollegen und Freund betrachten,
- sich als gleichberechtigt betrachten,
- die Kunst des Dialoges liegt darin, dass man den Fluss der Bedeutung spürt und die eine Sache erkennt, die im gegebenen Augenblick gesagt werden muss (Peter Senge),
- „ich" statt „man" sagen,
- ausreden lassen,
- nur reden, wenn ich etwas zu sagen habe,
- wer andere schont, schont in erster Linie sich selbst.

Annahmen erkunden
- es ist wichtiger herauszufinden, worin wir uns unterscheiden als worin wir uns Gleichen,
- Fragen stellen,
- sanftes, nicht manipulierendes Erkunden, welche Annahmen hinter dem Gesagten stehen.

Balance zwischen Plädieren und Erkunden
- eigene Argumente explizit offenlegen,
- andere ermutigen, die eigenen Ansichten zu hinterfragen,
- ermutigen, Abweichendes zu äußern.

Annahmen und Gefühle in der Schwebe halten
- ein Festhalten von Annahmen und Verteidigen steht dem Dialog am meisten entgegen (Bohm) – wir können dann nicht mehr zuhören,
- im Raum schweben lassen, ohne sich zu identifizieren,
- zeitweilige Aufhebung der Verbindung mit oder gegen etwas,
- die Kunst, Unterschiede gelten zu lassen, Toleranz ist zu wenig.

Offenheit
- sich von seinen Überzeugungen lösen zu können und sich gegenseitig die eigenen Denkweisen mitteilen zu können,
- Offenheit auch für das Ergebnis: keine Tagesordnung, die abzuarbeiten ist.

Nur echte Offenheit
gibt dem Menschen die Kapazität,
mit divergierenden Problemen
produktiv umzugehen.
(Peter Senge)

Dialog und Gesprächsqualitäten bei Claus Otto Scharmer

Claus Otto Scharmer hat die Idee des Dialogs noch weiter entwickelt und unterscheidet vier unterschiedliche Gesprächsqualitäten und vier Formen des Zuhörens:[37]

Die Formen des Zuhörens nach Claus Otto Scharmer

1. Downloading
Wir verhalten uns bei dieser Form des Zuhörens wie ein Computer, der ein Programm herunterlädt: Wir schalten unsere Aufnahmefähigkeit zurück und warten bis der „Download" vorbei ist. Dieses Zuhören dient der Bestätigung bereits vorhandener Urteile. Wir wissen ja, wie der Kollege „tickt", was er immer zu sagen hat. Wann immer Sie sich in einer Situation befinden, wo alles, was geschieht, genau das bestätigt, was Sie immer schon wussten, dann hören Sie im Modus des Downloadens zu.

2. Faktisches Zuhören
Bei diesem Zuhören geht es uns vor allem um das Widerlegen von vorhandenen und das Sammeln von neuen Informationen: Beim gegenständlich-unterscheidenden Zuhören achten Sie auf das, was anders ist, was abweicht. Sie fokussieren sich auf diejenigen Aspekte der Realität, die von Ihren eigenen Vorstellungen abweichen, anstatt diese Unterschiede zu verleugnen (wie beim Downloaden).

3. Empathisches Zuhören
Dies ist eine tiefere Art des Zuhörens. Immer wenn ein wirklicher Dialog entsteht, kann man eine profunde Veränderung beobachten: Unsere Wahrnehmung verschiebt sich aus unserem eigenen Ort / Standpunkt hinaus zum anderen, zu dem Ort, von dem aus der andere spricht. Wenn wir in diesen Modus des Zuhörens kommen

wollen, müssen wir unsere empathischen Fähigkeiten aktivieren, um so eine direkte Verbindung zu der anderen Person aufzubauen. Wir versetzen uns gedanklich in den anderen hinein und beginnen die Welt mit den Augen des anderen zu sehen und mit ihm zu fühlen.

4. Generatives Zuhören
Wenn wir auf dieser Ebene arbeiten, konzentrieren wir uns darauf, das eigene Ego aus dem Weg und aus dem Zentrum zu schaffen. Dadurch eröffnen wir einen inneren Raum der Stille und des Werdens. Bei dieser Form des Zuhörens geht es darum, schöpferische Ideen entstehen zu lassen. Es wird daher auch als schöpferisches Zuhören bezeichnet.

Die Gesprächsqualitäten nach Claus Otto Scharmer

Wir können in unserer Kommunikation danach streben
- das Alte, Gewohnte oder „Gewordene" fortzusetzen oder etwas Neues hervorzubringen,
- die Einzelnen mit ihren Meinungen, Standpunkten und Wahrnehmungen oder die Gruppe in den Vordergrund zu stellen.

Daraus ergeben sich vier verschiedene Gesprächsqualitäten mit jeweils unterschiedlicher Wirkung:

1. „Harmoniesauce"
„Wie geht es Ihnen?"
„Gut, danke."

Dieser Austausch von Floskeln ist eine Form von rituell vorgegebener Sprache, die viele formale organisationale Besprechungen charakterisiert. Widersprüchliche Meinungen und Perspektiven werden oft ausgegrenzt. Die Teilnehmer passen sich dem dominanten Muster höflichen Phrasenaustauschs an. Wie brave Schüler in der Schule sagen sie, was von ihnen erwartet wird. Die wirkliche Meinung wird vor allem in Anwesenheit des Vorgesetzten nicht ausgesprochen. Über echte Belange wird woanders geredet: in der Kantine, auf dem Parkplatz, auf dem Nachhauseweg. So findet keine Veränderung statt.

Meeting

Ausgesprochen
- *sachlich haben wir diskutiert*
- *viele Punkte haben wir abgearbeitet*
- *vernünftige Lösungen haben wir entwickelt*
- *einstimmig wurde beschlossen*
- *nett waren wir miteinander.*

Unausgesprochen
- *emotional waren wir im Bauch*
- *spannungsgeladen war die Stimmung*
- *faul waren die Kompromisse*
- *unwillig waren wir, uns daran zu halten,*
- *unzufrieden gingen wir auseinander*

jeder seinen Weg.

Warum hat denn keiner was gesagt???
(Marianne Grobner)

2. Debatte
Im Unterschied zum „Höflichkeitssprech" äußern die Teilnehmer in der Debatte ihre wahre Meinung. Dadurch werden Differenzen und unterschiedliche Perspektiven sichtbar. Debatte bedeutet aber so viel wie „den Gegner mit Worten niederschlagen", was genau dem Muster dieser Art von Gesprächen entspricht: Man verteidigt seinen Stand-Punkt und nützt die Redeanteile der anderen, um gedanklich neues Pulver – noch treffendere Argumente – nachzuladen. Unterschiedlichkeit aufzuzeigen und als solche anzunehmen, ist in Beziehungen sinnvoll und notwendig. Es wäre aber besser, die Annahmen und Sichtweisen ohne konfrontierende Debatten – zum Beispiel in Kleingruppen oder durch einen echten Dialog – zu erkunden.

3. Reflektiver Dialog
Der Weg von der Debatte zum Dialog basiert auf einer Veränderung des Aufmerksamkeitsfeldes: Wir beginnen zu erkunden, zu erfragen und vor allem – einander zuzuhören. Im „reflektiven Dialog" hören wir respektvoll und empathisch zu und können auch den eigenen Standpunkt und unsere Sichtweise ändern. Wir kommunizieren im Stil des Dialogs von David Bohm durch Zuhören, achtsames Plädieren, Annahmen Erkunden.

4. Schöpferischer Dialog / Presencing

Wenn wir einander richtig zuhören und eine tiefe Präsenz erreicht haben, so bewirkt dies meist eine Verlangsamung in der Kommunikation. Plötzlich entsteht eine tiefe Verbundenheit und eine gesteigerte Fähigkeit, gemeinsam effektiv zu handeln: Neue Möglichkeiten und Ideen tun sich auf, ohne dass man im Nachhinein weiß, von wem genau und wie sie entstanden sind. Diese Mischung aus Präsenz (englisch „presence") und intuitivem Erspüren von Zukunftsmöglichkeiten „sensing" nennt Claus Otto Scharmer „Presencing". Es ermöglicht den Zugang zu tieferer Entwicklung.

Unterschiedliche Gesprächsqualitäten

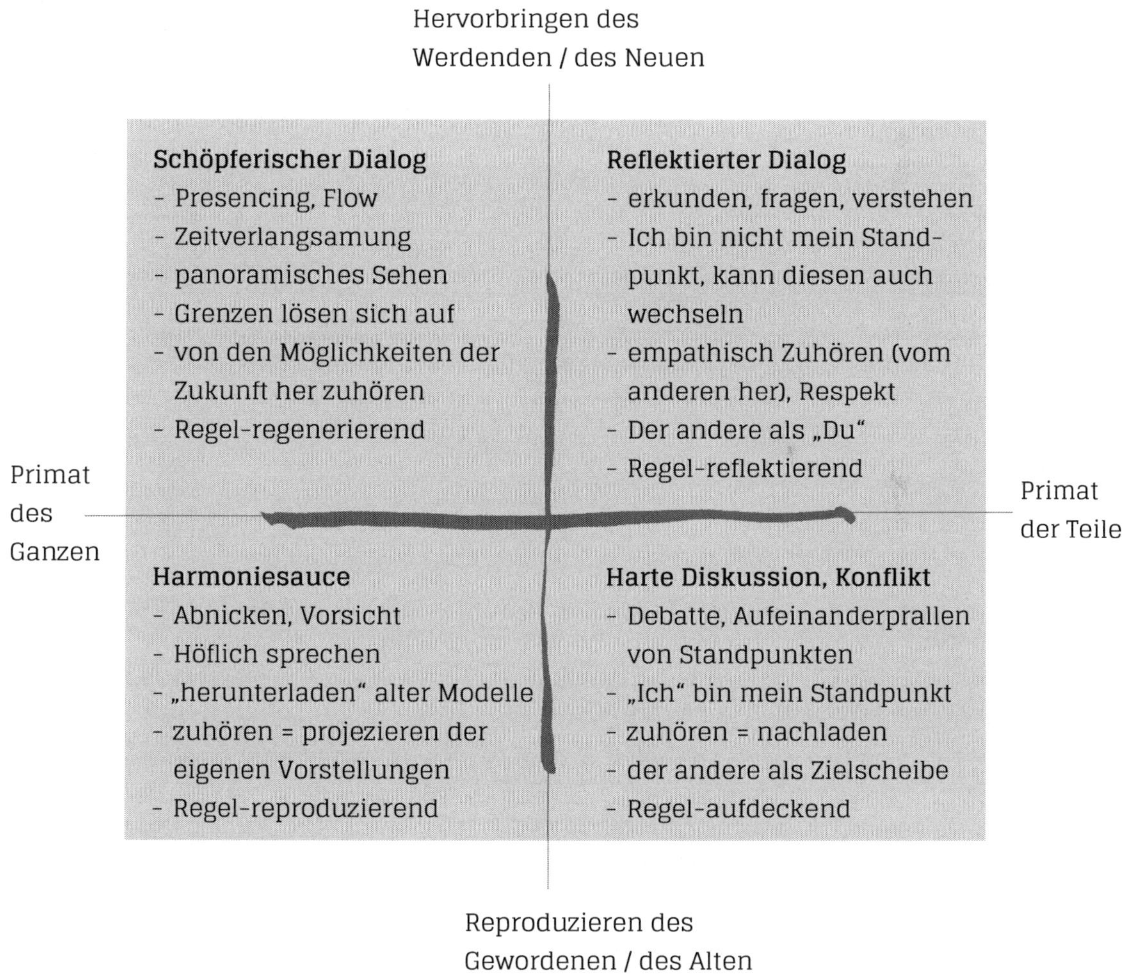

Die Kunst des Zuhörens

Wenn uns jemand sagt, „Du hörst mir nicht richtig zu“, dann meint er: „Du hörst mir nicht so zu, wie es die Situation verlangt, wie ich es im Moment brauche“. Sei es in Konflikten, wenn es darum geht, die Position des Gegenübers zu verstehen, sei es im Gespräch zwischen Mitarbeitern und Vorgesetzen oder wenn uns eine Kollegin ein Problem schildert, das sie beschäftigt. Unverständnis sowie Ärger über den anderen, Ablehnung und schlussendlich (wiederum) Konflikte entstehen, wenn ein Gesprächspartner oder beide den Eindruck haben, nicht verstanden zu werden. Der Psychologe Marshall B. Rosenberg beschreibt als eine der größten Behinderungen in der Kommunikation, dass nicht „richtig“ zugehört wird.

Empathie bedeutet, sich in die Lage eines anderen versetzen zu können, eine Vorstellung zu entwickeln über seine Gedanken, Gefühle, sein Körperbefinden, ohne in diesem Menschen aufzugehen. Wenn wir empathisch zuhören, dann nicht nur mit den Ohren, wir versuchen mit allen Sinnen wahrzunehmen. Empathisch zuhören heißt nicht, kognitiv die Situation des Gegenübers möglichst genau zu erfassen. Empathie bedeutet nicht Mitleid. Dabei würden wir die Gefühle des anderen übernehmen, die nicht unsere sind. Wenn wir mitleiden, dann geben wir keine Empathie. Wir haben dann mit uns selber zu tun. Wer empathisch aufnimmt ist in einem zugewandten Kontakt mit einer Person, wobei er sich seiner selbst bewusst bleibt und sich abgrenzen kann. Empathie meint auch nicht die Analyse des Gesprächspartners. Wir sind dabei weder in einer erhöhten Beobachter-Rolle, noch verstehen wir uns als Spezialisten für das Problem.

Wodurch zeichnet sich empathisches Zuhören aus?

Präsenz: Wir sind als Person präsent, mit unserer Aufmerksamkeit beim Gesprächspartner. Dies ist bei vielen Menschen nicht automatisch der Fall, es bedarf der Konzentration und Disziplin, um nicht in Gedanken schon einen Schritt weiter zu sein, eine Antwort zu formulieren oder an eine eigene, ähnliche Situation zu denken.

Auf Bedürfnisse zu achten scheint ein essentielles Merkmal von empathischem Aufnehmen. Was braucht die Person in diesem Moment? Viele Menschen haben bei Problemschilderungen vor allem das Bedürfnis nach Empathie. Das heißt, sie wünschen sich, dass ihr Gegenüber ihre Lage wahrnimmt und einfach da ist. Ein weit verbreitetes Muster ist jedoch, dass der Zuhörer eher unaufmerksam ist: Er beschwichtigt, tröstet, bietet Lösungen an, schildert eine eigene Situation, analysiert etc. Empathie würde an dieser

Stelle bedeuten, ausreden zu lassen. Manchmal auch nachzufragen, um das Verstehen zu vertiefen, Gesagtes zusammenzufassen, und die eigenen Gedanken hintan zu stellen.

Wichtig in solchen Gesprächen ist außerdem, dass entstehende Pausen ausgehalten werden. Dies ermöglicht dem „Sprecher", seine eigenen Gedanken weiterzuführen. Als Zuhörer fragen wir nach, fassen zusammen, ohne Lösungen zu präsentieren, Rat-Schläge zu geben oder wir schweigen einfach.

Um Lösungen sollte es dann gehen,
- wenn die Person mit ihren Bedürfnissen ausreichend gehört wurde,
- wenn sie uns signalisiert, dass sie über Lösungen nachdenken möchte, oder
- wenn wir einen expliziten Beratungsauftrag erhalten.

Was ist für empathisches Zuhören wichtig?

Interesse und Energie: Marshall B. Rosenberg[38] empfiehlt, sich von der Energie leiten zu lassen. Wenn wir uns für einen Mitarbeiter oder eine Kollegin nicht wirklich interessieren, so werden wir kaum die nötige Energie für ein empathisches Zuhören aufbringen können. Einfühlsames Zuhören ist keine Technik, es ist eine Haltung, die wir einnehmen, bei Menschen und Anliegen, die uns etwas bedeuten.

Kontakt: Die Basis für Einfühlungsvermögen ist, in einem guten Kontakt mit der eigenen Gefühls- und Gedankenwelt und dem eigenen Körper zu sein. Erst dann sind wir bereit, auf den anderen einzugehen. Fragen Sie sich:
- Was nehme ich bei meinem Gesprächspartner wahr?
  Welche Emotionen, Gedanken, körperliche Empfindungen?
- Was löst dies wiederum bei mir aus?
- Kann ich eine Vorstellung entwickeln, wie es ihm gerade jetzt geht?

Bewusstheit: Hier geht es um das Wissen um ein menschliches Grundbedürfnis, nämlich gehört zu werden. Zuhören und gehört zu werden als essentieller Bestandteil von Kommunikation schafft Nähe zwischen Menschen, ist Nährboden für tragfähige Beziehungen.

Als Kollegen, Führungskräfte, Kunden-Beraterinnen haben wir damit einen entscheidenden Schlüssel in der Hand, die Basis für gelungene Kommunikation zu schaffen. Ich verstehe einfühlsames Zuhören als Haltung und Verhalten, das nicht automatisch gelingt. Es braucht immer die Mischung aus allen „Zutaten", Präsenz, Einfühlungsvermögen für die Bedürfnisse, Interesse, Kontakt und Bewusstheit.

Es ist daher auch notwendig und nützlich, „dem eigenen Zuhören zuzuhören". Das bedeutet: Sich selbst in einer Gesprächssituation bewusst wahrzunehmen und für sich einen „Check" vorzunehmen:

- Kann ich beispielsweise Worte und Sätze meines Gegenübers genau wiederholen?
- Formuliere ich im Kopf bereits Antworten oder kann ich mich ganz auf das Gesagte konzentrieren und es erst einmal auf mich wirken lassen?
- Könnte ich in diesem Moment das Körperempfinden und die Körperhaltung meines Gesprächspartners beschreiben?
- Kann ich dies auch bei mir selbst?

Gewaltfreie Kommunikation nach Marshall B. Rosenberg

„So wie mein Chef mir das sagte, das war der Hammer ...", das hören wir oft von Mitarbeitern.

Worte als Hammer?
Dieser Vergleich beschreibt eine Form der Kommunikation, deren Wirkung oft nicht weniger verletzend ist als ein Schlag ins Gesicht. Vor allem in Konfliktsituationen neigen Menschen dazu, mehr oder weniger subtil, vielleicht noch mit einem Lächeln auf dem Gesicht, verbal „zuzuschlagen". Wenn wir uns angegriffen fühlen, erscheint uns das manchmal als letzte Chance. Wir wehren uns durch anklagende, vorwurfsvolle Worte und kränkende Bewertungen. Die Reaktion unserer Mitmenschen ist dann oft: Selbstverteidigung, Gegenangriff oder Distanz.

Um aus diesem verbalen Kräftemessen herauszukommen, hat Marshall B. Rosenberg das Modell der „Gewaltfreien Kommunikation" (GFK)[39] entwickelt. Diese ermöglicht uns, selbst unter herausfordernden Bedingungen klar und respektvoll miteinander zu kommunizieren. Dabei geht es vor allem um die Umgestaltung unseres sprachlichen Ausdrucks: Aus gewohnheitsmäßigen, automatischen Reaktionen werden bewusste Aussagen, die ehrlich und klar ausdrücken, was wir wahrnehmen, fühlen und brauchen. Doch wie funktioniert diese Form der Kommunikation?

Gewaltfreie Kommunikation besteht aus vier Schritten:

- Beobachtung
- Gefühl
- Bedürfnis
- Bitte

1. Beobachten, ohne zu bewerten:

Die Kunst der gewaltfreien Kommunikation besteht darin, dem anderen mitzuteilen, was wir beobachten, ohne es zu bewerten. Hier ein Beispiel: Sie sehen, dass ein Mitarbeiter ein Angebot abschicken möchte, das nicht Ihren Qualitätskriterien entspricht. Wenn Sie sagen: „Warum fehlt denn da schon wieder das Deckblatt?" oder „So können Sie das doch nicht abschicken!" sind das Bewertungen. Die dazugehörige Beobachtung wäre: „Bei diesem Angebot fehlen das Deckblatt und die Seitennummerierung." Der große Unterschied wird die Reaktion sein: Die Bewertung bewirkt Rechtfertigungen, Entschuldigungen, Entgegnungen oder schlichtweg einen geschwächten Selbstwert bei Ihrem Gegenüber. Der rein sachlichen Beobachtung kann der Mitarbeiter zustimmen.

2. Gefühle wahrnehmen und ausdrücken:

Als nächstes können wir aussprechen, wie wir uns fühlen, wenn wir diese Handlung beobachten. Dabei ist wichtig, dass wir Gefühle von Gedanken unterscheiden: Unklar sind wir zum Beispiel dann, wenn wir nach dem Wort „fühlen" folgende Begriffe verwenden:

- „wie": „Ich fühle mich wie das Kindermädchen in der Abteilung."
- „dass": „Ich habe das Gefühl, dass Ihnen das egal ist."
- persönliche Fürwörter wie ich, du, er, sie, es, ...: „Ich habe das Gefühl, Sie verlassen sich da auf mich."

Das Gefühl im Fall des fehlerhaften Angebots wäre aber tatsächlich: „Ich bin damit nicht zufrieden." Oder „ Ich werde ärgerlich, wenn ich mir vorstelle, dass das so beim Kunden ankommt."

3. Bedürfnisse erklären:

Wenn andere durch ihr Tun bei uns Gefühle auslösen, so stehen nach Rosenberg dahinter immer eigene Bedürfnisse und Werte. Je direkter wir unsere Gefühle mit unseren Bedürfnissen begründen können, desto leichter ist es für andere, einfühlsam darauf zu reagieren. Dabei müssen wir aufpassen, dass wir selbst die Verantwortung für unsere Gefühle übernehmen und zu unseren Werten und Bedürfnissen stehen: „Ich bin verärgert, wenn Sie Angebote so unvollständig an die Kunden schicken" ist keine Begründung. Worum es Ihnen wirklich geht, drücken Sie eher so aus: „Ich bin darüber verärgert, weil es mir wichtig ist, dass wir bei den Kunden schon durch das Angebot beweisen, dass wir auf Top-Qualität Wert legen und weil ich möchte, dass wir uns dadurch auch deutlich von unseren Mitbewerbern abheben." Mit dieser Aussage erkläre ich meine Werte im Umgang mit Kunden.

4. Bitten und Wünsche aussprechen:
Der vierte Schritt der GFK besteht aus einer klaren Aussage, was wir vom anderen wollen: Was kann er konkret tun, um meine Bedürfnisse zu erfüllen? Das ist in der Praxis manchmal gar nicht so leicht: Viel öfter fällt uns ein, was wir vom anderen NICHT wollen.

Wir sagen zum Beispiel: „Bitte hör auf, ... zu tun!“ oder „Senden Sie bitte keine solchen Angebote mehr raus!“

Wenn wir Wünsche aussprechen, drücken wir aus, was wir wollen, und nicht das, was wir NICHT wollen. In unserem Fall könnte dies so klingen: „Bitte achten Sie darauf, dass unsere Angebote in Zukunft folgende Kriterien erfüllen: 1. ein Deckblatt, das unserer CI entspricht, 2. usw.“

Beachten Sie dabei die „VW-Regel “: Vom Vorwurf zum Wunsch!

Vorwürfe sind häufig	Wünsche und Erwartungen sind
Du-Botschaften	Ich-Botschaften
Verallgemeinerungen („immer“, nie“, „keiner“, „Jedes Mal...“)	konkret und klar
vergangenheitsorientiert	Erwartungen und Lösungsvorschläge für die Zukunft, die zu einer positiven Veränderung führen könnten

Als Merkhilfe sagen wir bei der gewaltfreien Kommunikation:

„Wenn ich	A sehe (Beobachtung),
dann fühle ich	B (Gefühl, Wirkung),
weil ich	C brauche (Bedürfnis).
Deshalb möchte ich jetzt gerne	D.“(Wunsch)

Dieses Modell gilt für beide Gesprächspartner[40] und ist im Idealfall in jeder Stufe ein Dialog:

	Meine Stellungnahme	Stellungnahme des anderen
Das Ziel	Ehrlich sagen, wie es mir geht, ohne Vorwürfe oder Kritik	Den anderen empathisch annehmen so wie er gerade ist, ohne Vorwürfe oder Kritik zu hören
1. Beobach-tungen	Ich beschreibe die konkreten Handlungen, die ich beobachte (sehe, höre, mich daran erinnere, mir vorstelle) und die zu meinem Wohlergehen beitragen: „Ich (sehe, höre) ..."	Auch der andere beschreibt die konkreten Handlungen, die er beobachtet hat (gesehen, gehört, sich erinnert, sich vorgestellt hat): „Als du (gesehen, gehört hast), ..."
2. Gefühle	Wie ich mich fühle in Verbindung mit diesen Handlungen: „Ich bin ..."	Wie ging es ihm in der Situation? „Für mich war das ... / Mir ging es dabei so ... "
3. Bedürfnisse	Meine Bedürfnisse, Werte, Wünsche, Erwartungen und Gedanken, durch die meine Gefühle erzeugt werden: „Mir ist ... so wichtig." „Ich habe mich so geärgert, weil mir Verbindlichkeit sehr wichtig ist."	Bedürfnisse, Werte, Wünsche, Erwartungen und Gedanken, durch die seine Gefühle erzeugt werden: „Mir war in der Situation besonders wichtig, rasch zu reagieren ..."
4. Bitten	Klar das aussprechen, was ich will / wünsche, die konkreten Handlungen benennen, von denen ich gerne hätte, dass sie ausgeführt werden: „Und ich möchte in Zukunft ..."	Empathisch annehmen, was der andere will: „Und hättest du gerne, dass ich ...?"

Auch wenn es am Anfang mühevoll erscheint und wir gerne mit einem Vorwurf rausplatzen möchten: Es ist hilfreich, sich diese vier Schritte der GFK kurz zu überlegen, bevor man verbal „losschießt". Wenn wir diese Prinzipien in unsere Alltagssprache einbauen, gelingt es uns besser, Beziehungen offen und einfühlsam zu gestalten. Damit wird es uns leichter möglich, den anderen zu verstehen und auf unsere gegenseitigen Bedürfnisse einzugehen.

Lassen Sie mich zum Schluss einige essentielle Empfehlungen zusammenfassen, die aus meiner Sicht für die Kommunikation in der Führung wichtig sind:

Was fördert ein gutes Gespräch?

Aktiv zuhören
- sich in andere hineinversetzen,
- sich deutlich machen, was der andere wirklich meint,
- sensibel für die Gefühlslage des anderen sein,
- Eigenes während des Zuhörens zunächst zurückhalten,
- zuhören und nicht schon überlegen, was man sagen wird,
- nonverbale Signale geben.

Verständlich reden
- einfache, eher kurze Sätze verwenden,
- wenig Fremdworte,
- in der eigenen Sprache reden,
- nachvollziehbar sprechen,
- mit Beispielen oder Bildern verstärken und anschaulich machen, was gesagt wird,
- Sprechtempo, Wortwahl und Sprache dem Zuhörer anpassen.

Gefühle direkt ansprechen
- nonverbale Signale (Körpersprache) beachten,
- die eigene Wahrnehmung und eigene Gefühle ansprechen.

Ich-Botschaften
- in der Sprache konkret bleiben,
- Verallgemeinerungen vermeiden,
- die Ich-Form bevorzugen.

Feedback geben und nehmen
- von konkreten Beobachtungen ausgehen,
- sich Zeit für Rückmeldungen durch den Gesprächspartner nehmen,
- den Rückmeldungen aufmerksam zuhören,
- Rechtfertigungen für Verhaltensweisen vermeiden.

Fragen stellen

- die Beweggründe und Annahmen der anderen erkunden
- andere Standpunkte verstehen wollen
- Lösungsmöglichkeiten erkunden

Ziele und Interessen deutlich machen

- die eigenen Ziele und Absichten benennen
- Zielkonflikte ansprechen
- mehrdeutige Ziele deutlich machen

Die eigene Meinung vertreten

- Mut zur eigenen Meinung,
- Unangenehmes nicht vermeiden,
- einen eigenen Standpunkt einnehmen.

3. Klarheit

Die Leiterin eines großen Ordens, eine sehr erfahrene Führungskraft, sagte mir einmal im Gespräch, die größten Schwierigkeiten in der Führung habe sie sich dadurch eingehandelt, dass sie zu spät und zu wenig klar „Nein“ gesagt habe. Klarheit ist die Basis für eine gute Zusammenarbeit und gute Beziehungen. Für Klarheit sorgen ist eine wichtige Führungsaufgabe. Es erfordert oft auch Mut, klar Position zu beziehen, Feedback zu geben oder klar etwas einzufordern.

Was sollten Sie alles klären?

Eigene Vorstellungen klären

Gönnen Sie sich im Alltag immer wieder eine kurze Auszeit, um zu reflektieren:

- Was ist in der jetzigen Situation stimmig für mich?
- Wenn ich mich ärgere: Welches wichtige Anliegen, welcher Wert fehlt mir?
- Was will ich wirklich?
- Worum geht es mir eigentlich?
- Was erwarte ich von meinen Mitarbeitern, Kollegen, Vorgesetzten? Habe ich das klar geäußert?

In herausfordernden Führungssituationen oder bei wichtigen Zukunftsentscheidungen findet man manchmal auch nach längerem Nach-Denken keine klare Antwort auf diese Fragen. Dann kann es auch hilfreich sein, sich darüber mit einem Coach auszutauschen, um eigene Klarheit zu bekommen.

Funktionen klären

Jede Funktion ist verbunden mit Aufgaben, Kompetenzen und einer gewissen Verantwortung – man spricht auch von „AKVs" (siehe auch die Kapitel Funktion und Stellengestaltung). Oft sind die Vorstellungen hierzu für eine Stelle aber gar nicht schriftlich festgelegt oder die vorhandenen Dokumente hinken wegen laufender Veränderungen der Realität hinterher. Klassisch ist das in Pionier- und Familienunternehmen, in denen jedes Familienmitglied überall Hand anlegt, mitredet und für Verwirrung unter den Mitarbeitern sorgt.

Häufig entstehen auch Konflikte, wenn Aufgaben und Kompetenzen zwar festgelegt sind, einzelne Beteiligte sich aber nicht daran halten oder ihre Funktion nicht erfüllen. Dies ist zum Beispiel der Fall, wenn ein Mitglied aus dem Topmanagement Mitarbeitern Anweisungen gibt und dabei den direkten Vorgesetzten übergeht. Oder wenn ein Mitarbeiter aus der Personalabteilung einem Linienvorgesetzten Aufgaben wie Kündigungsgespräche abnimmt. Oder wenn ein Mitarbeiter seine Aufgaben nicht wahrnimmt oder seine Kompetenzen regelmäßig überschreitet.

Daher ist es zumindest einmal im Jahr sinnvoll – hierfür bietet sich das Jahresgespräch an – die wesentlichen Aufgaben einer Funktion und die damit verbundenen Kompetenzen und Verantwortungsbereiche gemeinsam zu besprechen und so für Klarheit zu sorgen:
- Für welche Aufgaben bin ich zuständig?
- Was darf ich entscheiden?
- Wofür bin ich verantwortlich?

Wenn die AKVs grundsätzlich festzulegen oder im Team neu zu verteilen sind, so kann es hilfreich sein, sich dabei von einem Moderator unterstützen zu lassen.

Rollen klären

Zahlreiche Konflikte in Arbeitsbeziehungen (und auch in privaten Beziehungen) entstehen dadurch, dass Unklarheit über gegenseitige Erwartungen besteht oder dass wir unausgesprochene Erwartungen anderer nicht erfüllen. Klare Worte wirken dann oft wie ein reinigendes Gewitter. Ein Vorgesetzter, der keine klaren Erwartungen an die Mitarbeiter ausspricht, bleibt seinen Mitarbeitern etwas schuldig.

Es ist wichtig, sich immer wieder darüber auszutauschen, welche gegenseitigen Erwartungen man in der Zusammenarbeit hat.

Hier ein paar hilfreiche Fragen für die Klärung:

- *Wo haben wir unsere Schnittstellen (oder besser „Nahtstellen", an denen wir „zusammenhängen")?*
- *Damit wir in Zukunft besser zusammenarbeiten können: In Bezug auf gegenseitige Information, Entscheidungen, Zusammenarbeit, Aufgabenerledigung, unseren Umgang miteinander, ... (hier können Sie ganz konkrete Aufgaben und das ergänzen, was Ihnen wichtig ist):*
    - *Was wünsche ich mir mehr von Ihnen?*
    - *Was hätte ich gerne weniger?*
    - *Was soll so blieben wie es ist, weil es gut ist?*
- *Und in der Folge: Welche Erwartungen von Ihnen will und kann ich erfüllen? Welche nicht?*

Auch diese Fragen sollten im Mitarbeiter-Jahresgespräch oder in einem Teamworkshop thematisiert werden. Klarheit über gegenseitige Erwartungen kann bittere Enttäuschungen verhindern. Wir wissen dann, was wir voneinander erwarten können und was nicht.

Beziehungen klären

Wo Menschen zusammenarbeiten entstehen auch immer wieder Konflikte. Diese werden nicht immer offen ausgetragen oder abgeschlossen. Manche Beziehungen sind durch alte Verletzungen und Enttäuschungen belastet. Die Beteiligten tun so, als ob nichts gewesen wäre, sind höflich und gehen sich einfach aus dem Weg. Oder sie sind nachtragend und erzählen ständig hinter dem Rücken des anderen die alten Geschichten. Das bindet Energie und kostet Kraft.

Die Klärung alter Verletzungen, Loslassen und Verzeihen sind nicht nur wichtige Aufgaben für die eigene Seelenhygiene, sondern auch für die Zusammenarbeit und die Energie im Team.

Wenn ich als Führungskraft selbst betroffen bin, so bin ich auch in Bezug darauf Vorbild, wie ich mich derartigen Herausforderungen stelle. Dabei sind folgende Fragen hilfreich:

- Was trage ich dem anderen nach? Welchen Nutzen habe ich davon?
- Was war mein Teil am Konflikt?
- Wie viel Energie kostet er mich jetzt noch, wenn ich daran denke?
- Was brauche ich, um meine Verletzung loszulassen und zu verzeihen?
- Was brauche ich für einen Neuanfang in unserer Beziehung?

Ein Dialog zur Klärung von Beziehungen ist ein mutiges Gespräch, das man oft lange hinauszögert. Es erfordert, dass wir „über unseren Schatten springen" und aufeinander zugehen (siehe auch: Mut). Eine Beziehungsklärung kann dann auch eine Trennung bedeuten. Oft ist das ehrlicher und besser als eine über Jahre gestörte Beziehung, die Kraft kostet und ein ganzes Team belastet und blockiert.

Als Führungskraft stellen wir uns der Realität und schaffen den Rahmen dafür, dass solche Gespräche stattfinden und Beziehungen geklärt werden können: indem wir Zeit und Raum dafür zur Verfügung stellen und zum Beispiel zu einer Teamklausur einladen und eventuell einen externen Coach als Moderator dazuholen.

Welches mutige Gespräch führen wir bislang nicht, das, wenn wir es führten, uns auf eine neue Ebene brächte?

Der amerikanische Poet David Whyte[41] fordert uns auf seiner Facebookseite auf, diese Frage immer wieder zu stellen: uns selbst, unseren Partnern, unseren Mitarbeitern und unseren Kollegen. Ich glaube, dass in dieser Frage ein enormes Potenzial steckt. Sie kann uns dazu bringen, die wirklich wichtigen und klärenden Gespräche zu führen. Gespräche beispielsweise, die verborgene Spannungen zu Tage fördern und die neue Energie freisetzen, wenn sich diese Spannungen auflösen. Gespräche, die ein neues, gemeinsames Verständnis der Realität erzeugen. Gespräche, die neue Ideen und Optionen generieren. Diese kurze Frage kann zu einem der wichtigsten Werkzeuge einer jeden Führungskraft werden.

Solche „mutigen Gespräche“ brauchen einen geeigneten Rahmen, Zeit und Raum für Dialog: einen Rahmen, der Entschleunigung ermöglicht. Einen Rahmen, in dem wir als ganzer Mensch willkommen sind. Einen Rahmen, der „tiefes Zuhören“ und „tiefes Sprechen“ fördert.[42]

Reflexion: Überlegen Sie einmal für sich selbst:

- *Welches mutige Gespräch habe ich bisher nicht geführt, das mich in der Beziehung mit anderen weiterbringen würde?*
- *Was will ich damit erreichen?*
- *Wie will ich es angehen?*
- *Wann und wo ist der geeignete Rahmen dafür?*

Wenn wir Beziehungen mit Kontakt, Kommunikation und Klarheit gestalten, so legen wir damit die Basis für gelingende Beziehungen mit unseren Mitarbeitern und im Team. Ich möchte nun genauer auf die Führungsaufgaben zum Entstehen der BeziehungsKRAFT eingehen.

Führungsaufgaben zur BeziehungsKRAFT

1. Führungsgespräche

Eines der wichtigsten Führungsinstrumente ist das Vier-Augen-Gespräch mit den Mitarbeitern, auch „Mitarbeitergespräch“, „MAG“ oder neudeutsch „One-to-One“ genannt.

Viele Führungskräfte erklären vollmundig, sie hätten immer eine offene Tür für ihre Mitarbeiter. Tatsächlich kommt aber niemand zu ihnen und sucht das Gespräch. Warum?

- Die Mitarbeiter kennen den dichten Terminplan ihres Vorgesetzten und wollen ihn ja nicht stören. Ihre Erfahrung ist oft: Ich kann schon kommen, aber mein Chef hört mir dann gar nicht richtig zu. Er hat keine Zeit. Er ist nicht wirklich präsent.
- Der Vorgesetzte ist so dicht verplant und muss noch schnell so viel erledigen, dass ein Gespräch in Ruhe tatsächlich unmöglich ist.
- Der Vorgesetzte ist genervt, stöhnt bei der Bitte um ein Gespräch und zeigt klar, dass man ihn von der Arbeit abhält.

Auch wenn Sie Ihren Mitarbeitern täglich im Büro begegnen, sollte es Ihnen ein Warnzeichen sein, wenn Mitarbeiter häufig mit unterwürfiger Körperhaltung zu Ihrem Schreibtisch „pirschen" und dann ihre Bitte nach einem Gespräch vorsichtig einleiten:

- „Entschuldigung, aber ich bräuchte Sie nur ganz kurz ..."
- „Störe ich nicht?"
- „Ich will Sie ja nicht stören, aber hätten Sie irgendwann mal fünf Minuten?"

Da ist es besser, fix vereinbarte, regelmäßige Gesprächstermine mit jedem direkt zugeordneten Mitarbeiter zu planen. Bei diesen Terminen können operative Fragen zur Aufgabenerledigung besprochen werden und Sie können sich ein Bild machen, ob die Mitarbeiter tatsächlich an ihrer jeweiligen Priorität arbeiten und wie sie damit vorankommen. Ja nach Aufgabengebiet und Reife der Mitarbeiter werden diese Gespräche in einem Rhythmus von täglich bis einmal im Monat stattfinden.

Die Vorteile solcher regelmäßigen Einzelgespräche:

- Der Mitarbeiter kann sich – hoffentlich – darauf verlassen, in diesem Zeitfenster die volle Aufmerksamkeit seines Vorgesetzten zu haben.
- Der Vorgesetzte kann ihn bei komplexen Aufgaben als Sparringpartner und Coach unterstützen.
- Der Vorgesetzte hilft dem Mitarbeiter, selbständig Prioritäten zu erkennen und umzusetzen.
- Der Vorgesetzte sieht, wie stark ausgelastet der Mitarbeiter ist, und kann ihm bei Bedarf für die wichtigsten Aufgaben den Rücken freihalten; gegebenenfalls delegiert er Routinearbeiten oder weniger wichtige Arbeiten an andere und hilft ihm so, die wichtigste Aufgabe zu bewältigen.
- Der Vorgesetzte bekommt einen Einblick in die Arbeitsweise und Methodik des Mitarbeiters und kann so differenziertes Feedback geben. Das Feedback im Jahresgespräch basiert dann auf vielen Einzeleindrücken und fundierten Beispielen.
- Gibt es solche regelmäßigen fixen Termine, so kommen Mitarbeiter auch nicht ständig zwischendurch mit Alltagsfragen, sondern sammeln diese für die gemeinsame Besprechung.

Auch neben den festen Gesprächsterminen ist es wichtig, als Führungskraft die eigenen Mitarbeiter gut im Auge zu haben, sie wahrzunehmen, ihnen Beachtung zu schenken. Leider schenken viele Führungskräfte nur ihren „Problem-Mitarbeitern" volle Aufmerksamkeit. Die „stillen Arbeiter", die verlässlich alles erledigen, erhalten kaum Beachtung – höchstens, wenn sie mal einen Fehler machen.

In ihrem Buch „Der Minuten Manager“[43] erklären die Autoren Kenneth Blanchard und Spencer Johnson, dass es nicht immer wichtig ist, lange Sitzungen und Mitarbeitergespräche zu führen. Die Kernaussage: Schenke jedem Mitarbeiter regelmäßig eine Minute deine volle Aufmerksamkeit und Präsenz, um effizient zu führen und einen Eindruck zu haben, wie es deinen Mitarbeitern mit der Erledigung ihrer Aufgaben geht.

Neben den routinemäßigen Alltagsbesprechungen gibt es besondere Anlässe für strukturierte Mitarbeitergespräche, die auch dokumentiert werden sollten:

- Eintritt in das Unternehmen oder in die Abteilung: Dies ist ein erstes Orientierungsgespräch, in dem die Ziele für die Einarbeitung festgelegt werden.
- Wiedereintritt nach Mutterschaft / längerer Abwesenheit (längerer Krankenstand, Sabbatical, ...): Wo steht der Mitarbeiter? Was hat sich im Unternehmen und in der Organisationseinheit getan? Wohin soll die Entwicklung gehen?
- Einmal im Jahr: Das Mitarbeiter-Jahresgespräch
- Arbeitsplatzwechsel / Vorgesetztenwechsel: Der bisherige Vorgesetzter hält Rückschau, der neue Vorgesetzte plant für die Zukunft.
- Austritt (Pensionierung, Kündigung, ...): Rückschau und Würdigung dessen, was gut war, Lernen aus Fehlern.

Vor allem auf das Jahresgespräch möchte ich genauer eingehen. Es zählt zu den am weitesten verbreiteten und leider auch am schlechtesten durchgeführten Führungsinstrumenten:

2. Das Mitarbeiter-Jahresgespräch

Die Grundidee des Jahresgesprächs ist: Zumindest einmal im Jahr widme ich jedem Mitarbeiter meine volle Aufmerksamkeit, um mit ihm grundsätzlich über seine Arbeit und unsere Zusammenarbeit zu sprechen. Ziel dieses Termins ist nicht das Ausfüllen eines Formulars, sondern ein gutes Gespräch, das Klarheit und Kontakt fördert!

Das Mitarbeiter-Jahresgespräch soll als Führungsinstrument zunächst einfach sicherstellen, dass Vorgesetzter und Mitarbeiter regelmäßig ins Gespräch kommen. Auch bei gutem und ständigem Führungskontakt ist es sinnvoll, einmal im Jahr ein gründliches Gespräch außerhalb der Tagesroutine zu führen. Es behandelt die weitere gemeinsame Zukunft, bearbeitet Unklarheiten und mögliche Konflikte in der Vergangenheit. Es dient dem Mitarbeiter zur Standortbestimmung und dazu, Klarheit über Möglichkeiten der Weiterentwicklung im Unternehmen zu gewinnen. Das Jahresgespräch ist das am häufigsten eingeführte Führungsinstrument und meist verbindlich. Die Durchführung wird kontrolliert und von den Führungskräften eingefordert. Leider fehlt oft das Verständnis für den Nutzen – es wird als lästige Pflichtübung gesehen: „Die HR-Abteilung will wieder mal diese Gesprächsformulare, also füllen wir das schnell aus …"

Im optimalen Fall:
- klärt, vertieft und verbessert das Gespräch die Beziehung zwischen Mitarbeiter und Vorgesetztem: Man tauscht sich offen über die Zusammenarbeit aus.
- macht es die Einordnung der persönlichen Aufgaben innerhalb der Abteilungs-, Bereichs- und Unternehmensziele deutlich: Der Mitarbeiter sieht seinen Beitrag zum großen Ganzen.
- ist es ein Beitrag zur einheitlichen, regelmäßigen und möglichst gerechten Beurteilung aller Mitarbeiter: Die Mitarbeiter erhalten Feedback zu ihren Leistungen und zur Zielerreichung.
- schafft es Klarheit, Verbindlichkeit: Gegenseitige Erwartungen werden ausgesprochen. Der Inhalt der Stelle und die Schlüsselaufgaben sind klar.
- zeugt es von Wertschätzung: Alle Mitarbeiter erhalten Zeit, Aufmerksamkeit und vorbereitetes Feedback zu ihren Leistungen.

Der zeitliche Ablauf von Zielfestsetzung und Mitarbeiter-Jahresgesprächen: Das Mitarbeiter-Jahresgespräch sollte aus meiner Sicht nicht losgelöst von der Festlegung der Unternehmensziele erfolgen, sondern Teil des Prozesses „Führen mit Zielen" sein (siehe dazu: Prinzipien für das Führen mit Zielen, Seite 82).

Zu Beginn steht somit die Vorstellung der Ziele für das nächste Jahr. Die Abteilungs- bzw. Teamleiter besprechen in einer Sitzung mit allen Mitarbeitern:
- Was sind die Bereichsziele?
- Was kommt an äußeren Rahmenbedingungen auf unsere Abteilung zu? Z.B. neue Vorschriften, Technologen oder Software, Veränderungen im Team durch Pensionierungen, neue Mitarbeiter, Kostenvorgaben, …

Auf diese Weise erfährt jeder Mitarbeiter, welche Ziele die eigene Organisationseinheit im kommenden Jahr hat und welche äußeren Faktoren voraussichtlich Auswirkungen auf das Team und seine Arbeit haben werden.

Danach laden Sie die Mitarbeiter zum Mitarbeitergespräch ein, erklären die Zielsetzung und vereinbaren die individuellen Termine. Stellen Sie den Mitarbeitern Vorbereitungsbögen zur Verfügung, erklären Sie vorab den Aufbau des Gesprächs. Machen Sie allen Beteiligten bewusst: Eine gute Vorbereitung trägt wesentlich zum Gesprächserfolg bei.

Vorbereitung des Mitarbeitergesprächs

Das Mitarbeitergespräch ist nur dann glaubwürdig, fair und wirksam, wenn die Themen, die darin angesprochen werden, einen konkreten Bezug zu Erfahrungen und Situationen im Alltag haben. Sonst verkommt dieses Führungsinstrument zu einer bürokratischen Pflichtübung. Sowohl der Vorgesetzte als auch der Mitarbeiter müssen sich auf das Gespräch vorbereiten. Vereinbaren Sie daher rechtzeitig einen Gesprächstermin.

Wichtig: Halten Sie diese Termine ein. Verschiebungen sind nicht wertschätzend. Sie müssen, wenn sie sich nicht vermeiden lassen, gut begründet sein. Der Mitarbeiter wird Verständnis haben, wenn Sie den Termin wegen eines Begräbnisses absagen, aber nicht wegen einer anderen Besprechung.

Als Vorgesetzter sorgen Sie dafür, dass das Gespräch in einer entspannten, ungestörten Atmosphäre verläuft, also: störungsfreier Raum, keine Mails, keine Mobiltelefonate oder sonstige Störungen, angenehme Sitzordnung (im Idealfall: im rechten Winkel und nicht gegenüber).

Eine Methode zur Vorbereitung des Feedbacks ist folgende Vorgehensweise:

1. Zeichnen Sie auf einer Skala – und rein aus dem Bauch heraus:
   Inwieweit erfüllt der Mitarbeiter meine Erwartungen?
   0% ____ 100%
2. Machen Sie sich eine Liste: Was konkret erwarten Sie von dem Mitarbeiter
   - rein fachlich?
   - im Verhalten (Umgang mit Kollegen, Kunden / Klienten, Vorgesetzten, ...)?
   - an Einstellungen?
3. Was davon erfüllt der Mitarbeiter? Was nicht?
4. Was hätte ich in Zukunft gerne mehr / weniger / anders von ihm?

Diese Methode kann uns konkreter bewusst machen, dass manche Einschätzungen „aus dem Bauch" zu unspezifisch sind und eher auf Sympathie oder Antipathie beruhen. Sie zwingt uns dazu, unsere Erwartungen und unser Feedback zu konkretisieren.

Ein Gesprächsleitfaden wie der auf den folgenden Seiten enthält einige wichtige Fragen für die Gesprächsvorbereitung und gibt Stichworte für die gemeinsame Diskussion. Nehmen Sie sich ausreichend Zeit, vergleichen Sie mit den Notizen aus dem Vorjahr, lesen Sie die Stellenbeschreibung und halten Sie Ihre Eindrücke zu dem Mitarbeiter schriftlich fest. Erkundigen Sie sich als Vorgesetzter eventuell auch bei Kollegen und Projektleitern über konkrete Beobachtungen und ergänzen Sie damit Ihre Sichtweise.

Stimmen Sie sich schon zehn Minuten vor dem Gesprächstermin auf den Mitarbeiter ein und überlegen Sie ...

- Was für ein Mensch wird da zu mir kommen?
- Wie oft habe ich ihn in den letzten vier Monaten wahrgenommen?
- Wenn ich an die letzten Kontakte mit dem Mitarbeiter denke:
  Wie ging es mir nach dem Gespräch? Wie fühlte ich mich körperlich?
- Was kann diese Person besonders gut?
- Hat sie heute die Möglichkeit, dies zu praktizieren, und tut sie es auch?
- Wo liegen mögliche Potenziale? Kann ich einen Beitrag dazu leisten, diese Potenziale zu heben?
- Wie lange will ich mit diesem Menschen noch zusammenarbeiten?
- Was möchte ich eigentlich in diesem Gespräch erreichen?
- Angenommen ich könnte einen guten Freund des Mitarbeiters um Rat für das bevorstehende Gespräch fragen, was würde er mir besonders ans Herz legen?
- Wenn ich mich an eine Situation erinnere, in der ich beurteilt wurde: Welche Bilder tauchen da auf? Was davon könnte für das bevorstehende Gespräch nützlich sein?
- Angenommen ich würde von dem Mitarbeiter anschließend bezüglich dieses Gespräches beurteilt: Was wäre mir dann besonders wichtig?

Diese Fragen dienen dazu sicherzustellen, dass Sie schon zu Beginn des Gesprächs bereit und achtsam sind. Die Verantwortung dafür, dass ein produktives Gespräch entsteht, das sich wie von selbst entwickelt, liegt bei beiden Gesprächspartnern.

Durchführung des Mitarbeitergesprächs

Das Mitarbeitergespräch ist weder eine Prüfung noch ein Monolog, sondern ein Dialog, bei dem Mitarbeiter und Vorgesetzter zu gleichen Teilen zu Wort kommen sollen.

Für den Einstieg in das Gespräch empfiehlt sich dieses Vorgehen:
- Bedanken Sie sich für das Kommen und die Vorbereitung.
- Erklären Sie den Sinn und Ablauf des Gesprächs.
- Erläutern Sie, wie vertraulich mit dem Inhalt dieses Gesprächs umgegangen wird: Was wird beim Vorgesetzten abgelegt, was wird mit dem darüberstehenden Vorgesetzten besprochen, was kommt in die Personalakte und wer liest oder kommentiert diese.
- Fragen Sie, wie es dem Mitarbeiter geht. Was möchte der Mitarbeiter am Beginn des Gesprächs sagen?

Das Gespräch selbst gliedert sich in drei Teile:

Blick zurück in die Zeit seit dem letzten Mitarbeitergespräch und Standortbestimmung
- Aufgaben des Mitarbeiters: Der Tätigkeitsbereich wird in die wichtigsten Aufgaben gegliedert. Vor einem Feedback wird die Aufgabenliste / Stellenbeschreibung des Mitarbeiters auf ihre Aktualität und Vollständigkeit hin zu überprüft.
- Gab es Veränderungen im Aufgabenbereich?
- Wie schätzt der Vorgesetzte die erbrachten Leistungen und das Verhalten ein?
- Persönliche Standortbestimmungen: Wo sieht sich der Mitarbeiter?
- Inwieweit wurden Ziele erreicht? Was war gut? Warum wurde etwas nicht erreicht? Was hat evtl. von Unternehmensseite an Unterstützung gefehlt? Oder hat sich das Ziel im Laufe der Zeit verändert?

Blick in die Zukunft
- Vermittlung der Unternehmensziele für das kommende Jahr
- Vereinbarung individueller Arbeitsziele unter Berücksichtigung der Unternehmensziele
- Festlegung individueller Entwicklungsmaßnahmen (Weiterbildungs- und Förderungsmaßnahmen)
- Erwartungen an den Mitarbeiter

Allgemeines
Der Mitarbeiter hat Gelegenheit zur Anbringung von
- Konstruktiver Kritik
- Anregungen und Vorschlägen
- Beschwerden etc.

Feedback im Jahresgespräch

Das Jahresgespräch ist der ideale Rahmen für grundlegendes Feedback und Feedforward (siehe dazu auch das folgende Kapitel). Leider verpassen viele Führungskräfte diese Gelegenheit mit dem Argument, sie wollten den Mitarbeiter schonen und nicht demotivieren. Dabei schonen sie sich nur selbst, weil sie vermeiden, klar Stellung zu beziehen! Häufig werden HR-Abteilungen dann später damit konfrontiert, dass Führungskräfte jemanden kündigen wollen, mit dem sie „seit Jahren unzufrieden" sind, dessen Mitarbeiterbeurteilungen jedoch immer bestens ausgefallen sind, weil die Führungskraft nicht den Mut hatte, die kritischen Punkte mit dem Mitarbeiter zu besprechen. Feedback zur Arbeitsleistung und zur Zusammenarbeit ist eine Führungsaufgabe, um die man sich nicht drücken darf!

Beschreiben Sie dem Mitarbeiter möglichst mit konkreten Beobachtungen, was genau an seinen Leistungen oder seiner Arbeitseinstellung oder seinem Verhalten Sie schätzen oder was Sie konkret vermissen bzw. anders haben möchten. Tauschen Sie sich mit dem Mitarbeiter auch darüber aus, wie kompetent und engagiert er sich in den einzelnen Schlüsselaufgaben seiner Stelle erlebt und wie Ihre Wahrnehmung dazu ist (siehe dazu auch: Situativ führen, Seite 173).

Eine besondere Herausforderung ist es, Mitarbeitern kritisches Feedback zu geben, die eine völlig andere Wahrnehmung von sich, ihrem Verhalten und ihren Leistungen haben. Hier sind Sie gefordert, sich sehr gut vorzubereiten und mit möglichst konkreten Beispielen zu erläutern, wie Sie zu Ihrer Einschätzung gekommen sind. Es reicht zum Beispiel nicht zu sagen: „Sie haben im Umgang mit Kunden zu wenig Feingefühl." Dieses Feedback wird der Mitarbeiter nicht annehmen wollen: Es ist eine Bewertung der Person und keine konkrete Beobachtung. Sie brauchen ganz konkrete Beobachtungen dazu, wie der Mitarbeiter in einem Kundengespräch geantwortet hat und was das bewirkt hat.

Legen Sie großen Wert darauf, dem Mitarbeiter Ihre Einschätzung seiner Leistung verständlich zu machen und seien Sie auch offen für seine Meinung und Argumente. Wenn das Mitarbeitergespräch von Ihnen eine Beurteilung (zum Beispiel mit Noten) fordert, muss jedoch von Beginn an klar sein, dass diese letztendlich eine Entscheidung von Ihnen fordert und nicht Gegenstand von Verhandlungen ist.

Im Dialog mit dem Mitarbeiter können Sie dessen Wahrnehmung und Beweggründe hinterfragen und gemeinsam Lösungen und Verbesserungen für die Zukunft vereinbaren. Auf diese Form des Feedbacks, das Feedforward und das Coaching werden wir im nächsten Kapitel noch genauer eingehen.

Laden Sie den Mitarbeiter auch ein, Ihnen persönlich Feedback zu geben und ganz konkret zu sagen, was er an der Zusammenarbeit mit Ihnen schätzt, oder was ihn stört. Mitarbeiter sind dabei oft sehr zurückhaltend. Bekräftigen Sie Ihr Interesse an Feedback zum Beispiel mit konkreten Fragen: „Gibt es irgendetwas, was ich anders machen könnte, damit Sie Ihre Aufgabe besser wahrnehmen können?" oder „Wenn ich ... mache ..., wie ist das dann für Sie?" oder „Sollte ich irgendetwas mehr oder weniger tun, damit Sie besser vorankommen?" Nehmen Sie Feedback als Vertrauensbeweis. Beachten Sie die Empfehlungen für das Entgegennehmen von Feedback auf Seite 164.

Neue Schlüsselaufgaben

Bevorstehende Änderungen im Aufgabenbereich oder in Bezug auf wichtige Schlüsselaufgaben im nächsten Jahr werden im Jahresgespräch mit dem Mitarbeiter besprochen: Was kann und soll der Mitarbeiter im kommenden Jahr zur Erreichung der Ziele der Organisationseinheit beitragen?

Neue Ziele

Die Vereinbarung von Zielen erfordert einen Blick in die Zukunft und ist ein wichtiges Element für die berufliche Entwicklung des Mitarbeiters. Für Führungskräfte und Projektleiter ist es empfehlenswert, Ziele zu vereinbaren. Für alle anderen Mitarbeiter können Ziele vereinbart werden, wenn dies sinnvoll erscheint. Wichtig: Nicht die Anzahl, sondern der Inhalt der Ziele ist wichtig (siehe auch Hinweise zur Formulierung von Zielen, Seite 87).

Entwicklungsmaßnahmen

Besprechen Sie mit dem Mitarbeiter, was er benötigt, um seine Arbeit noch besser erfüllen zu können. Das können unterstützende Fortbildungsmaßnahmen sein, aber auch Coaching oder ein neues Arbeitsgerät.

Abschluss
Formulieren Sie klar und kurz die vereinbarten Aufgaben, Maßnahmen und Ziele und halten Sie diese fest. Geben Sie dem Mitarbeiter die Gelegenheit, eigene Anregungen, Wünsche oder Kommentare (die auch „nach oben gehen sollen") zu ergänzen. Tauschen Sie sich darüber aus, wie das Gespräch erlebt wurde, und beenden Sie es in gutem Einvernehmen.

Kontrolle und Leistungseinschätzungen beim Jahresgespräch

Die Gesprächsprotokolle der Jahresgespräche sind vertraulich zu behandeln und daher so aufzubewahren oder abzuspeichern, dass sie nur für Berechtigte zugänglich sind! Die Handhabung der ausgefüllten oder im HR-System eingegebenen Gesprächsbögen ist in den einzelnen Unternehmen und Organisationen sehr unterschiedlich.

Grundsätzlich gibt es zwei Varianten:
- Die Gesprächsprotokolle samt Bewertungen gehen an die HR-Abteilung und an den Vorgesetzten des Vorgesetzten und werden dort gelesen oder ergänzend kommentiert. Die HR-Abteilung legt diese Bögen in der Personalakte ab.
- Nur einzelne Seiten, die für das Unternehmen relevant sind, gehen an die übergeordnete Führung und an die Personalabteilung, so zum Beispiel
  - ein Formular, das bestätigt, dass das Gespräch stattgefunden hat, und in dem der Mitarbeiter auch „Kommentare nach oben" ergänzen kann
  - das Zielvereinbarungsformular
  - Vorschläge für Entwicklungsmaßnahmen

  Der Rest des Protokolls bleibt beim direkten Vorgesetzten und seinem Mitarbeiter.

In den meisten Großbetrieben ist die erste Variante üblich.
Dafür sprechen einige Argumente:
- Durch die Kontrolle der Bögen sind vor allem jene Führungskräfte, die kaum mit ihren Mitarbeitern reden, gezwungen, zumindest einmal im Jahr mit jedem Mitarbeiter ein ausführliches Gespräch zu führen.
- Durch den unternehmensweiten Vergleich der Bögen werden die HR-Abteilung und das Topmanagement auf Talente aufmerksam gemacht und kennen die so genannten „Minderleister" in den einzelnen Abteilungen.
- Durch Vergleiche der Beurteilungen kann die Personalabteilung auch die Beurteilungsstandards der einzelnen Führungskräfte vergleichen: Wer beurteilt eher kritisch? Wer macht es sich einfach, indem er alle Mitarbeiter des Teams „ausgezeichnet" bewertet?

- Durch die Auswertung der Bögen kann man Rückschlüsse auf notwendige Maßnahmen zur Personalentwicklung ziehen.

Die Kontrolle der Bögen durch Vorgesetzte und Personalabteilung führt manchmal aber auch zu skurrilen Phänomenen:

„Doppelte Buchführung“:
Die Führungskraft ist mit der Leistung des Mitarbeiters nicht zufrieden und droht dem Mitarbeiter, wenn sich das nicht bessere, werde sie den Mitarbeiter nächstes Jahr im Bogen schlecht beurteilen. Diese „Verwarnung“ legt die Führungskraft bei sich ab. Gleichzeitig gibt sie den „offiziellen“ Bogen mit ausgezeichneter Beurteilung ab. Das ist natürlich weder im Sinne des Unternehmens noch gute Führung – es kommt aber häufig vor.

„Weg des geringsten Widerstands“:
Nützt eine Führungskraft das ganze Spektrum und bewertet die Leistung eines Mitarbeiters „wenig“ oder „nicht zufriedenstellend“, so ist sie oft harscher Kritik ausgesetzt und muss sich nicht nur gegenüber dem Mitarbeiter sondern auch gegenüber Belegschaftsvertretung und Management rechtfertigen oder die Beurteilung revidieren. Das führt dazu, dass Führungskräfte sich schonen und in manchen Organisationen fast alle Mitarbeiter mit Bestnoten beurteilt werden. Man will Mitarbeiter ja nicht „demotivieren“ und sich selbst Ärger ersparen.

„Normalverteilung“ bei Beurteilungen:
Führungskräfte neigen aus den oben genannten Gründen dazu, offiziell „sehr gute“ Beurteilungen ihrer Mitarbeiter abzugeben. Beste Beurteilungen sind jedoch oft prämienrelevant, sodass dann auch jeder Mitarbeiter Anspruch auf eine Prämie hat. Eine Konsequenz davon ist wiederum, dass manche Unternehmen von ihren Führungskräften eine „Gauss'sche Normalverteilung“ bei den Beurteilungen fordern und vorschreiben, wie viel Prozent ihrer Mitarbeiter eine schlechte Beurteilung erhalten „müssen“. Vor allem für kleine Organisationseinheiten mit wenigen Mitarbeitern ist das eine schier unlösbare Aufgabe, die in jedem Fall zu Demotivation führt.

„Vielschreiber“ gelten als gute Gesprächsführer:
Übergeordnete Vorgesetzte und Personalabteilung schätzen ausführlich ausgefüllte Protokollbögen. Solche sind aber nur ein Beweis dafür, dass sich der Vorgesetzte genau auf den Inhalt des Gesprächs vorbereitet und das Formular sorgfältig ausgefüllt hat. Sie zeugen aber noch nicht wirklich von guter Gesprächsführung!

„Gesprächsverweigerer" drücken sich trotzdem:
Führungskräfte, die keine Jahresgespräche mit ihren Mitarbeitern führen wollen, weil sie keinen Sinn darin sehen („Ich rede sowieso jeden Tag mit meinen Mitarbeitern"), geben den Bogen dem Mitarbeiter mit dem Hinweis: „Komm, füllen wir das schnell aus, die Personalabteilung will endlich diese Formulare ..." Dann wird entweder ein halbherzig ausgefüllter Bogen ohne Gespräch abgegeben oder gar keiner. Wenn das keine Konsequenzen für die Führungskraft hat, gibt es in manchen Abteilungen jahrelang keine Mitarbeitergespräche.

Schlussfolgerungen:
- Wenn wir uns noch einmal die Intention des Mitarbeitergesprächs vergegenwärtigen, dann sollten wir Führungskräfte befähigen, mutige und gute Gespräche zu führen und nicht nur „Schulnoten" in einem Formular zu verteilen.
- Wenn es uns gelingt, Führungskräfte vom Sinn guter Jahresgespräche zu überzeugen, und wir sie in der Gesprächsführung befähigen, können wir auch das Vertrauen haben, dass gute Gespräche geführt werden.
- Wenn Personalabteilung und Topmanagement noch Kontakt zu jedem Mitarbeiter haben (was in kleineren Organisationen möglich ist), können die meisten Inhalte auch vertraulich bei den beiden Gesprächsführenden belassen und auf Schulnotensysteme verzichtet werden.
- Wenn wir unternehmensweit die Mitarbeiterleistungen mit Noten bewerten (was in größeren Organisationen notwendig ist), brauchen wir ein System, das eine halbwegs faire, fundierte Einschätzung nach gleichen Maßstäben gewährleistet.

Maßnahmen zur fairen Leistungseinschätzung

Klare Einschätzungskriterien:
Bei quantitativen Zielen - beim „Was" jemand arbeitet - ist es relativ einfach zu beurteilen, ob diese erreicht wurden oder nicht. Herausfordernder ist die qualitative Einschätzung der Arbeit, das „Wie": Woran wird gemessen, ob jemand die Standards für „aktive Teamarbeit" erfüllt oder „kundenorientiert denkt und handelt"? Wenn Führungskräfte dies beurteilen sollen, brauchen sie dazu ein gemeinsames Verständnis: Hier ist es wichtig, dass unternehmensweit Standards definiert und an Beispielen beschrieben sind:
- Was verstehen wir konkret unter einem geforderten Verhalten wie „aktive Teamarbeit", „Kundenorientierung"? An welchen Verhaltensweisen zeigt sich konkret, dass jemand den Standard erfüllt, nicht erfüllt oder sogar übertrifft?

Beispiel zum Thema „aktive Teamarbeit":
Jemand erfüllt die Standards, wenn er folgende Verhaltensweisen zeigt: kann gut zuhören, geht auf andere Meinungen ein, liefert aktiv Beiträge in Teamarbeit, nimmt Hilfe von anderen an, löst Konflikte auf konstruktive Art, konzentriert sich auf gemeinsame Ziele, ist bereit, Kompromisse einzugehen, usw. Jemand erfüllt die Standards nicht, wenn er: Informationen oder Anstrengungen in der Teamarbeit zurückhält, wenig Interesse am Aufbau von konstruktiven Beziehungen zeigt, nur seine Sichtweise akzeptiert, usw.

Das Definieren und Festhalten solcher Kriterien ist ein sehr großer Aufwand. Dieser Prozess ist aber wertvoll, weil er dazu führt, dass sich Führungskräfte viel konkreter und klarer damit beschäftigen, worauf ihr Feedback beruht.

Abgleich der Einschätzungen
Wenn sich die Leistungseinschätzung auf die Prämie der Mitarbeiter auswirkt, so ist es wichtig, dass sie durch die Führungskraft fair und ausgewogen und nach gleichen Massstäben erfolgt. Dabei hilft ein „Leistungskalibrierungs-Meeting":

Dazu treffen sich gleichgestellte Führungskräfte (durchaus aus verschiedenen Bereichen) vor den Mitarbeitergesprächen mit dem Ziel, die Leistung der ihnen unterstellten Mitarbeiter zu diskutieren.
- Zur Vorbereitung sammelt die Führungskraft eine Darstellung der Leistung ihrer Mitarbeiter und holt ggf. auch Feedback von Kollegen ein (z.B. von Projektleitern, für die der Mitarbeiter auch gearbeitet hat).
- Im Meeting präsentiert jede Führungskraft die Leistungsbeurteilungen für ihre Mitarbeiter und nennt konkrete Beispiele zur Rechtfertigung der Beurteilungen.
- Die Kollegen auf gleicher Führungsebene stellen ihr Feedback zu den einzelnen Mitarbeitern dazu und diskutieren die Beurteilung.
- Ein Vertreter von HR organisiert das Meeting und sorgt für die richtige Interpretation von geforderten Standards oder Abläufen.
- Ein „Vorsitzender" (ein Mitglied der Konferenz oder ein Mitglied des Topmanagements entscheidet bei Meinungsverschiedenheiten über die Beurteilung eines besprochenen Mitarbeiters.
- Kurz nach dem Kalibrierungsmeeting finden die Mitarbeitergespräche statt. Die Führungskraft bezieht sich dabei auf den Dialog und die genannten Fakten im Meeting.

Durch dieses Vorgehen wird auch erreicht, dass

- andere Führungskräfte, HR und das Topmanagement ein differenziertes Bild über die Leistungen einzelner Mitarbeiter erhalten,
- in allen Abteilungen nach vergleichbaren Massstäben beurteilt wird,
- Ungerechtigkeiten abgefedert werden,
- Leistungsträger, Talente und Minderleister bekannt sind und
- in der Folge bei Einzelnen über Beförderungen oder Versetzungen eine neue Aufgabe gesucht wird, die den Fähigkeiten des Mitarbeiters entspricht.

Nachverfolgen der Ergebnisse des Mitarbeitergesprächs

Das Mitarbeitergespräch sollte nicht eine jährliche Pflichtübung sein, die darin endet, dass einmal im Jahr ein Formular abgelegt wird. Zumindest halbjährlich sollte man die bestehenden Vereinbarungen, die Verfolgung der Schlüsselaufgaben und den Stand in Bezug auf die Zielerreichung gemeinsam besprechen und die Vereinbarungen bei Bedarf anpassen.

Wenn Mitarbeiter kritisches Feedback erhalten haben, sollten Sie diese in den Monaten nach dem Gespräch besonders beobachten und spontan darauf reagieren, wenn Sie ein aktives Bemühen oder weiterhin schlechte Leistungen beobachten.

Wenn Mitarbeiter Ihnen Feedback gegeben haben, sollten diese auch bemerken, dass Sie sich damit auseinandergesetzt haben. Wenn Sie erkennen, dass das Feedback berechtigt war, und Sie versuchen, etwas in der Zusammenarbeit zu ändern, so fragen Sie in der folgenden Zeit hin und wieder nach, wie der Mitarbeiter das jetzt erlebt, und holen Sie sich erneut Feedback. Nur wenn wir Feedback von Mitarbeitern ernst nehmen und zeigen, dass auch wir Lernende sind, schaffen wir eine Kultur von Offenheit und Vertrauen.

Beispiel eines Gesprächsformulars

Hier sehen Sie einen Vorbereitungs- und Gesprächsbogen als Beispiel für ein Mitarbeiter-Jahresgespräch[44]:

Formular Mitarbeitergespräch

Datum:

Name / Vorname:

Funktion / Stelle:

Organisationseinheit: Vorgesetzter:

1. **Einstieg in das Gespräch** (Ablauf / Dokumentation / Wer erfährt davon?)
   Was hat sich aus Ihrer Sicht im vergangenen Jahr getan?
   Gab es fachliche und persönliche Veränderungen?
   Wie ist die Stimmung und Zusammenarbeit im Unternehmen?
   Wie zufrieden sind Sie mit Ihrer Tätigkeit?
   Was mögen Sie an Ihrer Tätigkeit?
   Wo gibt es noch Verbesserungspotenzial?

2. **Zielerreichung**
   Wurden die Ziele erreicht? (ganz, teilweise, gar nicht?)
   Wie ging es Ihnen bei der Zielerreichung (Ziele vom letzten Jahr)?

3. **Zusammenarbeit**
   Vorgesetzter: Was erwarten Sie sich von Ihrem Mitarbeiter mehr, weniger oder gleich wie bisher?
   (Arbeitsverhalten / Selbständigkeit / Zuverlässigkeit / Sozialverhalten / Sicherheit / Gesundheit / Umwelt, ...)

   Mitarbeiter: Was wünschen Sie sich von Ihrem Vorgesetzten mehr / weniger oder gleich wie bisher?
   (Anerkennung, Lob, Kompetenzen, Unterstützung, Präsenz, Vorbildwirkung, Delegation, Vertrauen, ...)

4. **Ziele / Schlüsselaufgaben**

Die Ziele unserer Organisationseinheit sind:

5. **Welche Schlüsselaufgaben / Ziele leiten Sie aus den Abteilungszielen ab?**

6. **Vereinbarte Ziele → siehe separates Formular (Seite 90)**

7. **Entwicklungsmaßnahmen**
   Was benötigen Sie, um Ihre Arbeit / Aufgaben noch besser umsetzen zu können?
   (z.B. Weiterbildung, Einführung durch Kollegen, Lernmaterial, Arbeitsmittel, Arbeitsbedingungen, Informationen, ...)

8. In welche Richtung möchten Sie sich weiterentwickeln?

9. Was war der Kern des Gesprächs in einem Satz?

10. **Abschluss** (durch den Mitarbeiter auszufüllen)
Was möchten Sie sonst noch sagen?

11. Wie war das Gespräch?

Gesprächsdatum:

Folgetermine

Halbjahresgespräch: nächstes Gespräch:

Unterschrift Mitarbeiter/In Unterschrift Vorgesetzter

Beispiel eines Feedback-Formulars für Mitarbeiter

Hier sehen Sie ein Feedback-Formular aus einem mir bekannten Unternehmen. Beim Geben von Feedback und anschließenden Austausch über die fachlichen und persönlichen Kompetenzen und Leistungen der Mitarbeiter im Jahresgespräch hilft in diesem Unternehmen eine Checkliste. In der Vorbereitung schätzen der Vorgesetzte sowie der Mitarbeiter selbst seine Leistung in Bezug auf die einzelnen Punkte ein. Im Gespräch tauscht man sich über diese Einschätzungen aus. Auf ein „Schulnotensystem“ wird in diesem Unternehmen bewusst verzichtet.

Beispiel eines Feedback-Formulars für Mitarbeiter

Mitarbeiteraufgaben	fällt schwer / verbesserungsfähig	gelingt
Fachkompetenz		
- Fachwissen / Erfahrung	☐	☐
- selbständige Problemlösung	☐	☐
- Arbeitsvorbereitung, Sauberkeit und Genauigkeit	☐	☐
- Interesse an ständiger Verbesserung	☐	☐
Zusammenarbeit im Team		
- partnerschaftliche Zusammenarbeit	☐	☐
- respektvolle Umgangsformen	☐	☐
- Beitrag zu positivem Arbeitsklima	☐	☐
- gibt konstruktive Rückmeldungen und kann sie auch annehmen	☐	☐
- rechtzeitige Information über Wesentliches	☐	☐
- konstruktiver Umgang mit Konflikten	☐	☐
- Integration ins Team	☐	☐
Arbeitshaltung		
- Selbständigkeit und Eigenverantwortung	☐	☐
- Verlässlichkeit und Termineinhaltung	☐	☐
- Mittragen von Entscheidungen	☐	☐
- achtsamer Umgang mit Ressourcen (Material, Zeit, Kosten..)	☐	☐

- Lernbereitschaft und Entwicklungsfähigkeit	☐	☐
- Umgang mit Belastung / Ausnahmesituationen	☐	☐
- selbständiges Entwickeln von passenden Lösungen	☐	☐

Sicherheit / Gesundheit / Umwelt

- Einhaltung der Sicherheitsvorschriften	☐	☐
- Sorgsamer Umgang mit Datenschutz und vertraulichen Unterlagen	☐	☐
- Umweltbewusstsein (bei Verwendung von Material, Geräten, Fahrzeugen und Abfällen)	☐	☐

Beispiel eines Feedback-Formulars für Führungskräfte

Bei Führungskräften wird zusätzlich auch das Führungsverhalten des Mitarbeiters besprochen. Bei diesem Formularbeispiel wurden die im Unternehmen geltenden Führungsleitlinien als Teil des Feedbacks im Mitarbeitergespräch eingebaut. Falls eine Führungsrolle angestrebt wird, können die entsprechenden Erfahrungen und Fähigkeiten auch anhand dieser Checkliste besprochen werden:

Führungsaufgaben	**fällt schwer / verbesserungsfähig**	**gelingt**
Menschen führen		
- Vorbild sein	☐	☐
- Verantwortung übernehmen	☐	☐
- Kompetenzen aufbauen und delegieren	☐	☐
- für Mitarbeiter ansprechbar und präsent sein	☐	☐
- systematische Qualifikation der Mitarbeiter	☐	☐
- Entwicklung von Eigenverantwortung und Beteiligung von Mitarbeitern bei Entscheidungen, Problemlösungen	☐	☐
Kommunikation		
- Mitarbeiter ausreichend informieren	☐	☐
- respektvoller Umgang mit Mitarbeitern und Vorgesetzten	☐	☐
- Konflikte im Team bewältigen	☐	☐
- Konflikte selbst wertschätzend austragen	☐	☐

Steuerung des Bereiches – Führen mit Zielen		
- Stärken / Schwachstellen systematisch bearbeiten	☐	☐
- Abteilungsziele und Mitarbeitereinsatz im Sinn der Unternehmensziele	☐	☐
- Strategien zur Erreichung von Zielen erarbeiten und realisieren	☐	☐

Prioritäten setzen

- Zeit planen / organisieren / nehmen ...	☐	☐
- Entscheidungen herbeiführen	☐	☐

Repräsentieren

- das Unternehmen bei Kunden	☐	☐
- meinen Bereich in Sitzungen	☐	☐
- Interessen meiner Abteilung vertreten	☐	☐
- das Unternehmen in der Region	☐	☐

Sicherheit / Gesundheit / Umwelt

- Verantwortung für Sicherheit in der Abteilung	☐	☐
- Sorgsamer Umgang mit Datenschutz und vertraulichen Unterlagen	☐	☐
- Umweltbewusstsein (bei Verwendung von Material, Geräten, Fahrzeugen und Abfällen)	☐	☐

3. Feedback

Wenn wir in Beziehung zu anderen Menschen leben – sei es privat oder im Beruf – wollen wir uns auch darüber austauschen, ob die Beziehung für beide passt, ob wir unsere gegenseitigen Erwartungen erfüllen und ob wir etwas anders möchten. Im Austausch darüber geben wir einander Feedback.

Auch gute Mitarbeiter und Vorgesetzte (!) wollen und brauchen Feedback: Sie wollen wissen, ob ihre Leistung passt. Rückmeldungen hierzu sind unverzichtbar, wenn es darum geht, unsere Performance zu verbessern, Klarheit über gegenseitige Erwartungen zu schaffen und andere auf unbewusste Verhaltensmuster (blinde Flecken) hinzuweisen. Mitarbeitern Feedback zu geben, ist also eine Kernaufgabe von Führung.

In unserem alltäglichen Sprachgebrauch wird der Begriff Feedback häufig unklar verwendet und mit Lob und Kritik gleichgesetzt.

Man kann mehrere Arten von Feedback unterscheiden[45]:
- Lob und Kritik
- klassisches Feedback als Rückmeldung
- Feedforward
- Wertschätzung

Betrachten wir diese Formen einmal genauer:

Lob und Kritik:

Wenn die Führungskraft lobt oder kritisiert, beurteilt sie wie ein Lehrer eine Schularbeit: Lob und Kritik entsprechen einem Hierarchieverhältnis von „oben – unten" und kommen „von oben herab": Eltern loben die Kinder, Lehrer die Schüler, Chefs die Mitarbeiter. Darum werden Chefs auch kaum von ihren Mitarbeitern gelobt oder kritisiert – das passt nicht in die Hierarchie. Diese Art von Feedback ist geprägt von der Grundhaltung: „Ich weiß, ich habe recht und du nicht" und birgt immer die Gefahr, arrogant zu wirken.

Ein solches Feedback ruft häufig emotionale Reaktionen hervor, die durch eine Spannung zwischen zwei Bedürfnissen entstehen: dem Bedürfnis, sich weiterzuentwickeln, und dem Bedürfnis, akzeptiert zu werden. Bei manchen Menschen scheint es, als ob ein Schalter die rationalen Fähigkeiten auslöscht, sobald sie Kritik hören. Wenn Feedback nicht angenommen werden kann, ist häufig einer von drei Auslösern dafür verantwortlich:
- Wir bezweifeln den kritisierten Tatbestand.
- Wir halten den Feedbackgeber für ungeeignet.
- Wir fühlen uns in unserem Selbstbild und Selbstwert angegriffen.

Was dann folgt, sind oft Gegenangriffe auf den Feedbackgeber, Vorwürfe gegenüber anderen, die „schuld sind", Erklärungen zu äußeren Rahmenbedingungen als Ursache oder ein sofortiges Eingeständnis des Versagens. Viele Führungskräfte erleben im Alltag, dass die Zusammenarbeit durch ihre Feedback-Versuche eher belastet wird. Daher reduzieren sie sich auf die Regel: „Wenn ich nichts sage, dann passt es schon."

Feedback zur Leistung ist jedoch eine notwendige Führungsaufgabe. Die meisten Mitarbeiter wollen schon wissen, ob ihre Leistung in Ordnung ist. Vor allem möchten sie es mitbekommen, wenn ihre Arbeit gut eingeschätzt wird. Man könnte also meinen, jeder Mensch freue sich zumindest über Lob. Im Alltag wirkt es trotzdem leider oft irritierend und demotivierend, vor allem wenn Lob manipulativ eingesetzt wird:

Lob als Einleitung zu Kritik

In manchen Seminaren wurde die sogenannte „Sandwich-Methode" trainiert: zuerst ein Lob, damit wir den Mitarbeiter aufbauen, dann die Kritik und zum Schluss noch einmal ein Lob oder eine Ermunterung zur Beruhigung. Das würde dann so klingen: „Du bist eigentlich schon ein guter Mitarbeiter, aber ... hast du völlig falsch gemacht, aber es ist ja nicht so schlimm. Ich weiß ja, dass du dich sehr bemühst, und ich sehe, was du schon alles gelernt hast ..."

Ich bin nicht der Ansicht, dass bei jeder Kritik vorab ein Lob zur Abschwächung kommen muss, um die Kritik „weichzuspülen" und verdaubar zu machen. Solche „Methoden" zielen aus meiner Sicht in die falsche Richtung. Sie gehen entweder davon aus, dass Mitarbeiter keinerlei Kritik verkraften können, oder dass ich als Führungskraft nicht fähig bin, Kritik auf konstruktive Art anzubringen. Wenn Mitarbeiter auch bei einem ehrlich gemeinten Lob zweifeln und misstrauisch fragen: „Und was passt nicht?", haben sie sich offensichtlich daran gewöhnt, dass ein Lob immer die Einleitung zu einer „Standpauke" ist.

Lob als Motivation zu Mehrleistung

Wahrscheinlich haben Sie diese „Masche" auch schon selbst erlebt: Der Vorgesetzte lobt Ihre Verlässlichkeit und Genauigkeit, Ihre fachliche Kompetenz oder Problemlösungsfähigkeit, um dann abzuschließen: „... und deswegen habe ich bei der Aufgabe X an Sie gedacht." Lob wird gerne eingesetzt, um Mitarbeiter zu zusätzlicher Leistung zu bewegen. Nach dem Motto: Für Anerkennung tun viele Menschen ja alles ...

Mitarbeiter, die regelmäßig erleben, dass ihr Chef immer dann lobt, wenn er mit einer Zusatzaufgabe aufwartet, werden sich bei jedem Lob fragen: „Was will er jetzt schon wieder von mir?"

Einseitige Gewichtung von Lob und Kritik: Der Fehler-Such-Blick

Unser Umgang mit Ergebnissen ist schon seit frühester Kindheit geprägt von einer starken Defizitorientierung. Als Sie Ihre ersten Rechenaufgaben lösten, sah die Rückmeldung bei den meisten Lehrern vielleicht so aus:

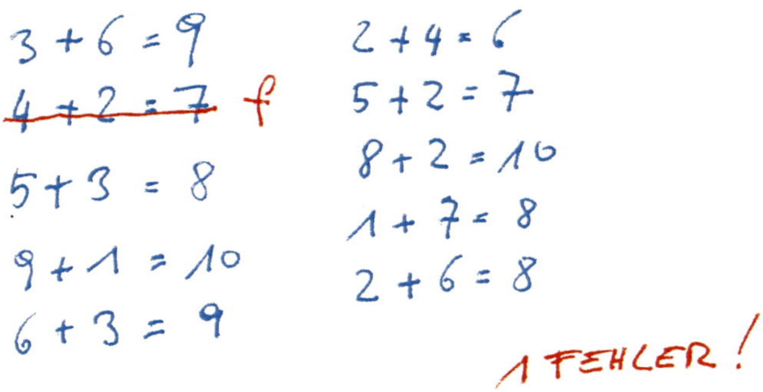

Bei dieser Aufgabe sind 9 von 10 Aufgaben richtig gelöst. Das Feedback bezieht sich aber nur auf die eine falsche Lösung. Diese Sichtweise haben viele Führungskräfte mit in ihren Führungsalltag genommen. Sie geben Rückmeldung, wenn etwas nicht passt. Sie haben ihren Blick darauf getrimmt, Fehler sofort zu erkennen. Sie gehen durch den Betrieb und ertappen die Mitarbeiter beim Fehler-Machen. Über das, was funktioniert, braucht man ohnehin nicht zu reden. Auch die Beurteilung der Leistungen eines Mitarbeiters sollte jedoch ausgewogen sein und beide Seiten aufzeigen: Das, was gut läuft, sollte genauso festgestellt werden, wie das, was nicht funktioniert.

Feedback in der Form der reinen Bewertung – sei es Lob oder Kritik – hat also mehrere „Schwachstellen":

- Es geht von einer arroganten Haltung aus: Ich bin der Boss.
  Ich weiß wie es geht. Du hast mir zuzuhören.
- Es wird häufig nicht nur die Leistung,
  sondern oft auch die Person bewertet oder abgewertet.
- Es wird oft manipulativ eingesetzt.
- Es werden nur die Fehler festgestellt.
- Es ist primär vergangenheitsorientiert.

Beginnen wir also mit einer anderen Form von gegenseitigem Feedback:

Klassisches Feedback

Nochmals: Dem Mitarbeiter Feedback zu geben und Stellung zu beziehen, ist eine Kernaufgabe von Führung. Das klassische Feedback bewertet aber keine Person, sondern es ist eine Rückmeldung zu beobachtbaren Leistungen und Handlungen: Ich beschreibe meine Wahrnehmung und sage, wie das Wahrgenommene auf mich gewirkt hat.

Die Basis hierfür ist eine genaue Beobachtung meiner Mitarbeiter, Kollegen oder Vorgesetzten. Ich beobachte aber auch bei mir selbst. Deren Handeln löst etwas bei mir aus: Gefühle wie Freude, Stolz, Überraschung, Angst, Ärger, Enttäuschung ... und das macht etwas mit mir.

Es ist gut, auch zu überlegen, was bei mir hinter diesen Gefühlen steht: Wenn mich das Verhalten des anderen ärgert, so missachtet er wahrscheinlich ein mir wichtiges Anliegen oder einen für mich wichtigen Wert. Wenn mich etwas freut, so trägt das Handeln des anderen vermutlich dazu bei, dass ein mir wichtiges Anliegen erfüllt wird. Es ist das, worum es mir „eigentlich" geht.

Das Handeln kann aber auch Auswirkung auf andere (Kollegen, Kunden, ...) und damit auf unser Unternehmen haben: Ein Großauftrag kommt durch das geschickte Handeln eines Mitarbeiters zustande, eine Sitzung wird ineffizient, weil jemand sich immer wiederholt, ein Kunde ist wegen der schlechten Ausführung seines Auftrags verärgert, ein Vorschlag des Mitarbeiters bringt eine Produktverbesserung ...

Um gutes Feedback geben zu können, brauche ich also die konkrete Beobachtung: „Du bist super!" ist zu wenig und wäre eine Bewertung. Stattdessen beschreibt ein klassisches Feedback eine konkrete Beobachtung:
„Ich habe gesehen, gehört, beobachtet ..."
„Mir ist aufgefallen, dass ..."

Dann folgt die Wirkung auf mich und auf andere:
„... und das hat bei mir ... ausgelöst" (z.B. Ärger, Freude, Unsicherheit ...)

Überlegen Sie bei kritischem Feedback:
- Wie weit haben möglicherweise äußere Rahmenbedingungen das Fehlverhalten gefördert?
- Hat der Mitarbeiter den Fehler allein verursacht oder waren andere daran beteiligt? In welchem Umfang?

- Habe ich möglicherweise als Führungskraft durch mein Verhalten dazu beigetragen? (Habe ich zum Beispiel unklare Anweisungen gegeben? War ich für Rückfragen nicht erreichbar?)

Feedforward

Feedforward versucht neben der Rückmeldung immer Lösungen und Ansätze für die Zukunft zu entwickeln. Es schließt also das Überlegen mit ein, wie das Verhalten oder Vorgehen in Zukunft sein könnte.

Überlegen Sie:
- Worum geht es mir tatsächlich? Was ist mein Anliegen? Mein Wunsch?
- Welche Erwartungen, Vorstellungen und Lösungsansätze habe ich für die künftige Gestaltung der Beziehung oder einer ähnlichen Situation?

Feedforward besteht also aus drei Schritten und lehnt sich dabei an das Modell der „Gewaltfreien Kommunikation " (siehe Seite 136) an:

1. Beobachtung – beschreiben Sie möglichst konkret Ihre Wahrnehmung. z.B. „Beim Kundenevent hatten wir keine Prospekte vom Produkt A zum Verteilen."
2. Auswirkung – auf mich, auf andere, auf die Organisation. „Das war unangenehm, weil einige Kunden sich dafür interessiert haben. Wir müssen diese jetzt nachsenden und das ist recht aufwändig."
3. Wünsche und Erwartungen – was erwarte ich für die Zukunft? Mein Wunsch, meine Anweisung, „Wir brauchen bei unseren Events immer alle aktuellen Prospekte." Anweisung/Lösungsansatz: „Machen Sie eine Checkliste, die wir vor jeder Veranstaltung abhaken, damit wir nichts vergessen" oder Lösungssuche: „Wie können Sie vorsorgen, dass wir alle wichtigen Unterlagen bei den Events in richtiger Stückzahl dabei haben?" (Hier nimmt die Führungskraft den Mitarbeiter bei der Lösungssuche mit in die Pflicht.)

Im Unterschied zu Lob und Kritik, die üblicherweise keine Diskussionen zulassen (schließlich weiß es der Chef ja besser) und häufig in die persönliche Abwertung abdriften, stellt sich das klassische Feedback, vor allem aber das Feedforward als wohlwollender Dialog dar. Nach jedem Schritt soll der Feedbacknehmer Gelegenheit haben, seine Sicht dazuzustellen.

Feedback annehmen

Seit Jahrzehnten schult man nun Führungskräfte darin, wie sie häufiger und konstruktiver Feedback geben. Trotzdem tun sich die meisten Menschen – vom neuen Sachbearbeiter bis zum erfahrenen Manager – schwer, Feedback anzunehmen. Auch wenn es noch so behutsam und überlegt formuliert wurde, gelingt es vielen Menschen nicht, es für sich zu nützen. Wir können unsere emotionalen Reaktionen auf Feedback nicht vermeiden.

Eine Führungskraft beschrieb einmal in einem Interview, wie es ihr geht, wenn ihr Chef einen Mangel an ihrer Professionalität feststellt: „Mir fallen sofort alle Unzulänglichkeiten ein. Das ist so, als ob ich bei Google ‚Was alles bei mir nicht stimmt' eingebe und 1,2 Millionen Treffer lande – gesponserte Anzeigen von meinem Vater und meiner Ex-Frau inklusive. In diesem Zustand fällt es mir schwer, Feedback nicht überzubewerten."[46] Das klingt wie eine emotionale Kettenreaktion oder – um das Bild des Selbstwert-Topfes von Virginia Satir (siehe Selbstwert, Seite 47) zu verwenden: Eine kleine Bemerkung reicht aus, um den gesamten Selbstwert-Topf zu leeren. Es ist so, wie wenn der andere den Ausgusshahn damit öffnet – und der Selbstwert rinnt dahin.

Vielleicht haben Sie Ähnliches selbst erlebt?
Überlegen Sie, wie Sie meist auf Feedback reagieren.

Meine Reaktionsmuster auf Feedback: QR→

- *Ich verteidige mich sofort.*
- *Ich lächle und verstumme, obwohl ich innerlich verzweifle.*
- *Ich zeige meine Emotionen sofort durch Tränen, Wutausbrüche, Gegenangriffe ...*
- *Ich nehme jede Kritik vorbehaltlos an und bemerke oft erst später, dass sie nicht berechtigt war.*
- *Ich neige dazu, auf Kritik sofort mit Entschuldigungen oder sachlichen Rechtfertigungen zu reagieren.*
- *Ich habe immer sofort eine Erklärung auf den Lippen, warum ich nicht „schuld" bin.*
- *Ich lasse mir nur von bestimmten Personen etwas sagen. Ich bin nur bereit, Feedback von Menschen anzunehmen, die ich auch schätze. Von jedem lasse ich mir nicht Rückmeldungen geben!*
- *Ich neige dazu, Feedback überzubewerten: Wenn eine Kleinigkeit nicht passt, fühle ich mich total schlecht.*

- *Wenn ich negatives Feedback bekomme, zeige ich nach außen keine Reaktion oder lächle und innerlich koche ich.*
- *Ich kann Kritik zuerst überhaupt nicht annehmen. Erst etwas später, oft nach ein paar Tagen, kann ich mich in Ruhe damit auseinandersetzen und merke, dass da meist etwas Wahres dran ist.*
- *Ich freue mich, wenn man mich darauf hinweist, was ich besser machen kann.*

Für eine Kehrtwende in unserer Feedback-Kultur ist aus meiner Sicht notwendig, dass wir lernen, Feedback anzunehmen und für uns als Lernchance zu nützen. Auch in diesem Punkt sind Vorgesetzte Lernmodell und Vorbild: Ob sich eine Vertrauenskultur im Team entwickelt, hängt auch stark davon ab, ob die Führungskraft bewusst dazu auffordert, Feedback zu geben, und wie sie selbst damit umgeht.

Hier ein paar Empfehlungen für Ihren Umgang mit Feedback:
- Sehen Sie Feedback Ihrer Mitarbeiter primär als Vertrauensbeweis.
- Fordern Sie Ihre Mitarbeiter und Kollegen regelmäßig und ausdrücklich auf, Ihnen kritisches Feedback – und nicht nur Komplimente – zu geben. Sie zeigen damit auch Bescheidenheit, Respekt, Selbstvertrauen und die Bereitschaft, an sich selbst zu arbeiten und sich zu verbessern. Fragen Sie nach ganz konkreten Punkten, an denen Sie Ihre Arbeit noch verbessern können.
- Hören Sie genau zu und lassen Sie das Gesagte wirken.
- Machen Sie sich vielleicht Notizen, um später in Ruhe nochmals über einzelne Aussagen nachdenken zu können.
- Akzeptieren Sie, dass andere sich schwertun, Ihnen Rückmeldungen zu geben, und bedanken Sie sich dafür, dass überhaupt etwas gesagt wurde (auch wenn die Formulierung unpassend war).
- Gehen Sie nicht sofort in die Defensive oder in den Rückzug. Fragen Sie nach, um das Feedback zu verstehen: Fragen Sie nach konkreten Beispielen und Beschreibungen, nach Ihrem Anteil am Problem bzw. danach, was Ihr Verhalten für eine Wirkung hatte oder was es beim anderen ausgelöst hat. Bitten Sie um Vorschläge dazu, was Sie tun könnten, um sich zu verbessern.
- Grenzen Sie das Feedback ein: Durchbrechen Sie die emotionale Kettenreaktion „Alles an mir ist schlecht!“ und fragen Sie genau nach, wie Sie das Feedback werten sollen: Wenn „einige Formulierungen in einem Vertrag, den Sie entworfen haben, unklar waren“, so ist nicht der gesamte Vertrag schlecht und auch sind es nicht „alle Präsentationen“ und schon gar nicht alle Ihre professionellen Fähigkeiten oder Sie als Mensch!

- Üben Sie, den Inhalt des Feedbacks und Ihre Beziehung zum Feedbackgeber zu trennen: Es sollte keine Rolle spielen, wer Ihnen das Feedback gibt.
- Reagieren Sie nicht sofort mit Rechtfertigungen oder Entschuldigungen. Eine Antwort könnte sein: „Danke, dass Sie es mir gesagt haben. Ich werde darüber nachdenken / mir das überlegen."
- Lassen Sie Feedback ruhig ein paar Tage wirken und probieren Sie es zu nützen. Selbst wenn Sie an manchen Vorschlägen zweifeln, sind sie vielleicht doch einen Versuch wert.
- Überlegen Sie in Ruhe, ob ein Feedback für Sie relevant ist und Sie in der Zusammenarbeit mit diesem Mitarbeiter etwas ändern sollten.
- Nehmen Sie Feedback als Geschenk wie einen der in Zellophan verpackten Geschenkkörbe aus Delikatessenläden, die man ab einem gewissen Alter häufig zu runden Geburtstagen erhält: Man bedankt sich respektvoll. Wenn man allein ist, packt man die einzelnen Zutaten aus und unterteilt: Da gibt es Delikatessen, über die freut man sich und die nimmt man gerne an. Die genießen wir meist gleich. Andere kommen einem fremd vor und wir wissen gar nichts damit anzufangen. Wir stellen sie erst mal in die Vorratskammer. Irgendwann holen wir sie heraus, probieren dann vorsichtig und stellen fest: „Eigentlich ganz gut!". Dann haben wir etwas Neues entdeckt. Das eine oder andere wird aber auch nach Wochen nicht gut für uns sein. Das mag dem schmecken, der es mir geschenkt hat, aber für mich ist das nichts! Das verwerfen wir, weil es einfach für uns nicht passt. Genauso wie wir nicht alles aus dem Geschenkkorb essen müssen, müssen wir auch nicht jedes Feedback „schlucken".
- Geben Sie dem Feedbackgeber eine Rückmeldung zu seinem „Geschenk": Es ist wertschätzend, wenn Sie sagen, dass Sie darüber nachgedacht haben, was Ihnen dazu bewusst geworden ist, was hilfreich für Sie war. Auch das ist ein Zeichen von Wertschätzung.
- Machen Sie sich Ihre persönlichen Reaktionsmuster und Emotionen im Umgang mit Feedback bewusst. Je besser Sie sich und Ihre Reaktionen selbst kennen, desto besser können Sie Strategien entwickeln, wie Sie konstruktiv mit Feedback umgehen können.

Wertschätzung

Häufig wird Wertschätzung – vor allem in Form von Lob – als Feedback bezeichnet. Für mich ist Wertschätzung jedoch eine Grundhaltung und keine Feedback-„Methode". Dazu verweise ich auf Kapitel II – Sich selbst führen und meine obigen Überlegungen zum Thema „Lob".

4. Situatives Führen

Die meisten Führungskräfte schätzen eigenverantwortliche, kompetente Mitarbeiter, die kaum Betreuung brauchen. Bis sie so weit sind, kann es aber dauern. Kein Meister ist vom Himmel gefallen und wenn wir eine neue Aufgabe übernehmen, gibt es zuerst eine Zeit des Lernens, die geprägt ist von Kennenlernen, Ausprobieren, Scheitern, Entdecken.

Haben Sie schon einmal versucht, eine neue Sportart oder Sprache zu lernen? Dann haben Sie wahrscheinlich folgende Phasen erlebt:

1. **Begeisterter Anfänger:**

Nehmen wir an, Sie wollen für den nächsten Urlaub Spanisch lernen. Sie melden sich zu einem Kurs an oder laden ein Lernprogramm auf Ihren Computer. Nun beginnen Sie täglich Vokabeln zu lernen, Grammatik zu üben. Langsam erlernen Sie die ersten Redewendungen und ein paar hundert Worte. Ihre Kompetenz ist also noch niedrig, aber Ihre Motivation und Ihr Engagement sind hoch.

2. **Ernüchterung:**

Sie verbringen vielleicht Ihre ersten Urlaubstage in Spanien und merken: Mit den paar Redewendungen, die Sie schon draufhaben, kommen Sie nicht sehr weit. Und Sie ärgern sich, dass alle Spanier, sobald Sie mühsam versuchen, etwas zu sagen, Ihnen freundlich anbieten, Englisch zu sprechen. Ihre Kompetenz ist nach wie vor niedrig, aber jetzt ist auch die Motivation dahin. Aus dem begeisterten Anfänger ist ein enttäuschter Einsteiger geworden. In dieser Phase ist die Gefahr am größten, dass Sie aufgeben und resigniert sagen: „Das lerne ich sowieso nie ...“ Ihr Engagement ist niedrig und Ihre Kompetenz hat sich nur leicht erhöht.

3. **Hoch-Tief:**

Wenn Sie doch weitermachen und konsequent lernen, dann erleben Sie wahrscheinlich eine Achterbahnfahrt Ihrer Motivation: Erste Erfolgserlebnisse (Sie können ein Zimmer im Hotel auf Spanisch reservieren oder nach dem Weg fragen) machen Sie stolz. Sie sind jetzt ein leistungsorientierter Aufsteiger. Misserfolgserlebnisse (Sie versuchen einen Zeitungsartikel zu lesen, kennen zwar die meisten Worte, verstehen aber den Sinn nicht) lassen Sie manchmal verzweifeln. Ihre Kompetenz wächst dabei stufenweise und ohne dass Sie es immer realisieren. Ihr Engagement schwankt. Das ist typisch, wenn Sie sich in dieser Phase befinden.

4. **Sicherheit:**
Irgendwann beherrschen Sie die Sprache: Sie können sich verständigen und das meiste verstehen, ohne ständig Vokabeln nachzusehen. Ihre Kompetenz ist hoch und – vielleicht gerade deswegen – auch Ihre Motivation und Ihr Engagement. Sie sind zum Spitzenkönner geworden.

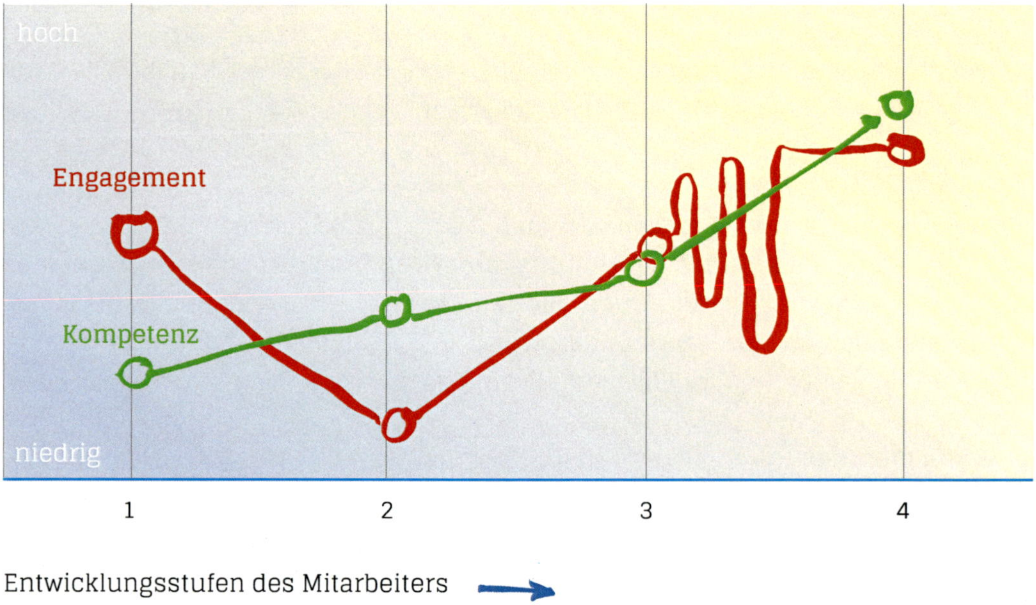

Diese Phasen erleben auch Mitarbeiter, wenn sie eine neue Aufgabe übernehmen. Es kann allerdings sein, dass ein Mitarbeiter die erste Phase überspringt, weil er eine Aufgabe zugeteilt bekommt, die er nicht wirklich übernehmen will oder von der er sich denkt, dass er sie ohnehin nie bewältigen wird.

Für Sie als Führungskraft ist es wichtig, sich bewusst zu machen:

- Bei welchen Aufgaben steht der Mitarbeiter in welcher Phase: Welche Aufgaben beherrscht er schon selbständig und was ist für ihn neu?
- Wichtig ist, sich die unterschiedlichen Schlüsselaufgaben eines Mitarbeiters zu vergegenwärtigen und dann spezifisch – situativ – den Grad seines Engagements und seine Kompetenz einzuschätzen. Problematisch und nicht zielführend ist es, wenn Mitarbeiter in Bezug auf alle ihre Aufgaben „über einen Kamm geschert" werden.

- Wo benötigt der Mitarbeiter noch Instruktion, Ermunterung oder unterstützendes Coaching? Welche Aufgaben kann er selbständig erledigen, so dass ich sie komplett an ihn delegieren kann?

Achtung: Die Anzahl der Dienstjahre sagt noch nichts über die Kompetenz in Bezug auf eine bestimmte Aufgabe: Auch ein erfahrener Mitarbeiter, an den Sie viele Aufgaben delegiert haben, kann für eine neue Aufgabe intensive Betreuung und Anleitung brauchen (Beispiel: ein Kassier in der Bank, der Kundengespräche zur Finanzierungsberatung übernehmen soll). Auch ein junger, unerfahrener Jobanfänger kann bei einzelnen Aufgaben schon so kompetent und engagiert sein, dass Sie ihm die selbständige Erledigung bestimmter Aufgaben übertragen können (Beispiel: die Betreuung der Firmenseite in den digitalen sozialen Netzwerken).

Der dialogische Austausch über Engagement und Kompetenz eines Mitarbeiters in Hinblick auf die einzelnen Schlüsselaufgaben ist ein wichtiges Thema für das Mitarbeiter-Jahresgespräch:

- Wie sieht es der Mitarbeiter?
- Wie ist Ihre Einschätzung?
- Was braucht er von Ihnen als Führungskraft zur Erfüllung der jeweiligen Aufgabe?

Hersey und Blanchard[47] haben als erste die oben beschriebenen vier Entwicklungsphasen beobachtet. Sie haben festgestellt, dass in diesen Phasen jeweils ein anderer Führungsstil notwendig ist: Vom „Telling" (Anleiten, Anweisen, Instruieren) über „Selling/Coaching" (Aufmuntern, Unterstützen) und „Participating" (Beteiligung) bis zum „Delegating" (Übertragen der Aufgabe sowie von Kompetenz und Verantwortung). Die Übergänge zwischen den Phasen sind fließend.

Ich möchte in der Folge drei Führungsstile näher beschreiben, die eine schrittweise Entwicklung des Mitarbeiters und ein stufenweises Heranführen an die selbständige Erledigung einer Aufgabe ermöglichen:

- Führen durch Sagen – Instruktion (für die Phase des Beginnens)
- Führen durch Fragen – Coaching (für die Phasen 2 und 3 mit wachsender Kompetenz)
- Führen durch Delegieren – Mentoring (für die Phase 4)

5. Führen durch Sagen: Instruktion

Bei Mitarbeitern, die eine Aufgabe neu zugeteilt bekommen und noch keine Kompetenz darin haben, ist zu Beginn der Führungsstil des Instruierens notwendig. Hier hat die Führungskraft oder der erfahrene Mitarbeiter, der den Kollegen einarbeitet, das erforderliche Wissen und gibt genau vor, wie eine Aufgabe zu erledigen oder ein Problem zu lösen ist. Dieser Stil ist sehr direktiv.

Leider hätten viele Führungskräfte lieber nur „reife" Mitarbeiter, denen sie nichts mehr erklären müssen. Sie sind überfordert, wenn sie sich darauf einstellen sollen, was ein Anfänger in ihrem Job alles erfahren sollte, und geben daher nur kurze, unklare Anweisungen. Fällt das Ergebnis dann nicht so aus, wie sie es sich vorgestellt haben, gibt es Kritik. Das sorgt auf beiden Seiten für Frust: bei der Führungskraft, weil sie unzureichende Ergebnisse bekommt und dann oft die Dinge selbst in die Hand nehmen muss, und beim Mitarbeiter, der erlebt, dass er scheitert.

In solchen Fällen geben Sie besser gleich eine klare Instruktion. Diese besteht aus sechs einfachen Schritten:

1. Ziel / Sinn der Aufgabe

Erklären Sie zuerst, welche Aufgabe gelöst werden soll. Wenn Sie den dahinterstehenden Sinn erläutern, wird es für den Mitarbeiter noch verständlicher: „Wir brauchen bis Freitag eine Erhebung der aktuellen Rohstoffpreise. Damit können wir unsere Preise für nächstes Jahr neu kalkulieren." Dann sieht auch der Mitarbeiter seinen Beitrag zum Ganzen.

Es kann sein, dass Sie die Instruktion aufgrund einer Beobachtung geben und mit einem Feedback verbinden: „Mir ist aufgefallen, dass die Werkzeuge in der gesamten Werkstatt verteilt liegen und wir alle ständig nach einem Gerät suchen. Ich möchte daher, dass du diese Woche für Ordnung in der Werkstatt sorgst. Ich möchte, dass alle Werkzeuge übersichtlich und in beschrifteten Regalen gelagert werden."

2. Vorkenntnisse abchecken

Es ist wichtig, die Mitarbeiter dort abzuholen, wo sie mit ihrem Wissen und ihrer Erfahrung stehen, und nicht anzunehmen, dass sie ohnehin schon alles wissen und können. Daher ist es sinnvoll zu fragen: „Hast du schon einmal so etwas gemacht?" Hilfreich ist auch, darauf zu achten, ob allgemeine Fertigkeiten – wie z. B. IT- oder Sprachkenntnisse – gegeben sind oder nicht und welches spezifische Wissen oder Fachwissen schon vorhanden ist.

3. **Schrittweises Vorgehen und Hilfsmittel nutzen**
Wenn Sie die Bearbeitung einer bestimmten Aufgabe erklären, gehen Sie systematisch vor: Was ist als Erstes zu tun? Was dann? Denken Sie daran, dass es besser ist, die Erklärung zu visualisieren (mit Bildern, Skizzen, Fotos, Video) oder eine Arbeit vor Ort zu zeigen. Häufig können auch Checklisten nützlich sein. Passen Sie Ihre Erklärungen dem Wortschatz des jeweiligen Mitarbeiters an. Lassen Sie wichtige Instruktionen (zum Beispiel über Werkssicherheit) ggf. auch in die Muttersprache(n) Ihrer Mitarbeiter übersetzen und ausdrucken.

4. **„Schlüsselstellen" betonen**
Viele Aufgaben haben „Schlüsselstellen", bei denen man besonders aufpassen muss, um keinen Fehler zu machen. Solche Stellen sind vergleichbar mit wichtigen Kreuzungen bei einer Autofahrt, die man nicht verpassen sollte, weil man sonst einen großen Umweg machen muss. Überlegen Sie, wo solche Schlüsselstellen bei der zu erklärenden Aufgabe liegen können, und weisen Sie darauf besonders hin: „Wenn du ... machst, musst du gut aufpassen, dass ... sonst passiert es, dass ..."

5. **Rückfragen**
Fragen Sie nach, ob der Mitarbeiter alles verstanden hat. Viele Menschen schämen sich zuzugeben, dass sie etwas nicht verstanden haben, vor allem, wenn die Erklärung in einer für sie fremden Sprache war. Die Frage: „Alles klar?" ist dann zu wenig. Lassen Sie den Mitarbeiter besser wiederholen, was er gehört hat und wie er die Aufgabe jetzt angehen wird.

6. **Zusammenfassung – unterstützende Kontrolle**
Nach einer kurzen Zusammenfassung am Schluss (die vielleicht vom Mitarbeiter gemacht wurde) klären Sie noch, welche Unterstützung und – helfende – Kontrolle der Mitarbeiter bekommt: Wie sind Sie für Rückfragen erreichbar? Bei welchem Schritt möchten Sie ein Zwischenergebnis gezeigt bekommen? Wann ist eine Kontrolle angesagt?

Der gerade beschriebene Führungsstil ist immer dann notwendig, wenn ein Mitarbeiter völlig neu und unerfahren in Bezug auf eine Aufgabe ist. Er zeichnet sich aus durch klare Aufgabenbeschreibungen, die Vorgabe von Standards, viel Information, eine Einarbeitung, regelmäßige Rückmeldungen und enge Grenzen des Handlungsspielraums des Mitarbeiters. Wichtig ist, dass wir diesen Stil klar auf die Einarbeitungsphase begrenzen, denn wenn wir auch danach ständig jede Frage beantworten und alle fachlichen Probleme lösen, sind wir vielleicht ein gefragter Experte und ein bequemes „Auskunftsbüro" für unsere Mitarbeiter, sie werden aber langfristig immer unselbständiger. Sobald ein Mitarbeiter etwas Kompetenz aufgebaut hat, sollten wir daher beginnen, ihn an eine selbständige Erledigung seiner Aufgaben heranzuführen. Dazu eignet sich der Stil des Coachings oder das „Führen durch Fragen".

6. Führen durch Fragen: Coaching

Sobald wir bei einem Mitarbeiter wachsende Kompetenz beobachten, können wir beginnen, ihn mehr in die Selbstständigkeit zu führen. Dazu eignet sich der Stil des Coachings oder das „Führen durch Fragen": Wir beteiligen, ermutigen und unterstützen ihn dann mehr, als ihm genau zu sagen, wie es geht.

Grundhaltungen der Führungskraft beim Coaching sind:

- Ich brauche als Führungskraft nicht gleich eine Lösung vorzuschlagen. Ich muss und ich kann auch gar nicht alles wissen.
- Bevor ich ein Verhalten oder eine Vorgehensweise des Mitarbeiters beurteile und abwerte, frage ich genau nach, was dazu geführt hat oder warum er sich dafür entschieden hat. Vielleicht hat er ja Dinge berücksichtigt, die ich nicht weiß. Vielleicht haben ihn Rahmenbedingungen, die ich nicht kenne, dazu gebracht.
- Niemand möchte gerne über etwas belehrt werden, was er ohnehin schon kennt, überlegt oder ausprobiert hat.
- Mein Mitarbeiter findet den richtigen Weg. Ich helfe ihm, die passende Lösung zu suchen und zu finden.

Durch achtsames Fragen

- erforsche ich die Beweggründe für sein Handeln,
- erkundige ich mich beim Mitarbeiter nach seinen Ideen und Lösungsansätzen,
- erkunde ich seine Annahmen, warum er eine gewisse Vorgehensweise wählt oder vorschlägt,
- helfe ich dem Mitarbeiter, selbst eine Lösung zu entwickeln,
- erarbeite ich mit ihm, wie er die Aufgabe Schritt für Schritt angehen kann und will,
- stelle ich ihm meine Anregung als eine Möglichkeit vor, die er für sich prüfen soll: „Hast du dir schon überlegt, es so zu machen?",
- erspare ich ihm Belehrungen über Dinge, die er vielleicht ohnehin weiß.

Wenn der Mitarbeiter mehrere Lösungsansätze entwickelt hat, kann es zunächst trotzdem sinnvoll sein, dass wir als Führungskraft entscheiden, welchen dieser Wege wir gehen. Bei erfahrenen Mitarbeitern können wir diese Entscheidung dem Mitarbeiter überlassen. Vielleicht haben Sie auch schon erlebt, dass ein Mitarbeiter mit einem Problem, das er selbst lösen könnte, zu Ihnen gekommen ist. Auf die Frage: „Was würdest du vorschlagen?" konnte er sofort eine gut überlegte Lösung anbieten. Er kam somit nur zu Ihnen, um sich abzusichern. Er brauchte nur noch Bestärkung und Zutrauen. Wichtig ist, dass Sie in solch einem Fall den Mitarbeiter nach einer Lösung fragen. Wenn Sie stattdessen einfach eine Lösung vorgeben (und der Mitarbeiter ggf. etwas anderes vorgeschlagen hätte), sorgen Sie für Frust: Entweder wird der Mitarbeiter in Zukunft nicht mehr mitdenken und auch banale Fragen von Ihnen lösen lassen. Dann delegiert er die Verantwortung. Oder er vermeidet in Zukunft, Probleme mit Ihnen zu besprechen, weil er nicht wieder Gefahr laufen will, dass Sie ihm dann ein anders Vorgehen vorgeben, als er selbst im Kopf hat.

Coaching-Fragen:
Es gibt Fragen, die zur Entwicklung von Lösungen besonders hilfreich sind. Ihnen ist gemeinsam, dass sie nicht auf die Suche nach Schuldigen, sondern nach Lösungen abzielen. Diese Fragen sind sowohl im Coaching von einzelnen Mitarbeitern als auch für Teamsitzungen nützlich:

Fragen nach Lösungsansätzen:

- Hast du schon überlegt, wie du das angehen / lösen kannst?
- Welche Vorschläge hast du? Wie ginge es?
- Welche Möglichkeiten haben wir, das zu tun?
- Was könntest du tun, um ... zu verhindern / zu erreichen?
- Wie könnte es funktionieren, dass ...
- Welche Hürden musst du überwinden, um das Problem zu lösen? Wie kannst du das schaffen?
- Welche Informationen können wir noch einholen, um eine gute Lösung zu entwickeln?
- Wenn du völlig frei entscheiden könntest: Was würdest du in diesem Fall tun?

Fragen nach bisherigen Lösungsversuchen:

- Was hast du schon unternommen, um ... zu erreichen / lösen?
- Hast du das bei einem anderen Kunden / in einem anderen Projekt auch schon erlebt? Was hast du damals gemacht?
- Was willst du beibehalten, weil es sich bewährt hat?

Fragen nach dem Gegenteil / der Ursache / Ausnahmen:

- Was müsste anders sein, damit ... das Problem nicht besteht? Zum Beispiel: Damit du motiviert bist / du dich im Team wohl fühlst? / du dem Kunden selbstsicher begegnen kannst?
- Ursache: Wie kannst du dir erklären, dass ... so ist? / ... manchmal nicht ist?
- Ausnahme: Wann besteht das Problem nicht? Was ist dann anders? Zum Beispiel: Bei welchen Kundengesprächen fühlst du dich sicher?

Fragen nach Unterstützung:

- Was brauchst du (von mir), damit du diese Aufgabe erledigen kannst?
- Wie kann ich dich bei der Aufgabe unterstützen?
- Wer kann dich / den Mitarbeiter dabei unterstützen?
- Was brauchst du noch, um dabei sicher handeln zu können?
- Wie willst du dich im Alltag daran erinnern? Wer könnte dich eventuell erinnern?

Fragen nach der Vorstellung von der Lösung / Zukunft:

- Nehmen wir an, das Problem ist gelöst – was ist dann anders? Was tun wir anders?
- Woran werden wir erkennen, dass das Problem gelöst ist?
- Woran würden andere Bereiche / Abteilungen erkennen, dass wir / du Fortschritte machen / machst?
- Wann würde unser Chef / wann würden die Kunden sagen, dass sich die Situation gebessert hat?

Fragen nach konkreten Handlungen/ Maßnahmen:

- Was sind kleine Schritte in Richtung dieser Lösung?
- Wer müsste was anders machen?
- Wie könntest du es angehen?
- Was wäre ein erster Schritt? / Was würde dann als nächstes folgen? / Was wäre ein Meilenstein?

Dieser Stil des Fragens bezieht die Mitarbeiter in die Problemlösung ein. Sie werden auf diese Weise befähigt, Aufgaben immer selbständiger zu lösen. Ihre Eigenverantwortung wird gestärkt.

Zur Unterstützung können wir unseren Mitarbeitern regelmäßig folgende Fragen stellen:

- Was ist Ihr wichtigstes Ziel und was kann ich dazu beitragen, dass Sie es erreichen? Mit anderen Worten: Wofür benötigen Sie mich?

- Wenn ich zwei Dinge in meinem Verantwortungsbereich innerhalb der nächsten drei bis sechs Monate ändern könnte – welche zwei Dinge würden für Sie den größten Nutzen und Wert darstellen?
- Wie kann ich dafür sorgen, dass Sie die Möglichkeit haben, sich weiter zu entwickeln?

Diese Art von Fragen erfordert Mut und die Fähigkeit, sich auf einen offenen Dialog einzulassen und Feedback entgegenzunehmen. Außerdem brauchen wir Zeit, um uns mit dem Mitarbeiter zu beschäftigen. Wir müssen als Mentor und Coach ansprechbar sein. Wir müssen auch einmal Stille aushalten und dürfen nicht ungeduldig werden, wenn nicht sofort „wie aus der Pistole geschossen" eine Antwort kommt.

Diese gemeinsame Zeit und das achtsame, bescheidene Hinterfragen sind starke Zeichen von Wertschätzung: Beide Partner erleben im Gespräch, dass sie gefragt sind, dass auch Fehler und Bedenken ruhig besprochen werden können. Die Führungskraft kann den Mitarbeiter ermuntern, unterstützen und gute Leistungen, Entwicklungsschritte und Ideen anerkennen. So kann langsam Vertrauen entstehen, Kompetenz aufgebaut und der nächste Schritt in die Selbständigkeit des Mitarbeiters vorbereitet werden: die Delegation.

7. Führen durch Delegation

Durch gute Instruktion und Coaching führen wir Mitarbeiter dahin, dass sie immer selbständiger und eigenverantwortlicher arbeiten können. Wenn ein Mitarbeiter in der Erledigung einer Aufgabe schon einen hohen Entwicklungsgrad erreicht hat, können wir bei ihm den Führungsstil der Delegation anwenden.

Dabei übertrage ich
- eine Aufgabe,
- Kompetenzen und
- Verantwortung.

Delegation erfordert engagierte und reife Mitarbeiter. Als Führungskraft stehe ich diesen Mitarbeitern als Mentor zur Verfügung. Häufig wird Delegation jedoch als reines „Arbeit abschieben" verstanden: Bitten Sie einen Mitarbeiter, eine PowerPoint-Präsentation für die morgige Vorstandsklausur zu erstellen, so nimmt er Ihnen zwar Arbeit ab, das ist aber für sich noch keine Delegation, sondern ein Arbeitsauftrag. Erst wenn Sie dem Mitarbeiter die Aufgabe übertragen, regelmäßig die Präsentationen für die Vorstandsklausuren vorzubereiten, haben Sie diese Aufgabe delegiert. Warum? Delegierbare Aufgaben sind komplexer und haben einen klar definierten Rahmen. In unserem Beispiel könnte dieser so aussehen: Der Mitarbeiter erhält die Themen und Inhalte regelmäßig rechtzeitig von Ihnen und muss die Präsentationen dann jeweils bis zu einem vereinbarten Zeitpunkt im Corporate Design des Unternehmens abliefern.

Delegation erfordert Kompetenz in zweierlei Hinsicht:

1. Der Mitarbeiter muss kompetent sein: Er muss also fähig sein, die Inhalte zu verstehen, sie gut aufzubereiten und daraus eine ansprechende Präsentation zu gestalten.
2. Der Mitarbeiter kann in einem gewissen Rahmen selbst bestimmen, wann und wie er die Aufgabe angeht: Ob er sich schon Tage vor dem vereinbarten Übergabetermin an die Aufgabe macht oder „Last Minute" ist seine Entscheidung. Ob er zu einem Thema zwei oder vier Folien erstellt, ist seine Sache. Das Ergebnis wird vielleicht etwas anders aussehen, als wenn es der Chef selbst gemacht hätte. Und das ist in Ordnung.

Delegation bedeutet: Der Mitarbeiter ist verantwortlich für die Erledigung dieser Aufgabe. Wenn sein Computer in der Nacht vor dem Abgabetermin abstürzt und er die Präsentation nicht „Last Minute" fertigstellen kann, so hat er ein Problem – Sie als sein Vorgesetzter aber auch, weil Sie vielleicht ohne PowerPoint beim Vorstand präsentieren müssen (was vielleicht gar kein Problem, sondern sogar einmal eine nette Abwechslung zu den vielen PowerPoint-Schlachten in Sitzungen wäre).

Im Idealfall passen Aufgabe, Kompetenz und Verantwortung zusammen:

Aufgabe Kompetenz Verantwortung

Häufig ist das in der Praxis aber nicht so. Falsch verstandene Delegation sieht oftmals so aus:

Aufgabe Kompetenz Verantwortung

Die Kompetenzen stimmen dann nicht mit der Aufgabe überein, aber der Mitarbeiter wird trotzdem verantwortlich gemacht, wenn es nicht klappt.

Beispiele:

- Es werden Aufgaben an Mitarbeiter delegiert, die noch nicht reif, also kompetent sind, diese Aufgaben zu erfüllen. Statt sie zu instruieren oder zu coachen, wirft man sie ins kalte Wasser und schaut, ob sie schwimmen lernen. Manche schaffen es – manche gehen unter. Besonders kritisch sehe ich das, wenn junge, fähige Mitarbeiter bei der Übernahme erster Führungsaufgaben auf diese Weise „verheizt" werden und damit jede „Lust auf Führung" verlieren.
- Ein Mitarbeiter hätte die Fähigkeiten, die notwendig wären, um die Aufgabe selbständig zu erledigen. Die Führungskraft gibt dem Mitarbeiter aber nicht die Kompetenzen, also den notwendigen Freiraum, zur selbständigen Erledigung: Ständig fragt sie nach, ob der Mitarbeiter die Aufgabe auch erledigt, ändert und korrigiert so lange bis das Ergebnis genau so aussieht, als ob es die Führungskraft selbst gemacht hätte.

In solchen Fällen klagen Führungskräfte zwar gerne, dass sie zu viele Aufgaben selbst erledigen müssen und daher zu wenig Zeit für das Wesentliche haben, aber sie delegieren nicht wirklich.

Ob Sie selbst zu wenig delegieren, können Sie leicht an den folgenden Aussagen überprüfen. Welche treffen auf Sie zu?

- Sie nehmen beinahe jeden Abend Arbeit mit nach Hause oder bleiben einige Stunden länger im Betrieb.
- Sie haben zu wenig Zeit und Energie für Ihre Familie, für Erholung, Hobbys usw.
- Sie werden bei Ihrer Arbeit ständig von Mitarbeitern mit Fragen unterbrochen.
- Sie können einfach nicht in die Zukunft denken und planen, weil Sie im Tagesgeschäft voll aufgehen.
- Ihre Kunden wollen nur mit Ihnen sprechen.
- Sie versuchen, alle Einzelheiten im Betrieb zu beobachten und zu verfolgen, damit alles ordentlich gemacht wird.
- Es beunruhigt Sie, wenn Sie sich einen freien Tag nehmen.
- Sie checken auch im Urlaub mindestens einmal täglich Ihre Mails, weil es immer Wichtiges gibt, wozu Sie „gefragt" sind.
- Sie haben das Gefühl, dass Sie nicht einmal eine Woche krank sein dürfen. Sie investieren viel Zeit in Aufgaben, die Sie gerne tun, die aber von anderen ebenso gut, wenn nicht besser erledigt werden können.

- Fähige Leute verlassen Ihren Betrieb, bevor sie die Gelegenheit bekommen, ihre Fähigkeiten voll zur Geltung zu bringen.
- Sie haben den Eindruck, dass es Ihren Mitarbeitern an Interesse am Betrieb und an Einsatzwillen fehlt.
- Ihr Schreibtisch ist überhäuft, wenn Sie von einer Geschäftsreise oder aus dem Urlaub zurückkommen.

Wenn Sie mehrere dieser Symptome bei sich als Führungskraft beobachten, sollten Sie beginnen darüber nachzudenken, was Sie delegieren könnten.

Durch Delegation erreichen Sie mehrere positive Effekte:
- Sie spielen sich frei für wichtige Führungsaufgaben, die nicht delegiert werden können. Sie entwickeln damit FührungsKRAFT.
- Sie verbessern die Fähigkeiten und das Engagement Ihrer Mitarbeiter. Sie fordern und fördern statt sie zu unterfordern.
- Auch wenn Sie einmal nicht da sind, läuft das Tagesgeschäft normal weiter.

Klären Sie für sich, welche Ihrer Aufgaben sich zur Delegation eignen:

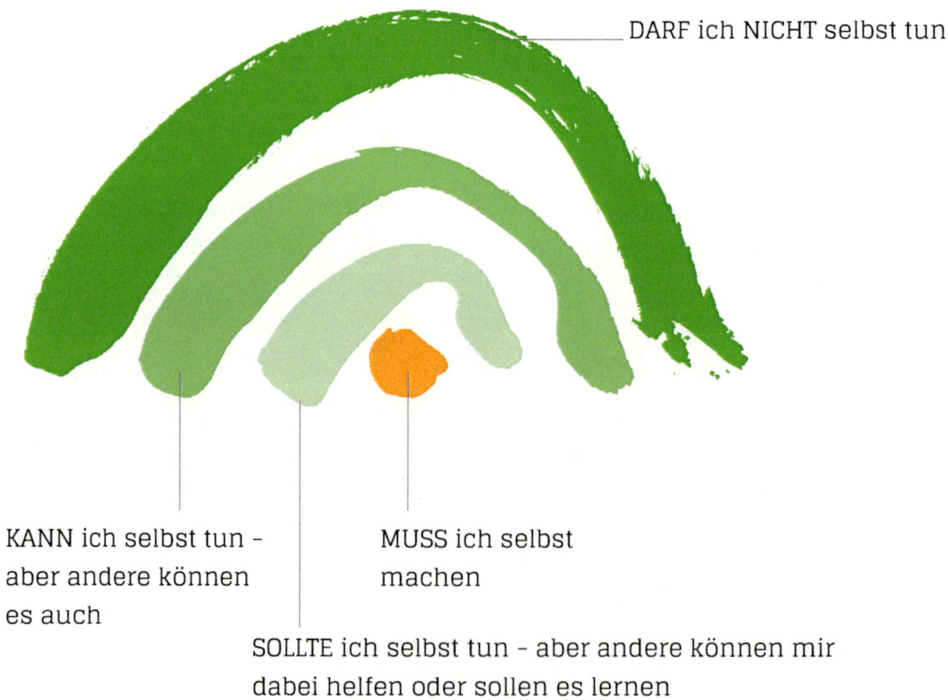

Schreiben Sie sich hierzu eine Liste, auf der Sie alle Aufgaben festhalten, die Sie im Laufe einer Woche erledigen, und fragen Sie sich dann:

- Was davon muss ich selbst tun (weil es meine ureigenste Aufgabe ist)? Habe ich in dieser Woche dafür überhaupt Zeit gehabt?
- Was sollte ich selbst tun – aber andere könnten mir dabei helfen oder andere sollten es lernen?
- Was kann ich selbst tun – aber andere können es auch oder besser?
- Was darf ich nicht selbst tun?

Für eine mögliche Delegation bieten sich insbesondere folgende Aufgaben an:

- Routinearbeiten, die sich ständig wiederholen und die keine Chef-Qualifikation erfordern,
- „große Brocken", die sehr viel Zeit kosten,
- Arbeiten, bei denen man (wenn man ehrlich ist) einfach nicht „der Beste" ist,
- Dinge, die man ungern erledigt, die aber ein anderer vielleicht gerne macht,
- Aufgaben, die Lernmöglichkeiten für die Mitarbeiter beinhalten,
- Aufgaben, die eine Herausforderung und gleichzeitig Erfolgschancen beinhalten,
- Aufgaben, die zu einem stärkeren beruflichen Engagement eines Mitarbeiters führen.

Günstige Gelegenheiten dafür, Ihre Delegationsmöglichkeiten zu überdenken, sind Veränderungen im Betrieb:

- wenn ein Personalwechsel erfolgt (z.B. Pensionierung),
- wenn ein zusätzlicher Mitarbeiter eingestellt wird,
- wenn Sie jemanden befördern,
- wenn Sie die Organisation verändern,
- wenn neue Produkte oder neue Arbeitsverfahren eingeführt bzw. neue Märkte erschlossen werden,
- wenn Sie die Betriebsstätte vergrößern bzw. wechseln.

Die klassischen Argumente, warum man nicht delegiert, kennen wir wahrscheinlich alle auch aus eigener Erfahrung:

- „Bis ich erklärt habe, was zu tun ist, habe ich es schon selbst gemacht."
- „Wenn ich etwas selber mache, dann kann ich sicher sein, dass es richtig gemacht wird."
- „Ich kann das schneller und besser erledigen als meine Mitarbeiter."
- „Meine Mitarbeiter sind bereits voll ausgelastet. Da mache ich ihnen nur noch mehr Druck."
- „Es gibt Aufgaben, über die meine Mitarbeiter nicht Bescheid wissen."

- „Es gibt Aufgaben, von denen meine Mitarbeiter nichts wissen dürfen."
- „Letztendlich werde ich für diese Arbeit bezahlt."
- „Wenn ich etwas delegiere, dann bleiben andere Arbeiten der Mitarbeiter liegen."
- „Wenn ich etwas aus der Hand gebe, dann verliere ich die Kontrolle und es wird nicht so gemacht, wie ich mir das vorstelle."
- „Es gibt Tätigkeiten, die machen einfach zu viel Spaß, um sie abzugeben."

Als Geschäftsführerin habe selbst erlebt, was es heißt, eine Aufgabe zu delegieren, die mir viel Freude bereitet hatte: Ich war einige Jahre für die Pressearbeit zuständig. Das hatte mir bis dato sehr viel Spaß gemacht und ich hatte auch viel Erfahrung darin. Dann entschied ich, diese Aufgabe an eine Mitarbeiterin zu delegieren, weil ich mich zeitlich freispielen wollte.

Ich begann mit Erklärung und Coaching – und das war manchmal mühsam. Bei den ersten Pressemeldungen, die wir gemeinsam bearbeiteten, dachte ich mir oft insgeheim: „Alleine wäre ich dreimal so schnell fertig gewesen. Soll ich es nicht doch selbst machen?" Dann kam eine Phase, in der die Mitarbeiterin verstanden hatte, wie solche Artikel verfasst werden. Als sie mir diese vor dem Versand vorlegte, krampfte sich innerlich alles in mir zusammen, weil ich merkte: Man kann das so schreiben, aber ich hätte das ganz anders formuliert. Das waren nicht meine Worte!

Das war die größte Hürde beim Delegieren für mich: loszulassen und zuzulassen, dass die Mitarbeiterin es auf ihre Weise machte. Und zuzugeben, dass eben „viele Wege nach Rom führen" und nicht nur meiner. Richtig delegiert habe ich erst, als ich der Mitarbeiterin zutraute, dass sie die Aufgabe fachlich richtig erledigt. Ab diesem Zeitpunkt musste sie mir nicht mehr jeden Artikel vorlegen, sondern war verantwortlich dafür, entsprechend einem vereinbarten Plan Pressemeldungen zu veröffentlichen.

Delegation bedeutet also nicht nur Entlastung für den Chef, sondern auch Verzicht: auf Lieblingstätigkeiten, einsame Entscheidungen, Grandiositätsgefühle („Ohne mich läuft gar nichts") und Einfluss. Wenn Sie – bei ehrlicher Selbstbefragung – nicht darauf verzichten möchten, so sollten Sie es lieber lassen und weiterhin alles rund um sich konzentrieren.

Wenn Sie sich trotz dieses Verzichts entscheiden zu delegieren:
- Definieren Sie genau den Aufgaben-, Kompetenz- und Verantwortungsrahmen, den Sie delegieren wollen.
- Überlegen Sie, welche fachlichen und persönlichen Kompetenzen jemand braucht, der diese Aufgabe selbständig erledigen soll.

- Wählen Sie einen befähigten oder entwicklungsfähigen Mitarbeiter aus, zu dem Sie Vertrauen haben. Seien Sie sich aber bewusst, dass diese Aufgabe vielleicht neu für ihn ist. Er könnte daher zu Beginn klare Instruktionen und dann begleitendes Coaching benötigen, bevor Sie die Aufgabe voll an ihn delegieren können.
- Besprechen Sie alle Rahmenbedingungen, damit er die Aufgabe selbständig ausführen kann:
  Wie soll bei der Ausführung vorgegangen werden (Umfang, Details)?
  Welche Vorschriften und Richtlinien sind zu beachten?
  Welche Stellen / Abteilungen sind zu informieren?
  Welche Kosten dürfen entstehen? Wie hoch ist das Budget?
  Womit soll gearbeitet, welche Hilfsmittel sollen eingesetzt werden?
  Welche Unterlagen werden benötigt?
  Etc.
- Übertragen Sie die jeweilige Aufgabe, Kompetenz und Verantwortung ausdrücklich, d.h. auch für andere Mitarbeiter, Kunden usw. sichtbar.
- Überlegen Sie, welche Konsequenzen die Delegation auf das Beziehungsnetz im Team oder zu Kunden bzw. Partnern haben könnte und wie Sie darauf reagieren werden: Wie verhalten Sie sich zum Beispiel, wenn gewisse Kunden oder Mitarbeiter nur mit Ihnen sprechen wollen?
- Üben Sie sich in Geduld. Selbstständigkeit muss sich erst entwickeln können.
- Denken Sie daran, dass der Mitarbeiter nicht Ihr Ebenbild ist, und dass „viele Wege nach Rom führen". Vielleicht ist sein Weg der bessere?
- Vereinbaren Sie, in welcher Form Sie für Rückfragen und bei Schwierigkeiten zur Verfügung stehen.
- Vereinbaren Sie die Form der Kontrolle und des Feedbacks.
- Geben Sie Ihrem Mitarbeiter die Chance, aus Fehlern zu lernen.
- Wenn Sie eine Aufgabe delegiert haben, dann vermeiden Sie anschließend, in den Arbeitsablauf einzugreifen, wenn es nicht unbedingt erforderlich ist. Verlangen Sie keine Rechtfertigung für jedes kleinste Detail. Lassen Sie los!

Führungsverantwortung delegieren

Wenn Sie die Verantwortung für die Führung eines Bereichs, eines Teams oder eines Projektteams an einen Mitarbeiter delegiert haben, dann achten Sie darauf, keine direkten Anweisungen oder Feedbacks an die Mitarbeiter dieser Einheit zu geben. Sie sind nicht (mehr) der direkte Vorgesetzte, auch wenn Sie der oberste Chef sind und sich persönlich verantwortlich fühlen.

Machen Sie den Mitarbeitern dieser Einheit auch keine Zusagen und treffen Sie ohne den direkten Vorgesetzten keine Entscheidungen (außer es ist Gefahr in Verzug und der direkte Vorgesetzte nicht erreichbar). Sie untergraben ansonsten die Autorität des direkten Vorgesetzten! Halten Sie die „Führungslinie" ein und besprechen Sie Ihre Wünsche mit der zuständigen Führungskraft.

Delegiert ... und aus dem Sinn?

Wenn Sie eine Aufgabe delegiert haben, dann haben Sie auch Verantwortung übertragen. Das bedeutet, Sie brauchen sich nicht mehr täglich darum zu kümmern. Es bedeutet aber nicht, dass Sie damit überhaupt nichts mehr zu tun haben:

- Sie sollen nach wie vor als Mentor und Unterstützer ansprechbar sein.
- Wenn Fehler auftreten, sitzen Sie und Ihr Mitarbeiter trotzdem im selben Boot: Es sind Fehler, die in Ihrem Unternehmen oder Führungsbereich passiert sind, also sind es immer auch Fehler, die Sie mit zu verantworten haben. „Davon habe ich nichts gewusst, denn das habe ich delegiert" ist eine billige Ausrede. Oder wie Fredmund Malik es ausdrückt: „Fehler des Mitarbeiters sind immer Fehler des Chefs!" (Und Erfolge der Mitarbeiter „gehören" den Mitarbeitern.)[48]

Führen durch Sagen, Führen durch Fragen und Führen durch Delegation werden jeweils an die Situation angepasst verwendet. Unabhängig vom Engagement und der Kompetenz des Mitarbeiters sind Sie als Führungskraft auch gefordert, Mitarbeiter für Ihre Ideen, Anliegen und Ziele zu gewinnen. Dies gelingt durch einen weiteren Führungsansatz.

8. Führen durch Überzeugen

Als Führungskraft sind Sie oft gefordert, den eigenen Standpunkt zu präsentieren. Sie wollen dann Ihr Anliegen mit guten Argumenten präsentieren und überzeugen. Wie können Sie Ihre Vorgesetzten, Kollegen und Mitarbeiter dafür gewinnen, Ihr Anliegen zu unterstützen? Das nachfolgende Aufbaumodell hilft Ihnen bei der Vorbereitung eines kurzen Statements, um andere zu überzeugen:

1. Einstieg

Wenn wir ein Thema ansprechen wollen, das auch andere bewegen soll, so ist es wichtig, bei den Zuhörern Betroffenheit auszulösen. Schon der Einstieg sollte ihre Aufmerksamkeit wecken und den Gedanken auslösen: „Das geht auch mich etwas an."

Das können wir erreichen, indem wir:
- ein persönliches Erlebnis erzählen, das zum Thema hinführt:
  „Gestern bin ich in die Werkstatt gegangen und habe gesehen ..."
  „Letzte Woche habe ich in einem Artikel gelesen, dass ..."
- auf eine aktuelle und bekannte Situation Bezug nehmen:
  „Ihr kennt ja die geplanten Änderungen zum ...-Gesetz."
- Erfahrungen der Zuhörer in Erinnerung rufen:
  „Bei der letzten Umstrukturierung haben wir erlebt, dass ..."
- die Emotionen der Zuhörer ansprechen:
  „Wir haben uns sehr über ... gefreut."
  „Wir haben die Sorge, dass ..."

Wenn es uns gelingt, die Erfahrungswelt der Zuhörer und ihre Gefühle anzusprechen, werden sie sich verstanden fühlen und „innerlich Nicken". Sie werden neugierig, was wir zu diesem Thema zu sagen haben.

2. Problemstellung / Herausforderung

Als nächstes geht es darum, dass das eigentliche Problem von allen als Herausforderung erkannt wird, die man gemeinsam angehen will.

Das gelingt, indem wir:
- Ursachen aufzeigen: „Wir haben das Problem, weil wir unsere Projektdaten sehr unterschiedlich ablegen: Da hat jeder von uns seine eigene Ordnung entwickelt."
- konkrete Beispiele – möglichst ohne Vorwurf – sachlich benennen: „Ein Teil von uns macht das so ... andere so ..."

Dieser Teil ist oft heikel, wenn das Problem, das wir ansprechen, möglicherweise genau durch das Verhalten der Zuhörergruppe verursacht wird. Wenn wir hier mit Vorwürfen kommen, werden die Zuhörer beginnen sich zu rechtfertigen. Wichtig ist außerdem zu beachten, dass die Problemstellung etwas anderes ist als unser Überzeugungsziel. In der Regel ist es nicht günstig, schon am Beginn das Ziel vorwegzunehmen.

3. Eventuell: bisherige (ungenügende) Lösungsversuche

Manche Probleme bestehen seit längerer Zeit, und man hat auch schon probiert, sie zu lösen. Es kann sein, dass sich die bisherigen Lösungsansätze als Irrwege herausgestellt haben.

Falls das der Fall ist, würdigen Sie diese Versuche und gehen Sie darauf ein, warum sie noch nicht gefruchtet haben. Beispiele:

- „Wir haben uns ja damals vorgenommen ..., aber nach einiger Zeit ist das dann wieder übersehen worden / haben wir uns nicht mehr daran gehalten."
- „Wir haben damals ... probiert, aber da sind ... Schwierigkeiten aufgetaucht und dann war es nicht möglich so vorzugehen."

Diese Beispiele können zu unserem neuen Lösungsvorschlag hinführen.

4. Eigene Lösungen

Jetzt stellen wir unser Anliegen vor. Wir beschreiben das Ziel und unseren Lösungsvorschlag für den Weg dorthin. Dazu überlegen wir uns bei der Vorbereitung:

- Argumente für unsere Lösung,
- Fakten, Zahlen, Erfahrungswerte, die dafür sprechen,
- mögliche Einwände, die dagegen sprechen,
  und wie wir zu diesen Einwänden stehen,
- den Sinn, erhoffte Erfolge und (positive und negative) Auswirkungen unserer Lösung – auf uns selbst, das Team, die Organisation, die Kunden ...,
- wie die konkrete Umsetzung aussehen könnte.

Diese Überlegungen fassen wir in einem kurzen Statement vor der Gruppe zusammen.

5. Lösungsverstärkung – Resümee

Zum Schluss fassen wir unseren Vorschlag ganz konkret in einer kurzen und einprägsamen Botschaft zusammen. Dabei beantworten wir diese Frage: Wer soll was wann mit wem wie tun? Dabei formulieren wir persönlich ruhig in Ich-Botschaften. Beispiele:

- „Ich möchte daher, dass jeder von Euch ab nächster Woche ..."
- „Ich bin überzeugt, wenn wir das ab nächster Woche so machen,
  werden wir ... bis ... erreicht haben."

Unser Resümee kann auch eine Einladung zu einem gemeinsamen Dialog zur Ideenfindung sein:

- „Ich habe auch noch keine fertige Lösung dafür, aber setzen wir uns nächsten Montag zusammen und überlegen gemeinsam ein neues Konzept."

6. Dialog und Entscheidung

Wenn Sie ein solches Statement gut vorbereiten, dauert es nicht länger als fünf Minuten. Bereiten Sie sich auch auf mögliche Einwände vor und überlegen Sie, warum Sie trotzdem überzeugt sind, dass Ihr Lösungsvorschlag Sinn macht. Beachten Sie dabei auch die Anmerkungen zu Entwicklungs- und Veränderungsfähigkeit auf Seite 244.

Fragen Sie am Ende, ob Ihr Anliegen verstanden wurde und welche Gedanken die Mitarbeiter dazu haben. Wenn sich neue Fragen oder Einwände auftun, die Ihnen selbst noch nicht bewusst waren, so überlegen Sie gemeinsam, wie man diese lösen könnte.

Fassen Sie am Schluss des Dialogs noch einmal zusammen, was vereinbart wurde.

9. Ein Team führen

Phasen der Entwicklung von Gruppen / Teams

So wie jeder Mensch seine Geschichte hat und sich individuell entwickelt, haben auch Gruppen ihre eigene „Lebensgeschichte": Aufgabe, Situation, Umfeld und vor allem die unterschiedlichen Menschen in der Gruppe sind einzigartig. Jedes Team entwickelt damit eine Eigendynamik, die häufig darüber entscheidet, ob die gemeinsamen Ziele erreicht werden oder nicht. Für die Führungskraft ist es eine Herausforderung, diese Dynamik zu erkennen und situativ darauf einzugehen.

Trotz dieser Einzigartigkeit kann man Gesetzmäßigkeiten in der Entwicklung von Gruppen erkennen. Die Kenntnis der Entwicklungsphasen hilft bei der Führung eines Teams oder einer Projektgruppe. Der Psychologe Bruce Tuckman[49] beschreibt modellhaft und idealtypisch einen Grundablauf, der mehr oder weniger intensiv in sich neu bildenden Arbeitsgruppen auftritt und immer wiederkehrt.

Die Team-Entwicklungs-Uhr nach Dave Francis und Don Young bietet die Gelegenheit, eine Standortanalyse Ihres Teams bzw. Ihrer Gruppe vorzunehmen.

Teamuhr

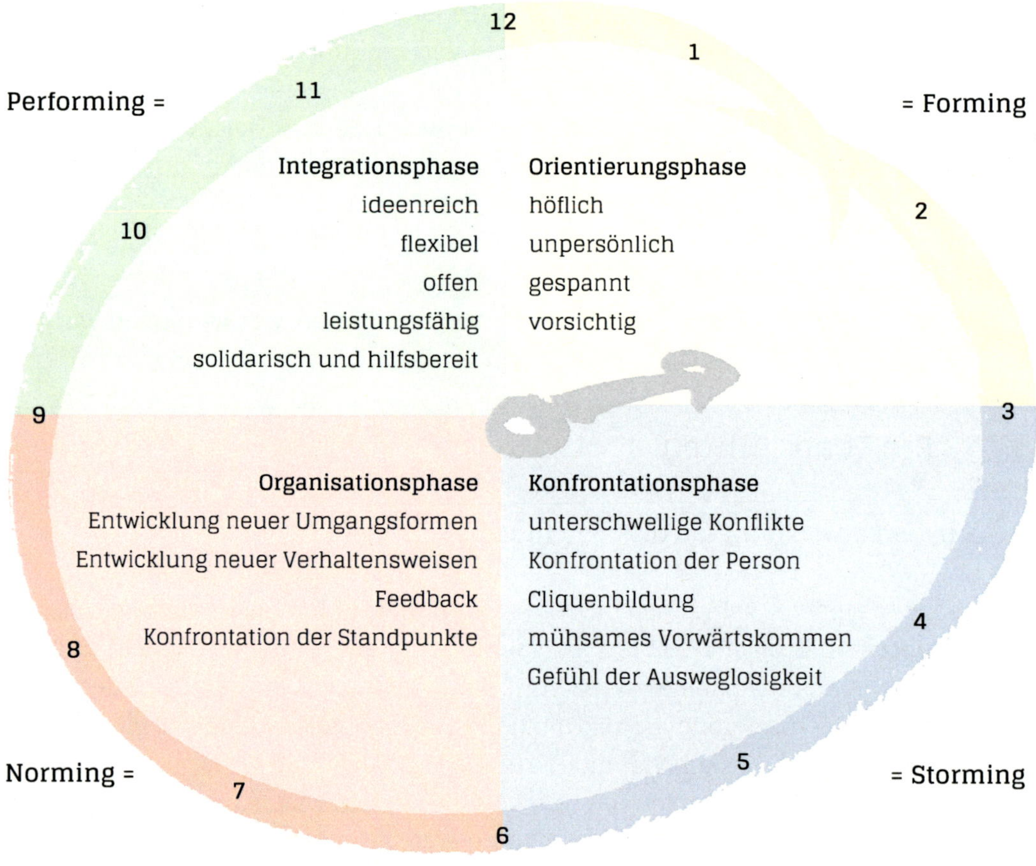

Forming – Orientierungsphase

„Forming“ ist die Phase des „Abtastens“, Beschnupperns und Kennenlernens: Man ist höflich und vorsichtig. Es herrscht eine Atmosphäre von Unsicherheit. Man fragt sich: Wo ist hier mein Platz? Wer ist hier der Chef? Was gilt hier? Wie arbeitet man hier? Das betrifft nicht nur neu zusammengestellte Teams: Durch jeden Wechsel (z.B. durch den Eintritt nur eines neuen Mitarbeiters) entsteht – zumindest in Ansätzen – wieder eine neue Gruppe, die Beziehungen und die Rangordnung können sich ändern.

Aufgaben des Leiters in dieser Phase:
- Orientierung und ausreichend Informationen geben,
- Klarheit über die Aufgabe der Gruppe und über die Rahmenbedingungen schaffen,
- einen Rahmen für den Aufbau von Beziehungen schaffen (z.B. durch eine Kennenlernrunde),
- Erwartungen an die Gruppenmitglieder aussprechen,
- Scheu und Zurückhaltung akzeptieren,
- Vorpreller bremsen und Zurückhaltende ermuntern.

Wenn einige Personen einander aus einem anderem Zusammenhang schon kennen, erspart ihnen das nicht das Anwärmen als Gruppe: Die Beziehungen werden immer von der Gesamtkonstellation mit beeinflusst, zu der auch die Aufgabe, die sonstigen beteiligten Personen und der Auftrag gehören.

Mögliche Fragen dazu:
- Was genau ist unser Problem, unsere Aufgabe?
- Welchen Sinn hat es, diese Aufgabe zu lösen?
- Sind wir alle bereit, an der Lösung mitzuarbeiten?
- Können wir (im Prinzip) das Problem oder die Aufgabe lösen?
- Was genau ist die Rolle des formellen Leiters?
- Was wollen, können wir gemeinsam erreichen?
- Wie wollen, können wir vorgehen?

Storming – Konfrontationsphase

„Storming“, die nächste Phase, ist durchaus wörtlich zu nehmen: Nach einiger Zeit des Näher-Bekanntwerdens geraten einzelne Gruppenmitglieder aneinander – und dann kann es stürmisch werden. In neuen Gruppen weiß man ja zunächst nie, wie weit man „gehen kann“. Das Aneinandergeraten ist gewissermaßen ein Streit um

Territorium, darum, wer wie viel „Raum einnimmt“. Inhaltlich geht es darum, wessen Meinung wie viel gilt. Der Umgang mit dieser Phase kann leichter fallen, wenn man begreift, dass es sich beim Storming nicht um eine Ablaufstörung handelt, die „befriedet“ werden muss, sondern um eine notwendige Durchgangsphase. Sie zeichnet sich nicht immer durch laute Auseinandersetzungen aus, sondern auch durch mühsames Vorwärtskommen und unterschwellige Konflikte.

Aufgaben des Leiters in dieser Phase:
- Nerven behalten, emotionale „Entgleisungen“ nicht überbewerten,
- Feedback und Emotionen ernst nehmen,
- Raum geben für Beziehungsthemen,
- Transparenz schaffen, die Aussprache von Gegensätzen moderieren,
- Dinge bewusst machen, die schon funktionieren,
- die Aufgabe und Ziele der Gruppe in Erinnerung bringen.

Mögliche Fragen dazu:
- Was hindert die Gruppe daran, so wirkungsvoll zu sein, wie sie es sich wünscht?
- Was hindert die einzelnen Mitglieder daran, so wirkungsvoll zu sein, wie sie es wünschen?
- Was gefällt den einzelnen Mitgliedern an der Gruppe, so dass sie es erhalten möchten?
- Was möchten die einzelnen Gruppenmitglieder ändern, um die Zusammenarbeit zu fördern?

Manchmal empfiehlt es sich, einfache Methoden anzuwenden, die es erlauben, momentane Stimmungen im Team transparent zu machen: das Blitzlicht (alle Mitglieder sagen der Reihe nach in wenigen Sätzen, wie sie sich in diesem Augenblick fühlen, was sie denken und was sie gerne machen würden), einen Dialog oder auch das Feedback.

Norming – Organisationsphase

„Norming" tritt ein, wenn die „Kampfthemen" geklärt sind und man sich irgendwann auf Rollen, Positionen, Arbeitsteilung und Verfahren einigt.

Aufgaben des Leiters in dieser Phase:
- Entwicklung von verbindlichen Normen und Gruppenregeln,
- Leitsätze für die Zusammenarbeit und Teamkultur gemeinsam erarbeiten und Absprachen schriftlich festhalten,
- Unterschiedlichkeit bewusst machen und wertschätzen,
- für offenen Austausch von Meinungen und Emotionen sorgen,
- die Sachziele im Auge behalten,
- Führung langsam zurücknehmen.

Mögliche Fragen dazu:
- Welche Arbeits- und Kommunikationsregeln (auch Diskretionsregeln gegen außen) gelten für den Einzelnen in der Gruppe?
- Woran halten wir uns gemeinsam in der Gruppe?
- Wer ist dafür verantwortlich, dass diese Regeln eingehalten werden?
- Was geschieht, wenn die Regeln nicht eingehalten werden?

Hier ein Beispiel für die Regeln zur Zusammenarbeit einer Gruppe:
- Wir legen die Rahmenbedingungen gemeinsam fest, z.B. Ziele, Funktionsverteilung, Zeitpläne.
- Wir halten uns an Vereinbarungen zu Zeitstruktur, Funktionen, Thema.
- Abweichungen werden immer angesprochen.
- Ziele, Forderungen, Wünsche, Bedürfnisse, Interessen werden
  - gemeinsam herausgearbeitet und
  - die dahinterliegenden Annahmen deutlich gemacht.
- Wir gehen respektvoll miteinander um.
- Gedanken-lesen, Gedanken-erraten wird nicht erwartet.
- Ergebnisse werden (schriftlich) festgehalten.
- Gegenseitiges Feedback und Kontrolle (Bestätigung, Abweichung) sind erwünscht.
- Wir gehen vertraulich mit Informationen um.
- Wir nehmen uns Zeit für Feedback und Reflexion.
- Regeln sind jederzeit neu verhandelbar.

Performing – Integrationsphase:

Nun kann sich die Gruppe der Durchführung der eigentlichen Aufgabe widmen. Sie erbringt eine gemeinsame Leistung.

Aufgaben des Leiters in dieser Phase:
- regelmäßig nach mehr Effizienz und Weiterentwicklung suchen,
- die Arbeitseinteilung verfeinern,
- sich in den Dienst der Aufgabe stellen,
- regelmäßige Reflexion über die Zusammenarbeit und regelmäßiges Feedback,
- Anerkennung geben und Erfolge feiern („Erntedank" zelebrieren).

Mögliche Fragen dazu:
- Was haben wir bisher erreicht?
- Wie beurteilen wir die Leistung?
- Was haben wir warum bis jetzt nicht leisten können?
- Wie haben wir die Zusammenarbeit erlebt und erfahren?
- Wie wurde unser Arbeits-„produkt" von und in der Organisation oder von den Kunden aufgenommen und beurteilt?

Der Phasenverlauf muss nicht linear erfolgen. Es kann Stagnationen geben, man kann sich in bestimmten Stadien länger aufhalten oder gar an den Start zurückgestellt werden. Der Kardinalfehler: Gruppen werden gebildet („Forming"), und dann erwartet man ein Ergebnis („Performing"). Gruppen haben aber eine „Eigenzeit" und müssen bis zum Punkt ihrer Arbeitsfähigkeit einen Prozess durchlaufen. Jedes zeitliche Forcieren von „Performing" rächt sich insofern, als sich das „Storming" in die inhaltliche Arbeit hineinverlagert und man daher nicht mehr unterscheiden kann, ob es sich bei inhaltlich unterschiedlichen Auffassungen um sachlich begründete Differenzen oder um „Beziehungsspiele" handelt.

Selbstverständlich können sich die Phasen im konkreten Gruppenleben überlappen: Auch wenn eine Arbeitsgruppe auf der Ebene der groben Entwicklungsschritte die Perfomingphase erreicht hat, durchläuft sie auf der Ebene einzelner Problemlösungen, Entscheidungsprozesse und Aufgabenbewältigung immer wieder erneut die beschriebene Phasenstruktur. Dieses Phasenmodell hat Konsequenzen für das Leitungsverhalten in Arbeitsgruppen. Je nach Entwicklungsstand sind besondere Impulse und Hilfestellungen nötig.

Das Nichtbeachten dieser Phasen kann zu Spannungen im Team führen. Das ist zum Beispiel der Fall, wenn

- von der Gruppe erwartet wird, dass sie sofort, ohne Einarbeitungszeit, arbeitet und „funktioniert".
- die Leitung versucht, alle „Storming"-Symptome zu unterdrücken, weil sie keine Spannungen aushält.
- das Team nicht zum Arbeiten / Performen kommt, weil es in der Orientierung und Konfrontation stecken bleibt und keine Klärungen stattfinden (siehe Klarheit).
- ständige Wechsel Unruhe bringen: Kaum hat sich das Team gebildet, wird die Zusammensetzung wieder verändert. So kommt das Team nie über Orientierung, Auseinandersetzung und Neuregelung hinaus.

Wenn es einmal nicht mehr weitergeht, wenn der Prozess „holpert" und man sich unschlüssig ist, warum sich die Gruppe jetzt so verhält, dann bringt ein Blick auf dieses Phasenmodell wertvolle Hinweise zur Klärung der Situation.

Reflexion

- Wie schätze ich die Entwicklung in meinem Team ein?
- Auf welchen konkreten Beobachtungen oder Ergebnissen beruht meine Einschätzung?
- Welche Phase sollte mein Team anstreben, damit unsere BeziehungsKRAFT sich weiter entwickelt?
- Welche Schritte sind dazu notwendig?
- Wie kann ich mein Team als Führungskraft dabei gut unterstützen? Was darf ich nicht tun?

Wenn Sie Ihre eigene Einschätzung hierzu mit Ihrem Team austauschen und gemeinsam besprechen, was das Team als nächstes braucht, so ist wahrscheinlich ein wichtiger Schritt in Richtung Weiterentwicklung der BeziehungsKRAFT gesetzt.

Notwendige Besprechungen / Sitzungen / Meetings in einem Team

Wenn in einem Team BeziehungsKRAFT entstehen und wachsen soll, sind Strukturen notwendig, in denen Gemeinschaft erlebt, die Aufgaben abgestimmt und die Zusammenarbeit geklärt werden kann. Für diese Steuerung braucht man gemeinsame Zeit-Räume – in der Schweiz nennt man diese Strukturen „Gefäße". Welche Strukturen haben sich hier bewährt?

Morgen- / Tagesbesprechung:

Diese Treffen sind überall dort sinnvoll, wo mehrere Teammitglieder am gleichen Ort arbeiten. Sie kommen zum Beispiel zu Tagesbeginn zusammen, um gemeinsam das operative Tagesgeschäft zu koordinieren. Solche Morgen- oder Tagesbesprechungen dauern meistens nur zehn Minuten (einen gemeinsamen Kaffee lang). Gute Erfahrungen habe ich damit gemacht, diese Treffen als „Stehung" rund um einen größeren Stehtisch durchzuführen: Das ist effizient und sorgt für eine aktivere, kommunikative Stimmung.

Teammeeting:

Mitglieder eines Teams sollten fixe regelmäßige gemeinsame Zeiten haben, an denen sie zusammenkommen.

Die bei diesen Treffen zu besprechenden Themen sind:
- Blick auf das operative Tagesgeschäft:
  Rückschau: Was ist uns gelungen?
  Was lernen wir aus Fehlern? Was haben wir von unserer Umwelt wahrgenommen (Kunden, Mitbewerber, Partner, ...)?
  Vorschau: Was kommt auf uns zu? Wie koordinieren wir unsere Aufgaben?
- Informationen durch die Führungskraft (z.B. über Entscheidungen der Geschäftsleitung)
- Informationen aus den Projekten (in denen Teammitglieder mitarbeiten)

Die Häufigkeit dieser Teammeetings hängt stark von der Art der Tätigkeit der Teammitglieder, deren Abstimmungsbedarf und der Entfernung der Arbeitsorte ab: Sie kann von wöchentlich bis monatlich schwanken. Die Treffen sollten nicht länger als zwei Stunden dauern.

Wenn Sie für diese Meetings regelmäßig länger brauchen, fragen Sie sich:
- Besprechen wir wirklich Themen, die alle betreffen, oder ist das Teammeeting eine Aneinanderreihung von Einzelgesprächen in Anwesenheit aller?
- Beherrsche ich die Standards der Sitzungsmoderation?
- Neigen wir zu häufigen „Endlosschleifen", bei denen wir immer über die gleichen „Grundsatzfragen" sprechen?

Bei den regelmäßigen Teambesprechungen sollte aus meiner Sicht nur das operative Tagesgeschäft im Fokus stehen. „Grundsatzfragen" und Zukunftsthemen, aber auch Beziehungen und Teamkultur sind zu wichtig, um sie in diesen Alltagssitzungen – so nebenbei – zu behandeln. Versuche, sich in den regelmäßigen Meetings damit zu beschäftigen, enden meist mit der resignativen Feststellung: „Das sollten wir uns einmal genauer überlegen, aber heute haben wir keine Zeit dazu." Dafür ist ein anderes Setting notwendig:

Die Teamklausur

Zur Behandlung dieser „Grundsatzfragen" sollte ein Team aus meiner Sicht zumindest ein- bis zweimal jährlich in eine Klausur gehen – möglichst an einen ruhigen Ort außerhalb des Betriebs. Im Idealfall nächtigt man auch dort und verbringt einen gemeinsamen Abend.

An diesen Tagen sollte das Team „entschleunigen" können, um auf wichtige Team-Themen einzugehen:

- gemeinsame Gestaltung eines Zukunftsbildes,
- Umsetzungsplanung für die Strategie,
- Definieren von Veränderungszielen
- Definition von Grundsätzen und gemeinsamen Werten,
- Definition von „Spielregeln" für die Zusammenarbeit oder den Umgang mit Kunden und Partnern,
- Klärung von Beziehungen, Rollen und Konflikten.

Durch die intensive gemeinsame Arbeit in solchen Teamklausuren entsteht nicht nur BeziehungsKRAFT, sondern auch die „AufbruchsKRAFT", die dem Team Lust auf ein gemeinsames Gestalten der Zukunft macht.

Es kann hilfreich sein, wenn Sie die Moderation einer solchen Teamklausur jemand anderem übertragen: Dann sind Sie selbst gedanklich frei und können für Ihre eigenen Anliegen eintreten, ohne immer parallel auf den Klausurverlauf zu achten. Moderator kann ein Teammitglied, ein Mitarbeiter der Personalabteilung oder ein externer Moderator sein.

Teamführung auf Distanz

Vor allem im Vertrieb und in der Industrie gibt es viele Teams, die räumlich weit voneinander entfernt tätig sind. Beziehungsgestaltung über Entfernung unterliegt noch einmal eigenen Gesetzmäßigkeiten.

Bei der Führung von Mitarbeitern auf Distanz sind – je nach Phase der Zusammenarbeit – unterschiedliche Intensitäten und Formen des Kontaktes möglich und notwendig:

Kontaktvarianten bei Führung auf Distanz

gleicher Ort **gleiche Zeit** (reales Treffen: Sitzung, Gespräch „face to face“)	**anderer Ort** **gleiche Zeit** (Telefonat, Video-Konferenz, ...)
gleicher Ort **andere Zeit** (z.B. Besuch ohne Kontakt mit dem Mitarbeiter)	**anderer Ort** **andere Zeit** (E-Mail, Cloud-Forum, Apps, Intranet)

Die fachliche Kompetenz der Mitarbeiter sollte bei Führung auf Distanz im Idealfall schon gegeben sein. Führung über Instruktion (siehe: Situativ führen) funktioniert über Entfernung kaum. Hier geht es primär um das Aufbauen einer tragfähigen Arbeitsbeziehung[50].

In der ersten Phase der Orientierung ist ein persönlicher Kontakt („face to face“) notwendig. Es ist schwer, Vertrauen zu anderen Menschen über Telefon oder Video aufzubauen.

Ist erst einmal Vertrauen entstanden, so kann die weitere Zusammenarbeit (Zielfindung, Vereinbarungen) auch gut virtuell oder über Telefon erfolgen. In der Phase der Umsetzung braucht die Führungskraft im Idealfall nicht körperlich anwesend zu sein und sollte sich auch nicht ständig mit Telefonaten oder E-Mails in das operative Geschäft einbinden. Bewährte Devise in dieser Phase: Lassen Sie die Mitarbeiter arbeiten und stören Sie nicht! Selbstverständlich ist der Vorgesetzte da, wenn es Probleme gibt und ein Mitarbeiter Hilfe benötigt, aber: Vorsicht vor Rückdelegation!

Hilfreich ist in dieser Phase ein regelmäßiger Termin, an dem die Mitarbeiter wissen, dass Sie Zeit haben und zur Verfügung stehen. Das kann z.B. eine wöchentliche Telefonabsprache sein, ein regelmäßiger Videokonferenz-Termin oder ein regelmäßiger Besuch vor Ort (z.B. Besuch an der Filial-Betriebsstätte, Baustelle, Außenstelle, ...).

Nach der Umsetzung erfolgt die Evaluierung der Ergebnisse: In dieser Phase sind Sie als Führungskraft wieder persönlich gefragt, vor allem für wertschätzendes Feedback. Hierfür ist eine echte Zusammenkunft – bei Außenstellen am Standort der Mitarbeiter – ein wichtiges Führungsinstrument.

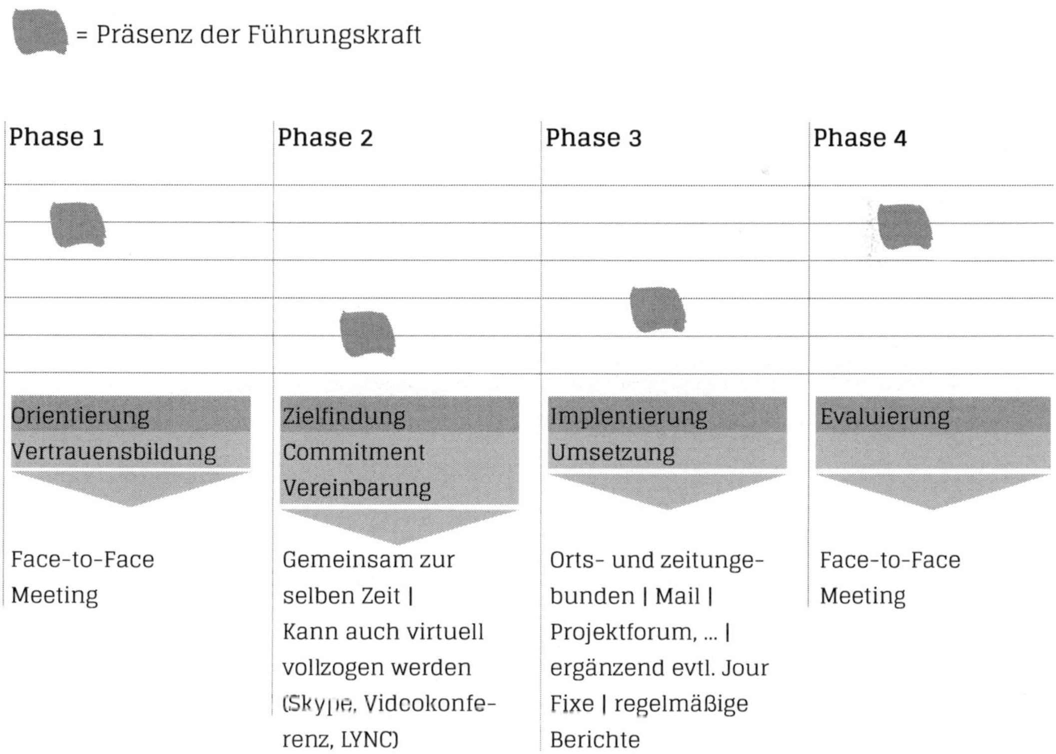

VI. Zukunftsorientiert führen – AufbruchsKRAFT

Was bedeutet „zukunftsorientiert" führen?[51]

Egal ob Lebensmittelhandel, Industriebetrieb, Bank oder öffentliche Verwaltung – alle Organisationen müssen sich auf ihre Umwelt einstellen und ihr Handeln auf Veränderungen von äußeren Rahmenbedingungen ausrichten. Veränderung zu gestalten und Entwicklungsprozesse voranzutreiben, ist eine zentrale und permanente Führungsaufgabe.

Nun lässt sich die Zukunft nur bedingt vorhersagen und planen. Dennoch sind wir ständig gefordert, Entscheidungen zu treffen, deren Auswirkungen in der Zukunft zum Tragen kommen.

Im Idealfall
- agieren die Führungskräfte dabei aktiv statt nur zu reagieren,
- werden Entscheidungen „grundsätzlich" getroffen und nicht bei jedem Anlassfall wieder neu diskutiert,
- orientieren sich Entscheidungen im Alltag an einer gemeinsamen Linie, einer Grundstrategie, die von allen getragen wird.

Zukunftsorientierte Führung besteht aus drei Schritten:
1. Einsicht: Trends erkennen und deren Auswirkungen auf Ihre Organisation analysieren,
2. Vorschau: ein attraktives Zukunftsbild für Ihre Organisation entwerfen,
3. Aktion: einen Fahrplan für die Umsetzung entwickeln.

1. Einsicht: Der erste Schritt der zukunftsorientierten Führung

Veränderungen von außen und Veränderungsbedarf in der eigenen Organisation frühzeitig wahrzunehmen und darauf zu reagieren, ist ein Grundprinzip zukunftsorientierter Führung.

Veränderungen von außen erkennen

Organisationen bewegen sich nicht im luftleeren Raum, sondern sind eingebettet in etwas größeres Ganzes: Äußere Faktoren wie die Gesellschaft, der Markt, die politische Situation, die Technologien etc. bilden sogenannte „relevante Umwelten", welche die Entwicklung eines Unternehmens stark beeinflussen. Manche Leistungen und Produkte werden erst durch diese neuen Entwicklungen möglich. So hat zum Beispiel die Internettechnologie völlig neue Geschäftsideen ermöglicht. Andere Produkte (z.B. Filmentwicklung) sind vom Markt verschwunden.

„Man kann doch nicht voraussagen, was in sieben oder zehn Jahren sein wird", ist das häufigste Argument gegen die Beschäftigung mit der Zukunft. Diese Aussage ist ja auch richtig: Niemand kann die Zukunft seriös voraussagen, und sehr oft lagen sogenannte Trendforscher mit ihren Prognosen ganz schön falsch:

„Meiner Meinung nach gibt es einen Weltmarkt für vielleicht fünf Computer" – IBM-Vorsitzender Thomas Watson, 1943

„Es gibt keinen Grund, warum ein einzelner Mensch einen Computer zuhause haben sollte" – Ken Olson (Präsident der Digital Equipment Corporation, DEC) auf der World-Future-Society-Convention in Boston, 1977

Das bedeutet aber nicht, dass wir uns überhaupt nicht mit der Zukunft beschäftigen sollten. Ergebnisse der Zukunftsforschung bieten keine verlässlichen Vorhersagen. Einen Zeitraum von sieben bis zehn Jahren vorauszudenken, kann Ihnen aber trotzdem helfen,

- neue Ideen für Ihre Produkte oder Dienstleistungen zu generieren,
- auf mögliche Entwicklungen vorbereitet zu sein und
- Ihre eigene Vision zu entwickeln.

Gute Führungskräfte, meint Bob Johansen vom Institute for the Future[52], haben einen vorbereiteten Geist – vorbereitet auf die immer unsichere Zukunft, vorbereitet, das Undenkbare zu denken.

Machen Sie für Ihre Organisation eine PESTEL-Analyse (Political, Economic, Social, Technological, Environmental, Legal Analysis) und überlegen und hinterfragen Sie mögliche Einflussfaktoren auf Ihre Organisation:

- Politik und Recht: Gesetzgebung, politische Krisen in für Ihre Organisation relevanten Ländern, Patentrecht, Arbeitsrecht, Produzentenhaftung, Steuergesetze, ...
- Wirtschaft: Marktentwicklung im In- und Ausland, globale Hoffnungsgebiete, Zinsentwicklung, Währungsentwicklung, saisonale Schwankungen, ...
- Sozio-kulturelle Faktoren und Demografie: Bevölkerungsentwicklung, Haushaltsgrößen, Haushaltsstrukturen, Einkommensentwicklung, gesellschaftliche Werthaltungen, Ethik, Arbeitshaltung, ...
- Technologie und Ökologie: Entwicklung neuer Technologien, Verfügbarkeit von Rohstoffen, Energie, Wasser, Naturkatastrophen, Auswirkungen moderner Informationstechnologie, ...

Hier nur einige prognostizierte Zukunftstrends, die vielleicht Auswirkungen auf Ihre Organisation haben könnten:

- Selbstbewusste, bestens informierte Kunden
- Individualisierung von Leistungen für den Kunden (die selbst gestaltete Tasche, der Ski oder die Scheckkarte mit individuellem Design, das individuell zusammengestellte Müsli, ...)
- Nachfrage nach ökologischen, nachhaltigen Produkten
- Steigende Energiekosten und Energieknappheit
- Mitarbeiter, die Wert auf Sinnverwirklichung bei ihrer Arbeit legen
- Fachkräftemangel
- Mitarbeiter, die Selbstorganisation und Gestaltungsfreiheit wünschen
- „Jobbies" – Menschen, die Job und Hobbys verbinden
- Soziales Engagement auch von wirtschaftlich orientierten Firmen
- Lose Netzwerk-Kulturen: Zusammenarbeit in regionalen und weltweiten Netzwerken – unabhängig von klassischen hierarchischen Firmenstrukturen
- Online-Leben und -Lifestyle: Das virtuelle Leben ergänzt und ist wesentlicher Bestandteil des physischen Lebens. Mobile Lösungen werden Standard.
- Soziale Netzwerke im Internet als Informationsplattform
- Innerbetriebliche Kommunikation und Dialog mit Kunden über Apps statt Intranet und Homepage
- Benutzerfreundliche, sprachgesteuerte Geräte
- Bedeutung lokaler Netzwerke und regionaler Kreisläufe
- Jeder kann kaufen und verkaufen (Beispiel: ebay)
- Unsicherheit im sozialen Gesundheitswesen – Gesundheit als Boom-Markt
- Abnahme der staatlichen Sozialvorsorge

- Starkes Fitnessbewusstsein einerseits – massive Gesundheitsprobleme aufgrund von falschem Lebensstil andererseits
- Zunahme an psychischen Erkrankungen
- Generation 60+ in der Mehrheit
- Zunahme des Bedarfs an Pflege im Alter
- Zunahme an Patchworkfamilien, Single-Haushalten, Alleinerziehern
- ...

Wenn Sie nun allgemeine Trends beobachten, so sind vor allem jene Einflüsse interessant, welche möglicherweise Ihre Organisation betreffen. Sie können eine starke Auswirkung auf das Kerngeschäft, die Identität und die Strategie aber auch auf die Ordnung und Ressourcen einer Organisation haben. Daher ist es wichtig, ständig „die Fühler auszustrecken“ und zu erforschen, welche Entwicklungen in den für das Unternehmen relevanten Umwelten sich auf das Kerngeschäft auswirken könnten.

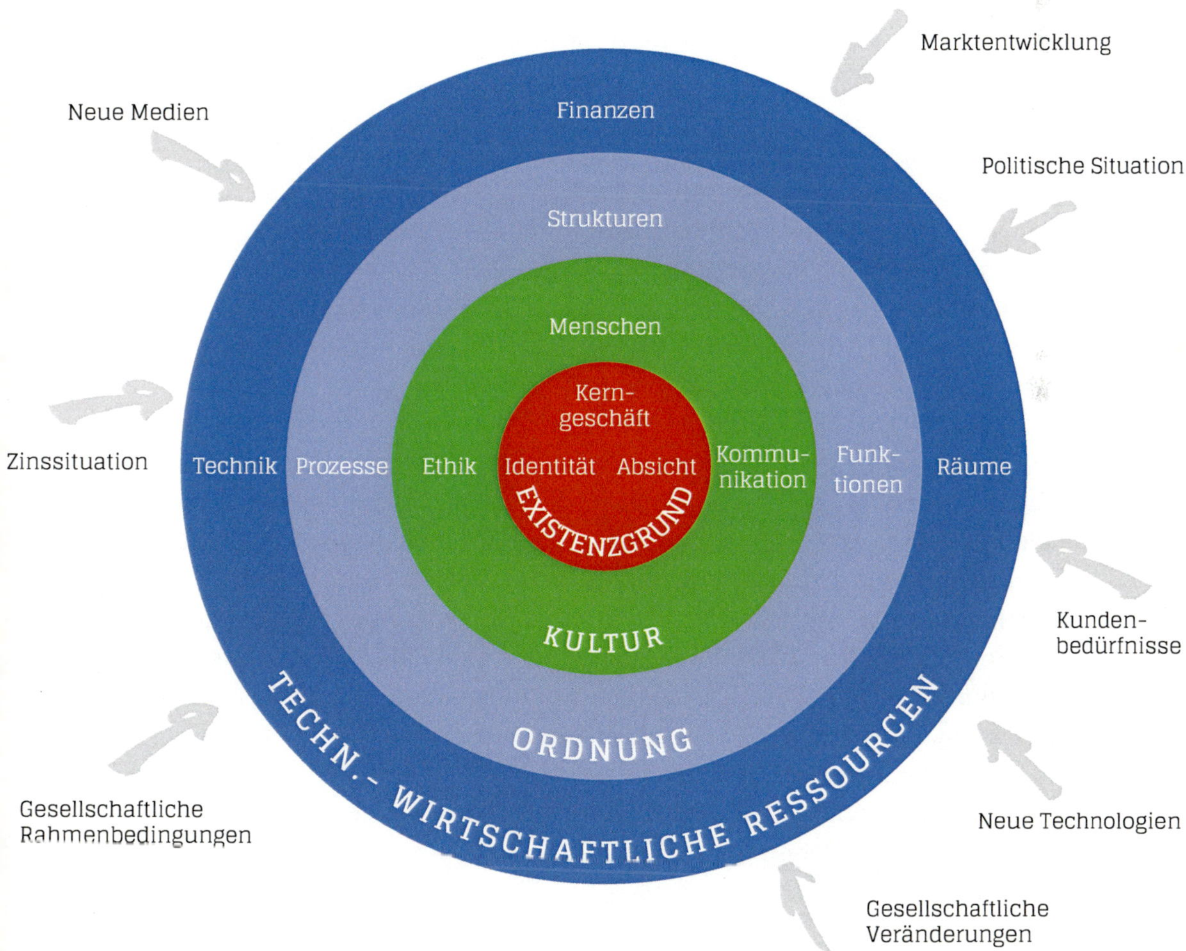

Auswirkungen relevanter Umwelten auf unsere Organisation: QR→

- *Welche besonderen Chancen, Tendenzen oder Risikofaktoren sehen wir in den bestehenden und potenziellen neuen Märkten?*
- *Welche relevanten Stärken und Schwächen hat unsere Organisation / unser Bereich im Vergleich zu Mitbewerbern?*
- *Welche Entwicklungen bei Mitbewerbern sind erkennbar?*
- *Wie groß ist die Gefahr, dass wesentliche Teile unseres Kerngeschäfts substituiert werden?*
- *Welche ökologischen Herausforderungen kommen auf unsere Organisation zu? Wie könnten sie sich auf unser Kerngeschäft auswirken? (Energieknappheit, Abfallproblematik, ...)*
- *Welche gesellschaftlichen Entwicklungen könnten sich auf unser Produkt bzw. auf unsere Kundenstruktur auswirken? (Wertewandel, Alterspyramide, Entwicklung in Hinblick auf Immigranten, Alleinerziehende, Single-Haushalte, ...)*

Wie können Sie nun erforschen, welche Trends für Sie und Ihre Organisation relevant sein könnten?

Hier ein paar Empfehlungen:

- Experten der Branche hören: Nutzen Sie Kongresse und Expertenartikel, in denen die Zukunftsentwicklungen Ihrer Branche erörtert werden. Gehen Sie mit offenen Augen durch die Welt.
- Weltweite Best-Practice-Beispiele suchen: Es ist nicht wichtig, der Erste zu sein, der eine Idee hat und umsetzt. Oft gilt: „Dem Ersten die Not, dem Zweiten das Brot ..." Sogenannte „Fast Follower", die neue Ideen gut oder verbessert umsetzen, haben oft weit mehr Erfolg als Pioniere. Horchen und schauen Sie sich um und suchen Sie neue Ideen für Ihren Markt.
- Marktforschung: Nutzen Sie Ergebnisse von Studien zur allgemeinen gesellschaftlichen Entwicklung und zur Entwicklung Ihres Marktes bzw. betreiben Sie selbst für Ihr Unternehmen regelmäßig Kundenbefragungen.
- Stakeholder-Interviews: Es ist spannend und nützlich, diese Fragen mit Führungskräften, Mitarbeitern oder Kollegen und Stakeholdern zu diskutieren. Als „Stakeholder" bezeichnet man alle relevanten Personen bzw. Einflussgruppen einer Organisation: Kunden, Aktionäre, Lieferanten, Netzwerkpartner ... Sie können aber auch völlig Außenstehende, die in einem vollkommen anderen Metier arbeiten oder aus einem anderen Kulturkreis kommen, befragen. Es ist spannend,

auch deren Sicht und Annahmen über die Zukunft allgemein und eine mögliche Zukunft Ihrer Organisation einzuholen. So erhalten Sie auch Eindrücke, die Ihnen vielleicht bisher unbekannt waren.
- Learning Journey: Es lohnt sich, über den eignen Tellerrand zu schauen, sich zu informieren, was andere Organisationen unternehmen, und kreative, innovative, erfolgreiche Beispiele für die Lösung von Aufgaben zu suchen.

Stakeholder-Interviews

Wenn Sie sich mit anderen Menschen über zukünftige Entwicklungen unterhalten, so erfordert das eine besondere Aufmerksamkeit im Gespräch – ein Eintauchen in die Gedanken der Gesprächspartner. Claus Otto Scharmer, Professor am MIT, hat die dialogische Methode von Stakeholder-Interviews für die Gestaltung von Zukunftsprozessen entwickelt.

Gehen Sie hierfür möglichst offen ins Gespräch, lassen Sie sich darauf ein, neue Ansichten anzuhören und zu erforschen und vermeiden Sie
- Ihre eigenen Bilder und Annahmen bestätigt zu bekommen oder abzuholen: „Meinen Sie nicht auch ...?“
- Meinungen zu konkreten eigenen Ideen abzufragen: „Was halten Sie davon, wenn wir ...?“
- einen starren Fragebogen, den Sie „abarbeiten“ möchten.
- geschlossene Fragen, die man mit „ja“ oder „nein“ beantworten kann.
- rasche Urteile über das, was Sie hören – vor allem, wenn ein Gedanke neu für Sie ist.

Dies ist eine für faktenorientierte Menschen völlig neuartige Übung: Sie gehen in ein Gespräch ohne geplanten Ablauf, ohne klares Gesprächsziel, mit offenem Ausgang und sollen sich einfach auf einen anderen Menschen einlassen. Das Ergebnis sind oft ganz intensive persönliche Begegnungen und berührende Kontakte, in denen Sie als Führungskraft selbst plötzlich Zusammenhänge und Trends erkennen, die Ihnen vorher nicht bewusst waren. Diese Methode bringt Sie mit Ihren Gesprächspartnern in eine wertschätzende und inspirierende Begegnung und bedeutet nebenbei auch eine neue Lernerfahrung. Der Kommentar eines Vorstands nach solchen Interviews: „Ich sollte jeden Monat zwei solcher Interviews führen, dann hätte ich einen ganz anderen Kontakt zu unseren Kunden und wüsste besser, wie sie ticken.“

Hier einige hilfreiche Grundsätze zum Stakeholder-Interview[53]:

- Bereiten Sie sich innerlich vor: „Die wichtigste Stunde eines Interviews ist die Stunde davor." Besinnen Sie sich auf Ihre Absicht, die Sie mit dem Interview verbinden. Was wäre das bestmögliche Ergebnis für Sie?
- Während des Interviews sollten Sie mit offenem Geist und Herz (open mind & open heart) zuhören, sich Notizen machen.
- Stellen Sie Ihre innerlich urteilende Stimme ab, um die Sache aus der Sicht Ihres Gesprächspartners zu sehen. Ob Sie gleicher Meinung sind, zählt zu diesem Zeitpunkt nicht. Wichtig ist im Moment, dass Sie lernen, die Angelegenheit durch die Augen Ihres Stakeholders zu sehen.
- Bleiben Sie spontan: Fragen Sie ruhig nach, was Ihnen im Moment einfällt, und halten Sie nicht krampfhaft an den geplanten Fragen fest. Ein vorher überlegter Fragebogen ist dazu da, Sie und Ihre Arbeit zu unterstützen – und nicht umgekehrt.
- Seien Sie mutig und lassen Sie auch eine kleine Pause im Gesprächsfluss zu, ohne diese gleich überbrücken zu wollen. Kleine Schweigemomente können eine Vertiefung des Gesprächs auslösen. Viel zu oft vergehen diese Gelegenheiten ungenutzt, weil der Interviewer sich gezwungen fühlt, schleunigst die nächste Frage zu stellen.
- Nehmen Sie sich unmittelbar nach dem Interview ein paar Minuten Zeit, um über die Erkenntnisse zu reflektieren und diese Kerngedanken auf Papier zu bringen. Machen Sie nach der Unterredung sofort eine Auswertung und halten Sie Ihre Beobachtungen und Einsichten schriftlich fest. Führen Sie keine Telefonate oder Gespräche, bis Sie Ihre Gedanken und Eindrücke aufgeschrieben haben.
- Schließen Sie den Feedback-Kreis: Lassen Sie Ihrem Gesprächspartner am nächsten Tag ein kurzes Dankeschön (via Mail, sozialem Netzwerk oder Anruf) zukommen. Verwenden Sie diese kurze Nachricht, um ihm die Kernerkenntnis, die Sie aus dem Interview gewonnen haben, mitzuteilen.

Die Learning Journey: Eine Entdeckungsreise nach außen

Sehr oft wurden komplexe Fragestellungen, an denen wir arbeiten, bereits an anderen Orten in anderen Organisationen gelöst. Es geht nicht darum, immer das Rad neu zu erfinden. Viele erfolgreiche Unternehmen haben bereits vorhandene Ideen aufgegriffen und einfach gut am Markt positioniert: So gab es den Red Bull Energy Drink schon seit Jahren in Thailand, bevor er von Europa aus zur Weltmarke aufgebaut wurde. Auch in den Bereichen Verkehr, erneuerbare Energien, Vernetzung von Unternehmen, Tourismus oder Politik gibt es zahlreiche Best-Practice-Beispiele.

Bei „Learning Journeys“ geht es darum, sich von der eigenen Perspektive und dem vertrauten eigenen Weg wegzubewegen. Solche Entdeckungsreisen kann man sowohl allein als auch in Gruppen durchführen.

Was Sie bei der Organisation einer Learning Journey beachten sollten: Bereiten Sie sich und das Team gut auf diese Entdeckungsreise vor und klären Sie:
- Zu welchen Fragen suchen wir Inspiration?
- Wer ist international auf diesem Gebiet schon erfolgreich?
- Wie können wir unsere Gesprächspartner gut vorab informieren, damit es zu einem gewinnbringenden Gedankenaustausch kommt?
- Wer dokumentiert was? Klären Sie, ob fotografiert oder gefilmt werden darf.

Wenn Sie die Entdeckungsreise durchführen, gehen Sie mit der gleichen offenen Haltung auf Gesprächspartner zu wie bei Stakeholder-Interviews. Machen Sie sich immer wieder bewusst, dass es nicht um vorschnelles Beurteilen, sondern um Entdecken von Neuem und Anderem geht.

Nach der Learning Journey planen Sie Zeit für die strukturierte Reflexion des Erlebten ein. Sonst gehen viele Eindrücke schnell wieder verloren. Wenn Sie in der Gruppe unterwegs waren, planen Sie eine gemeinsame Sitzung zum Erfahrungsaustausch und behandeln Sie dabei diese Fragen:
- Was ist mir besonders aufgefallen?
- Was hat mich überrascht, was war unerwartet?
- Was hat mich berührt? Womit habe ich mich persönlich verbunden?
- Woraus erkläre ich mir den Erfolg, die Kraft der besuchten Organisation?
- Welche beschränkenden Faktoren hindern diese Organisation daran, sich weiterzuentwickeln?
- Was hat das Erlebte bei mir selbst ausgelöst in Bezug auf mein Denken, Fühlen, Wollen, Tun?
- Was könnte diese Organisation über unseren „blinden Fleck“ sagen?
- Zu welchen weiteren Ideen inspiriert mich / uns diese Erfahrung bezogen auf unsere Initiative?

All diese Erfahrungen und Eindrücke können in ein Zukunftsbild für Ihre Organisation einfließen.

Notwendige Veränderung und Entwicklung in der Organisation erkennen

Wie wir gesehen haben, ist jede Organisation durch Veränderungen in der Außenwelt, in ihrem Umfeld gefordert, sich darauf einzustellen und sich anzupassen. Darüber hinaus ist aber auch innerhalb der Organisation ständige Weiterentwicklung notwendig. Wenn alles gleich bleibt, führt das zur Erstarrung: Das Unternehmen und die darin mitarbeitenden Menschen verlieren ihre Flexibilität. Unternehmen, die sich jahrelang nicht verändern, nehmen dabei eine Art „Veränderungskredit" auf. Irgendwann steigt dann der Veränderungsdruck massiv.

Es ist eine zentrale Aufgabe von Führungskräften, zu erkennen, wo Veränderung notwendig ist, und diese voranzutreiben. Wir bezeichnen das als AufbruchsKRAFT einer Organisation (siehe Führungsaufgaben). Sie können dazu das Fremdbild von Außenstehenden einholen oder eine Diagnose gemeinsam mit Ihrem Team durchführen.

Außeneindrücke sammeln:
Laden Sie eine Ihnen bekannte, aber betriebsfremde Person zu einem Rundgang ein, bei dem sie möglichst viele Eindrücke auf sich wirken lassen soll: Bilder, Eingangshalle, Büros und Produktionsstätten, Betriebsleitung, Pausenrituale, Anschlagbretter, Erscheinung und Auftreten der Betriebsangehörigen. Wo sitzt wer? Wer spricht mit wem? Was fehlt? Was wird „herausgestrichen"? Was irritiert sie (an das wir uns vielleicht gewöhnt haben, „weil es immer so war")? Die Summe dieser Wahrnehmungen von einem aufmerksamen externen Beobachter kann Ihnen einen interessanten Ersteindruck über Ihr Unternehmen vermitteln.

Selbstdiagnose
Um zu erkennen, wo in Ihrem Unternehmen oder Bereich Veränderungs- und Entwicklungsbedarf besteht, können Sie die Landkarte für Organisationen nutzen, die Sie auf der folgenden Seite nochmals sehen. Wir haben diese im Management Center Vorarlberg bei unseren Beratungsprojekten immer wieder zur Diagnose herangezogen. Sie zeigt alle wesentlichen Elemente eines Unternehmens und hilft Ihnen bei einer ganzheitlichen Betrachtungsweise:

Das Organisationsmodell[54]

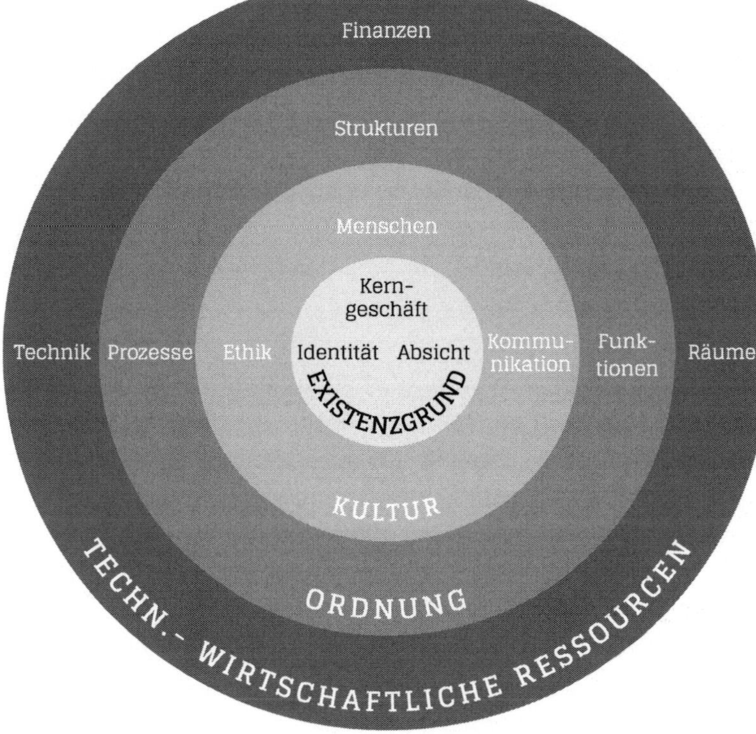

Im Kern befindet sich der Existenzgrund: Er umfasst die Identität, das Kerngeschäft für die Zukunft und die Absicht. Dieser Kern beeinflusst die Kultur der Organisation: Sie wird von den Menschen, die in ihr handeln, den ethischen Vorstellungen und der Kommunikation geprägt. Existenzgrund und Kultur bilden die sogenannte Tiefenstruktur, den „Wesenskern". In diesem Bereich lassen sich Veränderungen nicht einfach anordnen. So kann man z.B. einen wertschätzenden, offenen Umgang miteinander nicht befehlen. Es braucht entsprechende Rahmenbedingungen und bewusste Entwicklungsprozesse, damit dieser möglich wird.

Die beiden äußeren Ebenen der Ordnung und der technisch-wirtschaftlichen Ressourcen bilden die Oberflächenstruktur der Organisation. Diese kann man direkt nach ökonomischen und technischen Gesichtspunkten verändern und gestalten. Dabei umfasst das Element Ordnung einer Organisation die Prozesse, Strukturen und Funktionen. Um diese Prozesse und Strukturen ermöglichen zu können, braucht es technische und wirtschaftliche Ressourcen. Dazu gehören die zur Verfügung stehenden Räume, die Finanzen und die technischen Komponenten.

Oberflächen- und Tiefenstruktur stehen in starker Wechselwirkung zueinander und ergeben in ihrem Zusammenspiel die gesamte Organisation. Verändert man einzelne Bereiche, so hat das meist Auswirkungen auf andere Teile. So kann sich zum Beispiel eine Veränderung der Büroräume von Einzelbüros in ein Großraumoffice (Oberflächenstruktur) auch auf die Kultur (Tiefenstruktur) auswirken: Die Menschen kennen und informieren einander mehr, es entsteht mehr Kommunikation. Eine Änderung des Kerngeschäfts kann auch große strukturelle Anpassungen erfordern. Soll sich z.B. die Führungskultur stark verändern (mehr unternehmerische Führung), dann sind auch entsprechende Strukturen (Gestaltungsfreiräume und Kompetenzen für die Führungskräfte) notwendig.

Ständige Verbesserungen und Veränderungen in der Oberflächenstruktur sind wichtig, dürfen aber nicht isoliert angegangen werden. Achten Sie als Führungskraft auch auf Entwicklungsprozesse in der Tiefenstruktur. Bedenken Sie auch mögliche Wechselwirkungen eines Veränderungsprojekts in der gesamten Organisation. Sonst lösen Sie vielleicht ein Problem, schaffen damit aber drei neue.

Mit Hilfe der folgenden Fragen können Sie überprüfen, in welchen Bereichen Ihres Unternehmens die Notwendigkeit für Veränderung und Entwicklung besteht. Es ist übrigens spannend und nützlich, diese Fragen mit Führungskräften, Mitarbeitern oder Kollegen zu diskutieren. So erhalten Sie auch Eindrücke, die Ihnen vielleicht bisher unbekannt waren.

Eine Diagnose meines Unternehmens / Bereichs:

Existenzgrund: QR→

- *Gibt es Klarheit über unser Kerngeschäft, unsere Kernkompetenzen, den Nutzen der Organisation / des Bereichs für die Kunden?*
- *Gibt es etwas, wofür wir uns zu 100 Prozent zuständig und kompetent fühlen?*
- *Wie sehen wir die zukünftige Entwicklung des Kerngeschäfts und der Kernkompetenzen?*
- *Welche wesentlichen Werte werden bei uns hochgehalten?*
- *Worauf wird im Umgang mit Kunden besonderer Wert gelegt?*
- *Welches Image haben wir bei Kunden, Mitbewerbern, Lieferanten, Partnern, am Arbeitsmarkt usw.? Passt uns das so?*
- *Welches attraktive Zukunftsbild haben wir für unsere Organisation?*
- *Wie kommen Ziele und Strategien zustande? Wer ist an der Erarbeitung beteiligt? Wer ist wie darüber informiert?*

Kultur: QR→

- *Wie ist die derzeitige und zukünftige Mitarbeiterstruktur (Anzahl, Qualifikation, Alter, Geschlecht usw.)?*
- *Wie erleben unsere Mitarbeiter ihre Arbeit und das Betriebsklima?*
- *Welche Aspekte der Arbeit werden besonders betont (Qualität, Schnelligkeit, Kosten usw.)?*
- *Findet Personalentwicklung statt? Gibt es dazu gezielte Massnahmen?*
- *Gibt es Erwartungen an eine gute Führungskraft (aus der Sicht der Mitarbeitenden, aus der Sicht des Vorstands bzw. der Geschäftsleitung)? Ist klar, was Führen / Steuern in unserer Organisation bedeutet?*
- *Ist die Kommunikation von gegenseitiger Wertschätzung geprägt oder besteht eine Tendenz zu Be- und Abwertungen?*
- *Haben Emotionen Platz in der Kommunikation oder werden sie eher zurückgehalten?*
- *Ist das Miteinander primär von Kooperation oder von Wettbewerb geprägt?*
- *Wird vorwiegend über Erfolge statt über Probleme kommuniziert?*
- *Können wir gut mit Konflikten umgehen?*
- *Sind Werte und ethische Prinzipien kommuniziert und werden sie auch gelebt?*

Ordnung: QR→

- *Ist die Gesamtstruktur unserer Organisation derzeit zufriedenstellend?*
- *Gäbe es eine radikal andere Struktur, die wir uns für die Organisation / den Bereich vorstellen könnten? Was wäre dann anders?*
- *Gibt es funktionierende Koordinationsstrukturen, das heißt Besprechungen und andere Kommunikations-, Informations- und Handlungskanäle?*
- *Funktioniert das Zusammenspiel von Aufbauorganisation und Projektstrukturen?*
- *Sind Funktionen und Aufgaben klar definiert und mit Kompetenz ausgestattet?*
- *Gibt es Funktionen, für die sich niemand zuständig fühlt?*
- *Gibt es ein gemeinsames Verständnis über Prozesse in der Organisation (Kernprozesse, Supportprozesse)?*
- *Sind wir zufrieden mit den wesentlichen Abläufen in unserem Bereich? Wo erleben wir Engpässe?*
- *Sind Abläufe und Prozesse geregelt oder läuft vieles spontan, ad hoc? Sollte das anders sein?*
- *Ist die Weiterentwicklung der wesentlichen Prozesse strukturell abgesichert?*

Technische und wirtschaftliche Ressourcen:

- *Wie steht es um die finanzielle Situation unserer Organisation / unseres Bereichs? Gibt es Entwicklungen, die in den nächsten zwei Jahren eingeleitet werden müssen?*
- *Ist die ökonomische Steuerung (Planung, Controlling) gut aufgesetzt?*
- *Sind die Anlagen und eingesetzten Technologien, EDV-Systeme und Ausstattung ausreichend?*
- *Sind die Räume in unserer Organisation in gutem Zustand und auf technisch zufriedenstellendem Standard?*
- *Fördert das Raumkonzept die Zusammenarbeit und die Kommunikation?*

2. Vorschau: Ein attraktives Zukunftsbild entwickeln

Wer das Ziel kennt, kann entscheiden.
Wer entscheidet, findet Ruhe.
Wer Ruhe findet, ist sicher.
Wer sicher ist, kann überlegen.
Wer überlegt, kann verbessern.
(Konfuzius 551-479 v. Chr.)

Wohin geht es mit unserer Firma? Welche Richtung hat das Management im Auge? Diese Fragen zur Zukunft bewegen viele Mitarbeiter. Damit verbunden ist die Frage: Will ich auf diesem Weg dabei sein?

Wenn Manager versuchen, diese Fragen rein mit Strategiepapieren und zahlenmäßigen Zielen zu beantworten, ernten sie oft distanzierte oder staunende Gesichter: „Kostenreduktion um ... %", „Umsatzsteigerung um ...", „Ertragsverbesserung um ..." – das mögen zwar wichtige Ziele sein. Das bedeutet aber noch nicht, dass sie für jeden Mitarbeiter und jede Mitarbeiterin nachvollziehbar oder gar attraktiv sind. Was oft fehlt, ist das darüber stehende attraktive Zukunftsbild für die Organisation.

Ein Bild, das klärt:

- Wo wollen wir hin? (Vision)
- Wozu gibt es uns überhaupt? (Mission)
- Wie wollen wir das erreichen? (Werte, Leitbild)

Zusammenspiel von
Vision und Mission und
Jahreszielen

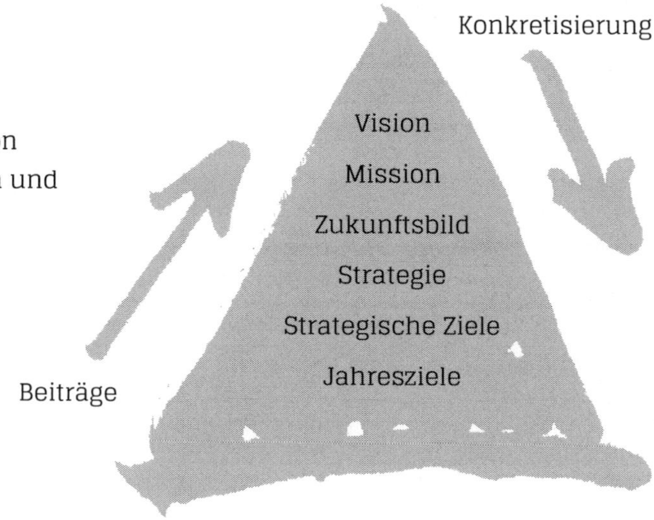

Die Antworten auf diese Fragen gilt es in einem attraktiven Zukunftsbild zu erfassen und auf einer Seite zusammenzufassen. Man kann es auch als „strategische Intention“ bezeichnen. Wenn dieses Bild überzeugend von der Geschäftsleitung vor den Mitarbeitern vertreten wird, so kann das gewaltige Kräfte und Potenziale in einer Organisation mobilisieren.

Es lohnt sich also, Zeit für diese Überlegungen und die anschließende Formulierung der angestrebten Zukunft zu investieren. Die darauf aufbauende Strategie kann immer wieder auf dieses Zukunftsbild als Orientierung zurückgreifen. Das Ziel vor Augen, fallen auch Entscheidungen im Hier und Jetzt leichter.

Mögliche Inhalte eines Zukunftsbildes

Das Zukunftsbild ist ein konkret beschreibbares Bild einer attraktiven und erstrebenswerten Zukunft, die nahe genug ist, um Realisierbarkeit zu vermitteln, aber auch entfernt genug, um Begeisterung für eine neue Wirklichkeit zu wecken. Die Schilderung eines Zukunftsbildes zeichnet lebendige Gedankenbilder und vermittelt den Drang, an dieser Zukunft beteiligt sein zu wollen. Aus ihr spricht Enthusiasmus.

Die folgenden Überschriften zeigen Themenbereiche, welche für die Beschreibung eines Zukunftsbildes hilfreich sein können. Die aufgeführten Fragen sollen Sie anregen, klare und prägnante Aussagen zu formulieren. Es geht nicht darum, eine Antwort auf jede Frage zu finden. Vielmehr geht es um Inspiration und Öffnung des Geistes für das, was in Zukunft sein könnte und sein soll. Sammeln Sie also, was Ihnen einfällt.

Fragen zu Ihrem Zukunftsbild

Wir als Unternehmen bzw. Organisation: QR→

- *Wer oder was sind wir in sieben Jahren? Was ist unser Kerngeschäft?*
- *Für welche Region, welchen Markt, welche Gruppen sind wir tätig?*
- *Wie sind wir dort präsent? Mit welcher Struktur?*
- *In welchen Räumen, mit welcher Technik arbeiten wir? In welcher Atmosphäre?*
- *Wodurch zeigt sich unsere Einzigartigkeit?*
- *Wie viel wirtschaftliche Selbständigkeit streben wir an?*
- *Welche Kennzahlen wollen wir erreichen (Umsatz, EBIT, Mitarbeiteranzahl, Geschäftsstellen, ...)?*

Wir als Geschäftspartner: QR→

- *Wer sind wir für unsere Kunden?*
- *Welche Art von Produkten / Leistungen wollen wir ihnen bieten?*
- *Wie pflegen wir Beziehungen zu unseren Kunden – virtuell / persönlich?*
- *Wie verhalten wir uns im Umgang mit Kunden? Welche drei Schlagworte oder Eigenschaftsworte könnten für uns im Kontakt mit Kunden gelten?*
- *Welches Bild geben unsere Mitarbeiter ab – eventuell auch in der Freizeit?*
- *Welche Projekte / regionalen Einrichtungen / Unternehmer / ... in dieser Region oder diesem Markt unterstützen wir?*
- *Welche Netzwerke bauen wir auf oder pflegen wir? Mit wem kooperieren wir?*
- *Wie wollen wir unsere Beziehungen zu Mitbewerbern gestalten?*

Wir als Profis: QR→

- *Wie zeigt sich unsere Professionalität?*
- *Woran merken Kunden unsere Professionalität und Qualität?*
- *Wie sorgen wir für Qualität unserer Dienstleistungen bzw. Produkte?*
- *Nach welchen Kriterien / Werten entscheiden wir?*
- *Wie entwickeln wir uns selbst weiter?*
- Vielleicht auch: Was tun wir nicht? (z.B. bestimmte Produkte verkaufen)

Wir als Team: QR→

- *Wie gehen wir miteinander um?*
- *Welche Kommunikation und Kultur pflegen wir?*
- *Was zeichnet uns als Team aus?*
- *Welchen Wert hat bei uns der / die einzelne Mitarbeitende?*
- *Wie entwickeln wir uns? Sind wir eine lernende Organisation?*

Bei mir selbst beginnen:
Wie finde ich selbst den Weg zu einem attraktiven Zukunftsbild?

Ein Zukunftsbild lässt sich nicht kognitiv über eine Checkliste „abarbeiten". Denn um manche Facetten der Wirklichkeit in Unternehmen zu erfassen, reicht unser Verstand allein nicht aus. Zum Glück tragen wir innere Bilder und ein inneres Wissen in uns, das mehr umfasst. Dieses intuitive „Gespür" kann zur Erfassung der Zukunft wesentliche Beiträge leisten.

Damit wir hierzu einen Zugang finden, bedarf es einer bestimmten Stimmung, Aufmerksamkeit und innerer Freiheit. Diese entsteht nicht am Büroschreibtisch oder im Sitzungszimmer, wenn der nächste Termin schon im Hinterkopf ist.

Was wir brauchen, um uns selbst immer wieder neu zu er-finden:

- einen passenden Platz, an dem wir uns wohlfühlen. Er soll uns inspirieren, nicht einengen. Es kann ein Raum sein, vielleicht aber auch ein (Lieblings-)Platz in der freien Natur.
- einen entsprechenden Zeitrahmen ohne Termindruck, der ein langsames gedankliches Einlassen ermöglicht,
- innere Muße und eine neugierige Grundhaltung,
  welche Bilder da auftauchen werden,
- die innere Erlaubnis, auch etwas „Verrücktes" zu tun, sich spielerisch den Bildern über die Zukunft zu nähern ... und
- die Lust, etwas gedanklich auszuprobieren, bei dem nichts schiefgehen kann.

Wichtig: Das Bild über die Zukunft soll nicht überlegt werden. Wagen Sie einfach mal, den Kopf auszuschalten und sich die Zukunft zu vergegenwärtigen: Welche Träume, Wünsche und Sehnsüchte kommen da hoch, wenn Sie sich persönlich als Menschen und Ihre Organisation in sieben bis zehn Jahren vorstellen? Diese Art des Eintauchens in die Zukunft ist ein schöpferischer Akt – im Unterschied zu einem objektiven, wissenschaftlichen, Daten verarbeitenden Formulieren der Zukunft.

Probieren Sie in einem zweiten Schritt, die aufkommenden Bilder auf eine kreative, analoge Art zu erfassen. Dazu können Sie

- ein Bild malen: Ihre inneren Bilder werden so lebendig. Haben Sie keine Scheu, wenn man Ihnen vielleicht so lange gesagt hat, dass Sie das nicht können, bis Sie es selbst geglaubt haben: Jeder kann malen.
- eine Collage erstellen: Lassen Sie sich von Bildern und Worten inspirieren, die Sie aus einem Stoß Zeitungen und Illustrierten ausschneiden und zusammenkleben.
- ein Märchen oder eine Geschichte schreiben.
- ein inneres Gespräch mit einem Baum, einem Stein, einem Bach ... führen und sich dann Notizen machen.
- eine Bühnendarstellung (einen Sketch / eine Pantomime / einen Tanz) überlegen.
- einen Pressebericht aus der Zukunft verfassen.
- einen Rhythmus schlagen, einen Song oder einen kurzen Liedrefrain anstimmen.
- ...

Die einzigen Grenzen, die Sie dabei vielleicht überwinden müssen, sind in Ihrem Kopf. Erlauben Sie sich ruhig, auch etwas für Sie Ungewöhnliches, Irritierendes auszuprobieren, und lassen Sie sich überraschen, was dabei entsteht. Vielleicht lassen Sie dieses Werk auch einmal einige Zeit liegen. Beim Draufschauen ein paar Tage später erscheint es Ihnen vielleicht wichtig, noch etwas zu ergänzen oder zu reduzieren.

Ein Beispiel: Der Vorstand einer Bank stellte in der Krisenzeit von 2009 den Mitarbeitern seine Zukunftsvorstellungen mit folgendem Bild dar: Er zeigte ihnen eine alte Gartenbank, die einst vor dem Haus seines Großvaters gestanden hatte. Rund um diese Bank hätten sich Alt und Jung getroffen, Freundschaften gepflegt, gespielt und geplaudert. Jahrelang war diese Bank in einem Schuppen vermodert, ehe er sie wieder liebevoll renoviert und nun vor sein Haus gestellt habe. Jetzt erfülle die Bank wieder ihren Zweck als Kommunikationszentrum mitten im Ort.

So wie in diesem Bild beschrieben wolle er auch das Unternehmen als „Regionalbank“, als Zentrum für Kommunikation und Begegnung im Ort entwickeln. In einer Zeit, in der Banken in der Öffentlichkeit an Vertrauen eingebüßt hatten, sprach dieser Direktor von einer Bank, in der die Menschen sich wohlfühlen und gerne verweilen. Dieses Bild gab den Mitarbeitenden Halt und bewirkte, dass diese ihre Filiale völlig neu – mit Kaffee-Ecke, Spielecke, Bibliothek – gestalteten.

Das Zukunftsbild als Gruppe entwickeln

In vielen Unternehmen herrscht die Meinung: „Zukunftsentwicklung ist Chefsache." Das Topmanagement – eventuell unterstützt durch externe Strategieberater und eine Stabsabteilung „Strategieentwicklung" – definiert die zukünftige Richtung. Das birgt einige Gefahren:

- Bei den Mitarbeitern und auch bei den Führungskräften entsteht eine gewisse Lethargie, was die Gestaltung der Zukunft angeht. Motto: „Strategie ist Sache von denen da oben und man wird uns dann schon sagen, was wir wie auszuführen haben."
- Führungskräfte übersehen dabei oft, dass auch sie selbst für die zukünftige Entwicklung des Unternehmens mitverantwortlich sind und dass sie auch ihren eigenen Wirkungsbereich – ihre Abteilung, ihre Filiale, ihren Geschäftsbereich – zukunftsgerichtet gestalten sollten.
- Es ist mühsam, eine aufwendig erarbeitete, ausgeklügelte Strategie im Unternehmen umzusetzen. Die Mitarbeiter fühlen sich oft dadurch nicht angesprochen und können die Strategie nicht nachvollziehen. Oft ist ein eigener Prozess notwendig, um die Strategie in einfache, verständliche Botschaften zusammenzufassen und dann im ganzen Unternehmen zu integrieren. Dazu muss jedem Mitarbeiter bewusst werden, welche Bedeutung die zukünftige Richtung des Unternehmens für seine Arbeit hat (siehe Assignment).

Wie finden wir zu einem gemeinsamen Zukunftsbild?

Ich bin überzeugt: Ein Zukunftsbild hat dann besonders viel Kraft und Wirkung, wenn die Gestaltung dieses Bildes eine gemeinschaftliche Führungsleistung ist. Ein Zukunftsbild wird dann wirksam, wenn es von möglichst vielen Menschen in der Organisation getragen wird. Deswegen macht es Sinn, möglichst früh alle Betroffenen in den Dialog über die zukünftige Ausrichtung der Organisation einzubinden. Dazu gibt es spannende und bewährte Methoden und Werkzeuge, um gemeinsam mit dem Team zu Bildern über die Zukunft der Organisation zu kommen.

Der „Zukunftssprung"

Beim „Zukunftssprung" entwickeln die Betroffenen in einem Workshop innerhalb von ca. zwei bis drei Stunden durch eine Verfremdung positive Zukunftsbilder. Im Workshop selbst können sie dann einfach „spielen", dass sie in den letzten Jahren erfolgreich waren und vieles geschafft haben.

Das geht z.B. so:

- Sie inszenieren eine „Pressekonferenz", in der Sie als Manager berichten, was das Unternehmen in den letzten Jahren alles erreicht hat.
- Sie berichten, es sei der ... (ein Datum in der Zukunft, bis zu dem Sie die Ziele erreicht haben wollen) und stoßen mit den Mitarbeitern mit einem Glas Sekt auf die erreichten Erfolge an.
- Sie laden die Teilnehmer ein, auf einem Spaziergang oder in einer Gruppenarbeit darüber nachzudenken, was sie berichten würden, wenn es jetzt drei, vier oder fünf Jahre später wäre.

Dazu können Sie auch eine „Einladung" vorbereiten und vorab verschicken oder austeilen: Die Teilnehmer erhalten einen „Brief aus der Zukunft" – entweder vorher mit einer schriftlichen Einladung oder im Workshop:

Liebe ...!
Es ist nun ... (Monat und Jahr nennen – je nach gewünschter Perspektive ein bis fünf Jahre nach dem heutigen Datum) und vieles hat sich seither in unserem Unternehmen / unserer Abteilung verbessert. Wir treffen einander zu einem Erfahrungsaustausch über unsere Entwicklung seit ... (evtl. inhaltlich konkretisieren, das Jahr dazuschreiben).
Ort: ...
Bitte bereitet Euch auf folgende Fragen vor:

- *Was hat sich seither bei mir positiv verändert?*
- *Was habe ich selbst in Angriff genommen?*
- *Was waren Hindernisse und Hürden, die ich / wir überwinden mussten?*
- *Wie haben wir es geschafft, diese Schwierigkeiten zu überwinden?*
- *Wer hat mich dabei unterstützt?*
- *Was waren „Meilensteine" in meiner / unserer Entwicklung?*
- *Was habe ich dabei gelernt?*
- *Was war mein Beitrag für den Erfolg?*

Ich freue mich auf Eure Berichte und auf ein Wiedersehen!

Signiert mit persönlicher Unterschrift

Wenn die Gruppe zusammenkommt, spielen Sie konsequent wie ein Schauspieler die Situation „Es sind X Jahre vergangen". Sie begrüßen Ihre Mitarbeiter so, als ob Sie sie lange nicht gesehen hätten und zeigen sich höchst interessiert, was sich denn in den letzten drei, vier oder fünf Jahren alles Positives ereignet hat. Nach anfänglicher Hemmung finden die Teilnehmer üblicherweise Spaß am „Spinnen" und kommen auch während des Berichtens und Erzählens noch auf viele Ideen, was sie alles erreicht haben könnten.

Nach der Sammlung der „Erfahrungsberichte" oder nach der Pressekonferenz, dem Sektempfang ... schließen Sie den „Zukunftssprung" und beginnen mit der Frage, wie die Gruppe diesen Blick in die Zukunft erlebt hat.

Danach gehen Sie mit den Mitarbeitern nochmals die Mitschrift der „Berichte" durch und überlegen:
- Was könnten wir wirklich angehen?
- Was ist realistisch und machbar?
- Mit welchen Hürden müssen wir rechnen?
- Wie können wir diese überwinden?
- Wer kann uns dabei unterstützen?
- Was soll der erste Schritt sein?

Bei dieser Übung kann man häufig erleben, dass Gruppen sehr realistische positive Zukunftsbilder entwickeln, die ihnen vorher gar nicht in den Sinn gekommen sind.

Dialog mit großen Gruppen: Begegnung bringt Bewegung

Will man alle Mitarbeitenden ins Boot holen, so ist es notwendig, einen Dialog über diese Zukunftsvorstellungen und entsprechende „Begegnungsräume" zu ermöglichen, damit der Funke überspringen kann und Energie für die Umsetzung frei wird.

Wenn das Topmanagement bereits einen ersten Entwurf zum Zukunftsbild hat und dieses von allen Mitarbeitern mitgetragen werden soll, so eignet sich dafür eine Großgruppenveranstaltung, bei der alle mit ihren Ideen und ihrer Mitwirkung gefragt sind.

Real Time Strategic Change: Wenn das Zukunftsbild von allen Betroffenen mitgetragen werden soll

RTSC ist eine Methode der Großgruppenarbeit, die es ermöglicht, gleichzeitig mit mehreren hundert Menschen innerhalb einer Organisation am selben Ort einen strategischen Richtungswechsel vorzunehmen und Zukunft gemeinsam zu planen. Sie wurde von Catherine Dannemiller und Robert Jacobs entwickelt.

Dabei präsentiert das Topmanagement den „ersten Wurf" des Zukunftsbildes und geht dann mit den Mitarbeitern in einen Dialog. Wenn das Management eine klare Vorstellung von der Zukunft hat, die von jedem mitgetragen wird, so kann es dieses Bild auch authentisch vor den Mitarbeitern vertreten und gibt ihnen so Halt und Orientierung. Sie erkennen Zusammenhänge und den größeren Sinn, das Anliegen, den Existenzgrund, warum es diese Organisation geben soll und warum sie wichtig ist (für die Gesellschaft, für die Kunden, die Mitarbeiter, ...).

Die notwendigen strategischen Projekte und Ziele werden gemeinsam mit den Mitarbeitern erarbeitet. Durch die Begegnung und den Dialog darüber entsteht nicht nur eine verbesserte Beziehung zwischen den Führungsebenen, sondern auch Wertschätzung aller Mitarbeitenden. Sie erleben: Meine Meinung ist wichtig. Ich bin (an) gefragt. Ich kann mich und das, was mir wichtig ist, einbringen und werde damit ernst genommen.

Durch ihre Beteiligung an der Planung und Durchführung der Umsetzungsprojekte sind die Mitarbeiter stark in den Prozess eingebunden und erleben ihre Mitgestaltungsmöglichkeiten. Vor allem Großgruppenveranstaltungen mit dem Gesamtteam setzen dabei viele Energien frei. Wenn hier nicht mit aufgesetzten Shows gearbeitet wird, wo es mehr um die Verpackung als um den Inhalt geht, sondern wirkliche Begegnung stattfinden kann, dann erleben die Mitarbeitenden Gemeinsamkeit, die ansteckend wirkt.

Diese Methode bietet vor allem Raum für Feedback und Dialog. Es entsteht ein starkes Gemeinschaftsgefühl und eine kollektive AufbruchsKRAFT. Alle, die von der strategischen Veränderung betroffen sein werden, arbeiten dabei mit der Führungsmannschaft in einem effektiven, zielorientieren Meinungsaustausch. Gemeinsam werden die Vorschläge und Themen analysiert und die neuen Strategien ggf. überarbeitet und neu formuliert.

RTSC eignet sich vor allem, wenn die Unternehmensführung bereits ein klares Zukunftsbild hat, aber auch bereit ist, dieses mit allen Mitarbeitenden offen zu diskutieren. Wenn alle Mitarbeiter gefragt werden, so entsteht dadurch auch die Erwartungshaltung, dass das Management auf die Vorschläge reagiert. Die Unternehmensführung ist während der Konferenz gefordert, flexibel auf die Vorschläge einzugehen und zu entscheiden. Basierend auf dem gegenseitigen Feedback überarbeitet und revidiert man gegebenenfalls auch noch den strategischen Ansatz. Zusammen mit den Teilnehmenden einigt man sich auf gemeinsame nächste Schritte.

Zum Schluss der Veranstaltung sollten alle Teilnehmer
- spüren, dass sie am Entwurf der gemeinsamen Zukunft mitgewirkt haben,
- das gemeinsame Vorgehen und das Zukunftsbild weitgehend mittragen,
- ihre persönliche Rolle und die eigenen Beiträge zur Umsetzung klar sehen.

Wie läuft eine RTSC-Konferenz ab?

Die Teilnehmer sitzen an Achtertischen. Das Programm ist ein Wechselspiel aus
1. Präsentationen / Impulsen „von vorne",
2. Dialogen in Achtergruppen, deren Inhalt dokumentiert und – meist nur stichprobenartig – als Feedback an das Management durch Moderatoren von den Tischen abgefragt wird (hier werden auch moderne Konferenztools eingesetzt, Unterstützung für die Dokumentation ist über eine App möglich),
3. Reaktionen des Managements zum Feedback der Teilnehmenden – evtl. auch in Form von sofortigen strategischen Entscheidungen. Daher kommt der Begriff Real Time Strategic Change: Die strategischen Veränderungen finden während der Konferenz – in Echtzeit / real time – statt.

Der prinzipielle Ablauf von RTSC-Konferenzen:

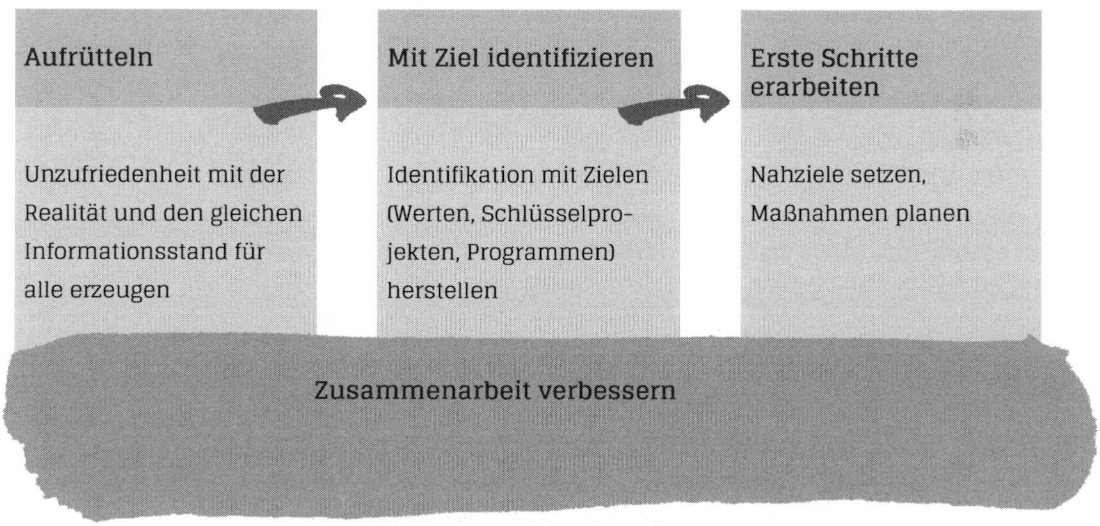

Zum „Aufrütteln" kann man auch Beiträge „von außen" einbauen, wie zum Beispiel:

- den Zugang zum Tagungsort als Erlebnis gestalten, z.B. als steinigen Weg mit Hürden (als Symbol dafür, dass auf dem Weg in die Zukunft Hürden zu erwarten sind),
- Kundeninterviews (live oder auf Video vorab produziert) – auch mit kritischen Statements – über deren Bedürfnisse oder deren Sicht auf die Organisation,
- Passanteninterviews zum Unternehmen,
- ein Referat eines Branchenexperten über zukünftige Entwicklungen am Markt,
- kurze Videos über den Markt, Kundeneindrücke, Schwächen in der Organisation (z.B. wenn es um die Frische in einer Supermarktkette geht: ein Kurzfilm mit Beispielen von faulem Obst in den Regalen),
- derzeitige Stärken und Schwächen erleben lassen: durch einen Besuch von nahegelegenen Filialen oder eines „Flagship-Stores" mit Beobachtungsaufgaben oder
- Sketches oder Einlagen durch einen Clown oder Kabarettisten, in denen die Ist-Situation überzeichnet dargestellt wird.

Möglichkeiten zur Identifikation mit dem Ziel und Visionierung der Zukunft:

- eine Form von Zukunftssprung (siehe oben),
- Darstellung der Vision mit Symbolen,
- ein Video mit Szenen aus der Zukunft abspielen,
- während der Konferenz von einer Arbeitsgruppe ein Video drehen lassen,
- ein kraftvolles und authentisches Referat des Topmanagements oder des Führungsteams: Was wollen wir mit Euch erreichen?

Es ist wichtig, nach einer Präsentation des Zukunftsbildes durch die Geschäftsleitung den Mitarbeitern Gelegenheit zum Reflektieren in Kleingruppen oder mit dem Nachbarn zu geben. Danach können erste Schritte geplant werden. Hier einige Möglichkeiten für die gemeinsame Weiterbearbeitung des Zukunftsbildes mit allen Betroffenen:

- Eine Fragenrunde einbauen:
  Was haben wir gehört? Welche Fragen ergeben sich für uns?
- Reaktionen zur Vision einholen:
  Eine Fragensequenz dazu ist der „Dialog aus vier Richtungen":
  1. Wie ist unser erster Eindruck?
  2. Was sind dann die „heißen Themen", die wir anpacken müssen, wenn wir dieses Zukunftsbild ernst nehmen?

3. Was muss sich ändern: Was muss aufhören, was müssen wir Neues beginnen?
4. Wie ist unser Gesamteindruck?

- Vorschläge und Ideen einholen (in Gruppenarbeiten):
  Hierfür kann man zum Beispiel eine „Wand der Ideen“ aufstellen und die besten Ideen noch während der Konferenz prämieren oder pro Tisch einen Brief an die Geschäftsführung schreiben lassen.
- Projekte definieren und beauftragen.
- „Quick Wins“ (kleine, effektive Maßnahmen, die rasch Erfolge bringen und spüren lassen, dass die Veränderung begonnen hat) orten und mit Maßnahmen beschließen.

Jede RTSC-Konferenz läuft unterschiedlich ab. Wenn die Großgruppe (mit oft mehreren hundert Personen) gemeinsam an Zukunftsbildern arbeiten soll, dann ist dazu eine Inszenierung wie bei einer großen Hochzeit oder einem Theaterstück mit Bühne, Videoeinspielungen etc. notwendig. Sie soll sowohl Kopf (Verstand, Wissen) und Herz (Emotion, Wollen) als auch Hand (Tun, Aktivitäten) ansprechen. Das erfordert eine perfekte Planung und Organisation und jede Menge kreative Ideen.

Erfahrungsgemäß kann diese Methode im Verlauf manchmal verwirren und überraschen. Nach dieser Veranstaltung fühlen sich die Teilnehmer meist sehr energiegeladen und in großer Aufbruchsstimmung. Sie kennen nun die Stoßrichtung, haben dazu beigetragen und sind bereit zu handeln.

Diese persönliche Auseinandersetzung verlangt von jedem Einzelnen auch eine Stellungnahme: Was möchte ich persönlich zur Zukunftsgestaltung beitragen? Will ich bei dieser geplanten Entwicklung dabei sein und eine führende Rolle einnehmen? Nun kann es vorkommen, dass in diesem Prozess auch ein Mitglied im Team erkennt, dass diese Zukunft in der Organisation für ihn oder sie persönlich nicht stimmig ist. Dabei kann es auch zu einer Trennung kommen. Das ist in jedem Fall besser als ein Zustand, in dem jemand jahrelang eine Führungsposition innehat, die ihm oder ihr nicht entspricht und die unglücklich macht. Zyniker sprechen in solchen Fällen davon, dass sie „Schmerzensgeld“ für ihren Job bekommen. Alfried Längle nennt das Hergabe und weist auf die Burnout-Gefahr solcher Personen hin.[55]

Ziel ist es, gemeinsam ein Zukunftsbild für die Organisation zu entwickeln, das den größten gemeinsamen Nenner bietet und für alle Betroffenen so attraktiv ist, dass sie dessen Umsetzung mit Hingabe angehen wollen.

3. „Aktion“: Die Umsetzung planen und dranbleiben[56]

Es gibt nichts Gutes,
außer man tut es!
(Erich Kästner)

Wenn Sie nun ein attraktives Zukunftsbild entwickelt haben, gilt es als nächstes zu planen, wie dieses auch strategisch umgesetzt werden kann. Dabei geht es um die Frage: „Welche Ziele wollen wir grundsätzlich mit welcher Maßnahme in welchem Zeitraum erreichen?“

Die Strategie
- legt grundlegende Unternehmensziele und die dazugehörigen Maßnahmen zur Erreichung dieser Ziele fest,
- bestimmt die geschäftliche Ausrichtung eines Unternehmens,
- legt langfristige Geschäftsziele fest,
- beschreibt, wie sich das Unternehmen am Markt positionieren soll,
- identifiziert wettbewerbsrelevante Ressourcen und definiert deren Ausbau.

Eine Strategie hat meist einen Zeithorizont von drei bis fünf Jahren mit entsprechenden strategischen Zielen. Diese werden oft in einem rollierenden Prozess jedes Jahr überarbeitet und für die jeweils nächsten drei Jahre definiert. Dabei sprechen wir von einem regelmäßigen Strategiecheck.

Neben dem jährlichen Fortschreiben einer Strategie ist es in größeren Abständen – z.B. alle sieben Jahre bzw. bei starken Veränderungen der relevanten Umwelten (siehe Seite 203) – sinnvoll, in einem umfangreicheren Entwicklungsprozess die Langfrist-Strategie des Unternehmens zu definieren.

Strategie-Check		Komplexe Strategieentwicklung
Die Schlüsselgrößen (Marktdaten, Kundenbedürfnisse, Kundenzufriedenheit, ...) sind im Großen und Ganzen bekannt.	Ausgangssituation	Es bedarf umfangreicher Analysen und die Ausgangssituation ist unklar bzw. unsicher.
Eine regelmäßige Anpassung der Strategie auf den Markt und die Kundenbedürfnisse.	Anliegen	Eine grundlegende Neuausrichtung des Unternehmens und dessen Identität / Existenzgrund.
Das Management oder eine Strategiegruppe erarbeitet bzw. überarbeitet in einem oder mehreren Workshops die Strategie.	Vorgehen	Die Strategie wird in einem umfassenden Strategieprojekt, ggf. auch mit Externen (Beratern, Marktforschung, Stakeholdern, ...) und Mitarbeitern (in Workshops, RTSC-Konferenz, ...) erarbeitet.
Strategische Ziele	Themen	Vision: Wohin wollen wir? Mission: Wozu gibt es uns? Ein attraktives Zukunftsbild. Häufig auch: Leitbild, Werte, Verhaltensweisen. Strategische Eckpfeiler für die nächsten Jahre.
Ein Prozess von mehreren Wochen.	Dauer	Ein Prozess von fünf bis zwölf Monaten.

Aus den strategischen Zielen ergeben sich dann die Jahresziele für die Gesamtorganisation und die einzelnen Teilbereiche.

Ergänzend dazu ist es wertvoll, ein Leitbild oder Werte und Prinzipien zu definieren, die beschreiben, wie Sie diese Ziele erreichen wollen. Denn der Zweck oder die Zielerreichung heiligt nicht unbedingt die Mittel oder Wege dorthin. Ein Leitbild beantwortet diese Fragen:

- Wie sollen wir die Beziehung zu unseren Kunden / Anspruchsgruppen gestalten? Welche Werte, Grundhaltungen und Prinzipien sollen dabei wichtig sein?
- Welche Werte und Prinzipien sollen für unsere Entscheidungen gelten? (Dabei geht es meist um ethische oder ökologische Grundhaltungen.)
- Wie wollen wir die Beziehungen untereinander gestalten?
- Wie wollen wir, dass Mitarbeiter im Unternehmen geführt werden? Welche Führungsgrundsätze sollen gelten? (Siehe auch Kapitel Führungsentwicklung.)

Dieses Leitbild bildet sozusagen den Rahmen oder die „Leitplanken“ auf dem Weg zur Zukunft, innerhalb dessen sich die Mitarbeiter und Führungskräfte bewegen können und sollen.

Diese Prinzipien sind meist jener Teil der Strategie, der auch öffentlich publiziert wird und einen Teil der „Markenaussage“ des Unternehmens bildet. Ein Unternehmen ist allerdings nur glaubwürdig, wenn das, was nach außen verkündet wird, auch innen gelebt wird.

Ein „Ausscheren“ könnte bedeuten: Es werden zwar die Ziele verfolgt, aber nicht mit den für das Unternehmen festgelegten Werten. Zum Beispiel:

- Eine Bank behauptet von sich, die Kunden in ihren finanziellen Belangen in allen Lebensphasen bestmöglich zu beraten. Dann müssen die Berater auch darauf verzichten den Kunden – egal ob sie es brauchen oder nicht – ein gewisses Produkt „anzudrehen“, um gute Ergebnisse zu erzielen. Das wiederum wird nur funktionieren, wenn ihre Zielvorgaben dieser Anforderung Rechnung tragen.
- Ein Verkaufsleiter erzielt zwar gute Vertriebsergebnisse, behandelt aber seine Mitarbeiter völlig entgegengesetzt zu den Führungsgrundsätzen, die respektvollen Umgang fordern.
- Ein Unternehmen behauptet, im Leitbild „Fairness“ im Umgang mit allen Partnern zu leben. Den Lieferanten gegenüber wird allerdings die Machtposition ausgespielt: Sie werden in Rahmenverträge gezwungen, die alles andere als fair sind.

Wie finden Sie zu gemeinsamen Werten und Prinzipien?

Es ist sehr sinnvoll, einen Prozess für einen Wertedialog in der Organisation vorzusehen. Warum? In vielen Firmenleitbildern werden ja Werte schön benannt und beschrieben. Die tatsächlich gelebte Kultur im Unternehmen ist manchmal konträr zu dem, was in Hochglanzprospekten an alle Besucher verteilt wird.

Kultur ist vor allem das, was das Management vorlebt. Man kann noch so viel von Wertschätzung reden: Diese zeigt sich vor allem am Umgang mit knappen Ressourcen, also Zeit und Geld. Wenn Mitarbeiter keinerlei Zeit und Beachtung von ihren Vorgesetzten bekommen, wenn bei Sitzungen nebenbei E-Mails geschrieben werden, während Mitarbeiter ihr Projekt präsentieren, wenn zwar in die neue IT oder in Vorstandsautos investiert wird, für die Fortbildung von Mitarbeitern aber kein Budget vorhanden ist, so ist es mit Wertschätzung nicht sehr weit her.

Es geht also darum, mit den Betroffenen – und da wieder beginnend im Topmanagement – zu klären, welche Werte den in der Organisation handelnden Menschen persönlich bedeutsam sind, um gemeinsam herauszuarbeiten, welche Werte für die Umsetzung eines Zukunftsbildes oder einer Strategie besonders wichtig erscheinen.

Auch in diesem Prozess ist es am einfachsten, mit persönlichen Erfahrungen zu beginnen.

- Sammeln Sie „Highlights / positive Erlebnisse" und „Tiefpunkte / Rückschläge", die Sie in den letzten ein oder zwei Jahren bei der Arbeit in der Organisation erlebt haben.
- Danach überlegt jede Person für sich: Welcher Wert stand jeweils hinter diesen Erlebnissen? Was machte die Highlights für mich zu einem so positiven Erlebnis? Welchen Wert habe ich bei den Rückschlägen vermisst? Welcher Wert wurde dabei „angekratzt"?
- Im Dialog über diese persönlichen Erfahrungen und Rückschlüsse entdecken Sie wahrscheinlich bei den einzelnen Teammitgliedern viele Gemeinsamkeiten. Es wird deutlich, welche Werte in der Organisation bedeutsam sind und die Handelnden tatsächlich bewegen.
- Häufig finden sich schon nach diesem Dialog acht bis zehn Werte, die vom Team als persönlich bedeutsam erachtet werden. Aus dieser Sammlung wird gemeinsam ausgewählt, welche Werte für die Umsetzung des Zukunftsbildes und der Strategie besonders wichtig sind.
- Auch darüber sollte ein Dialog mit allen Mitarbeitenden geführt werden.

Der hier beschriebene Prozess ist aus meiner Sicht weit wichtiger als das Ergebnis in Form von wohlformulierten Sätzen. Er bedeutet eine bewusste Auseinandersetzung damit, inwieweit jeder Einzelne sich mit diesen für das Unternehmen wichtigen Werten und Prinzipien identifizieren kann und will. Das bedeutet nicht, dass wir als Mitarbeiter nicht auch noch andere Werte leben können, die uns wichtig sind. Vielmehr geht es um einen Abgleich unserer persönlichen Werte mit denen der Organisation. Im Idealfall erleben wir hier eine hohe Deckungsgleichheit wie in der folgenden Grafik:

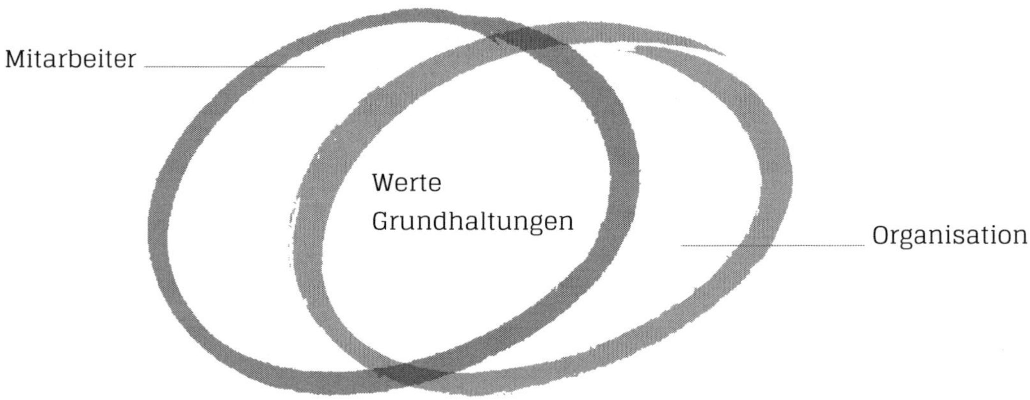

Die abschließende Formulierung ist dann lediglich ein Festhalten des Ergebnisses. Hier ein paar nützliche Hinweise für die Gestaltung und Veröffentlichung von Leitsätzen, Werten oder gemeinsam definierten Prinzipien:

- Leitsätze wirken stark, wenn sie als persönliche Feststellungen formuliert werden:
  „Wir entwickeln gemeinsam mit unseren Kunden die optimale Lösung für ..."
  „Wir suchen aktiv nach Möglichkeiten, um unser Geschäft und unsere Mitarbeiter weiterzuentwickeln."
  „Ich verpflichte mich, Qualität zeitgerecht zu liefern."
  „Ich übernehme Verantwortung für ..."
- Weniger ist mehr: Lieber nur drei bis fünf Leitsätze oder Prinzipien als zehn.
- Eine sprachliche Verbindung zu einem (Kunst-)Wort – zum Beispiel durch Schlagworte, deren Anfangsbuchstaben ein Wort ergeben – erleichtert, sich diese Prinzipien einzuprägen.
  Beispiel: Kundissimo – für ein Leitbild zur Kundenorientierung (Migros Schweiz)
- Ein Bild, eine Grafik mit Symbolen ist einprägsamer als nur Worte:
  „Unsere drei Eckpfeiler für ..." oder „Unser Fünfstern zum Erfolg".

Damit alle Führungskräfte und Mitarbeiter diese Grundhaltungen und Werte mittragen, ist auch ein ständiger interner Dialog darüber notwendig. Leitbilder sind sinnlos, wenn sie nur auf Hochglanzplakaten an den Gängen aufgehängt werden. Sie werden zur Lachnummer, wenn die Unternehmensführung sie im Alltag missachtet. Als Führungskräfte müssen wir solche Prinzipien bewusst als Orientierung für unser tägliches Tun und für unsere Entscheidungen heranziehen und sie immer wieder thematisieren, um glaubwürdig zu bleiben (siehe auch Authentizität).

Das Zusammenspiel von Zukunftsbild, Strategie, strategischen Zielen und Leitbild sehen Sie auf diesem Bild:

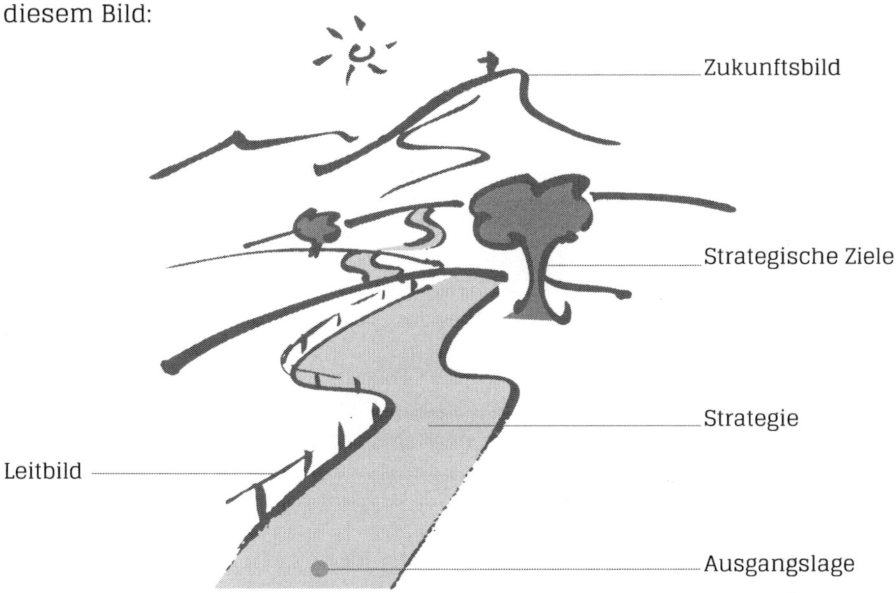

Die Balanced Scorecard:
Ein Instrument zur Planung und Absicherung der strategischen Umsetzung[57]

Die Balanced Scorecard (BSC) ist ein Instrument, das hilft, ein Unternehmen mit Hilfe von wenigen, aber entscheidenden Kennzahlen strategisch, flexibel und effektiv zu führen. Übersetzt heißt Balanced Scorecard „ausgewogenes Kennzahlensystem“.

Eine BSC stellt die Ziele und Kennzahlen einer Organisation auf einer einzigen „Landkarte“ (Scorecard) übersichtlich dar. Die Leistungen einer Organisation werden als anzustrebendes Gleichgewicht zwischen den Zielen in Bezug auf verschiedene Perspektiven wie Kunden, Finanzen, Prozesse und Potenziale dargestellt. Dabei werden alle Perspektiven grundsätzlich gleich gewichtet beachtet. Daher stammt der Begriff „balanced“ (ausgewogen).

Die BSC ist aber mehr als ein gut überlegtes Kennzahlensystem. Das Spezifische an der BSC ist die Verknüpfung von strategischen Zielen mit der operativen Umsetzung im Tagesgeschäft. Darüber hinaus lassen sich die Ergebnisse der BSC einfach und klar kommunizieren. Damit ist die BSC vor allem ein Führungsinstrument, das den Ansatz von „Führen mit Zielen" unterstützt. Um die Zielerreichung planen und verfolgen zu können, werden die Ziele mit Messgrößen und deren Sollwerten beschrieben. Strategische Aktionen zu den einzelnen Zielen sollen die Zielerreichung sicherstellen. Jede strategische Aktion erhält Termin- und Budgetvorgaben und einen Verantwortlichen.

Der Wert einer Balanced Scorecard

Die BSC übersetzt die Strategie eines Unternehmens in konkrete Ziele und Aktivitäten. Dabei gilt die Regel: Konzentration auf wenige Ziele, um den Überblick zu bewahren. Sie sollte maximal 20 Ziele beinhalten.

Der BSC-Ansatz ist dadurch charakterisiert, dass die strategischen Ziele jeweils einer konkreten Betrachtungsweise – der sogenannten Perspektive – zugeordnet werden. Diese Zuordnung verhindert einseitiges Denken. Durch das Prinzip, alle – auch die nicht monetären – Sichtweisen zu berücksichtigen, die für die strategische Positionierung des Unternehmens wichtig sind, und alle Sichtweisen zu verknüpfen, macht die BSC komplexe Zusammenhänge transparent.

Die Elemente der Balanced Scorecard

Die Strategie erzeugt die Stoßrichtung zur Erreichung der Vision. Die BSC stellt die Strategie in den Mittelpunkt und leitet daraus strategische Ziele in unterschiedlichen Perspektiven ab. Die Strategie muss neben finanziellen Zielgrößen auch eine einzigartige und werthaltige Position für das Unternehmen schaffen. Sie berücksichtigt üblicherweise folgende Perspektiven:

Die Finanzperspektive
Welche Zielsetzungen ergeben sich aus den finanziellen Erwartungen unserer Kapitalgeber? Diese Perspektive stellt für ertragsorientierte Unternehmen die Messlatte für den Erfolg oder Misserfolg dar. Sie enthält jene Ziele und Messgrößen, die das finanzielle Ergebnis der Strategieumsetzung messen. Die Finanzperspektive dokumentiert, ob das Ziel des langfristigen wirtschaftlichen Erfolgs realisiert werden konnte.

Die Kundenperspektive
Welche Ziele sind hinsichtlich Struktur und Anforderungen unserer Kunden zu setzen, um die finanziellen Ziele zu erreichen? In dieser Perspektive geht es einerseits um die Ziele hinsichtlich des Marktauftritts und der Marktpositionierung des Unternehmens und andererseits um die Wahrnehmung der eigenen Leistungen durch die Kunden.

Die Prozessperspektive
Welche Ziele sind hinsichtlich unserer Prozesse zu setzen, um die Ziele der Finanz- und Kundenperspektive zu erreichen? Die Prozessperspektive gibt an, bei welchen Prozessen was zu erreichen ist, um Kunden- oder Finanzziele zu erfüllen. Dabei geht es nicht um die Auflistung aller Prozesse im Unternehmen, sondern um die Fokussierung auf jene Prozesse, die eine herausragende Bedeutung bei der Strategieumsetzung haben.

Die Potenzial- und Ressourcenperspektive (Mitarbeiter- / Entwicklungsperspektive)
Die Ziele der Potenzialperspektive dienen der Entwicklung der strategisch benötigten Ressourcen. Ressourcen sind Mitarbeiter, Wissen, Innovationskraft, Technologie, Informationen u.a. Diese Potenziale dienen nicht nur der Umsetzung der aktuellen Strategie, sondern schaffen auch die Voraussetzungen für die künftige Wandlungs- und Anpassungsfähigkeit. Im Gegensatz zu den klassischen Perspektiven Finanzen, Kunden und Prozesse variiert die Bezeichnung der vierten Perspektive deutlich. Sie wird auch als Mitarbeiter- oder Entwicklungsperspektive bezeichnet.

Diese Gliederung hat sich in der Praxis als sehr zweckmäßig erwiesen. Sie ist jedoch keine „Zwangsjacke" und kann je nach Unternehmen individuell ergänzt werden.

Beispiele für solche Erweiterungen sind:
- Innovationsperspektive
- Öffentliche Perspektive
- Organisationsperspektive
- Lieferantenperspektive
- Kommunikationsperspektive

Leitfragen zu den Perspektiven der Balanced Scorecard

Finanzperspektive QR→

- *Was wollen wir finanziell erreichen?*
- *Was erwarten die Shareholder / Eigentümer finanziell?*
- *Welche finanziellen Ziele müssen wir erreichen, damit auch die Ziele der anderen Perspektiven erreichbar sind?*

Kundenperspektive QR→

- *Welche Ziele sind hinsichtlich Struktur und Anforderungen der Kunden zu setzen, um die finanziellen Ziele zu erreichen?*
- *Wie können wir eine langfristige Kundenzufriedenheit sicherstellen?*
- *Wie sollen wir gegenüber unseren Kunden auftreten, um unsere Vision zu realisieren?*

Prozessperspektive QR→

- *Welche Ziele sind hinsichtlich der Prozesse zu setzen, um die Ziele der Finanz- / Kunden- / Potenzialperspektive zu erreichen?*
- *Welche bestehenden und neuen Prozesse sind für einen langfristigen Erfolg wichtig?*
- *Durch welche internen Prozesse müssen wir uns auszeichnen, um unsere Kunden, Mitglieder und Eigentümer zufriedenzustellen?*

Innovation und Entwicklung (Potenzialperspektive) QR→

- *Welche Ziele sind hinsichtlich der Potenziale (Beschaffung von Infrastruktur, Aus- und Weiterbildung, Mitarbeiter) zu setzen, um den aktuellen und künftigen Herausforderungen gewachsen zu sein und die Prozessziele, die Kunden- / Marktziele und die Finanzziele zu erreichen?*
- *Wie müssen wir uns entwickeln, um langfristig erfolgreich zu sein?*
- *Wie können wir unsere Position durch Verbesserungen ausbauen?*
- *Welche Ziele für die Potenzialentwicklung müssen erreicht werden?*

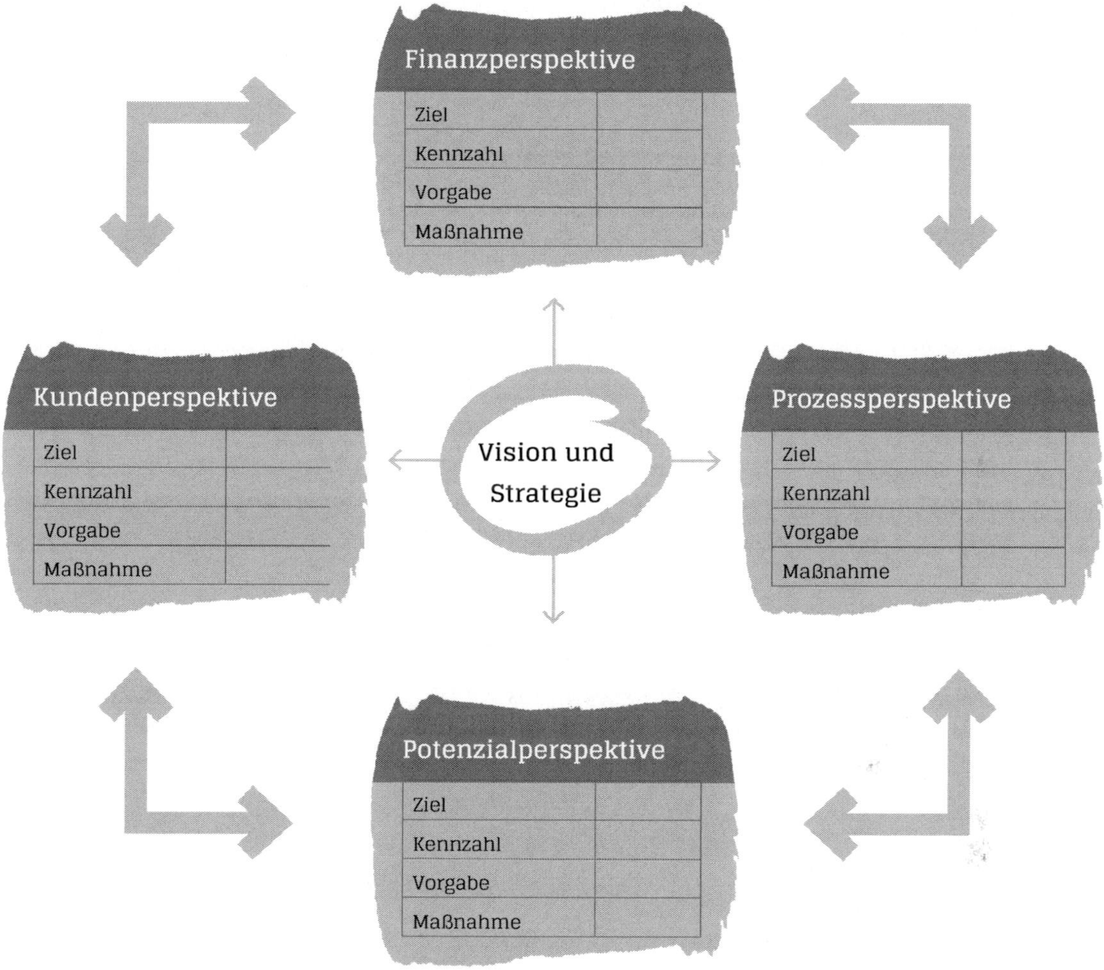
Finanzperspektive
Ziel
Kennzahl
Vorgabe
Maßnahme
Kundenperspektive
Ziel
Kennzahl
Vorgabe
Maßnahme
Vision und
Strategie
Prozessperspektive
Ziel
Kennzahl
Vorgabe
Maßnahme
Potenzialperspektive
Ziel
Kennzahl
Vorgabe
Maßnahme

Die Weisheit der Dakota Indianer

Eine Indianerweisheit lautet: Wenn du merkst, dass du ein totes Pferd reitest, steig ab. Logisch, denn tote Pferde kann man nicht reiten. Doch wie schaut es mit „toten“ Projekten, Produkten oder Leistungen aus? Wir sind oftmals sehr kreativ darin, die unterschiedlichsten Strategien anzuwenden, um mit toten Pferden umzugehen ...

... wir besorgen uns eine stärkere Peitsche.
... wir wechseln die Reiter.
... wir sagen, so haben wir das Pferd doch immer geritten.
... wir erklären: Kein Pferd kann so tot sein, dass man es nicht mehr reiten kann.
... wir gründen einen Arbeitskreis, um das Pferd zu analysieren.
... wir besuchen andere Orte, um zu sehen, wie man dort tote Pferde reitet.
... wir bilden eine Task-Force, um das Pferd wiederzubeleben.
... wir kaufen Leute von außerhalb ein, die angeblich tote Pferde reiten können.
... wir schieben eine Trainingseinheit ein, um besser reiten zu lernen.
... wir stellen fest, dass andere auch tote Pferde reiten, und erklären dies zum Normalzustand.
... wir stellen Vergleiche unterschiedlicher toter Pferde an.
... wir ändern die Kriterien, die besagen, dass ein Pferd tot ist.
... wir lassen das Pferd schnellstens zertifizieren.
... wir schirren mehrere tote Pferde gemeinsam an, damit wir schneller werden.
... wir machen eine Studie, um zu sehen, ob es bessere oder billigere tote Pferde gibt.
... wir erklären, dass unser Pferd besser, schneller und billiger tot ist als andere Pferde.
... wir bilden Qualitätszirkel, um eine Verwendung für tote Pferde zu finden.
... wir richten eine unabhängige Kostenstelle für tote Pferde ein.
... wir kaufen etwas zu, das tote Pferde schneller laufen lässt.
... wir sourcen das Pferd aus.
... wir entwickeln ein Motivations-Programm für tote Pferde.
... wir strukturieren um, damit ein anderer Bereich das tote Pferd bekommt.
... wir ändern die Anforderung von „reiten“ in „bewegen“ und erteilen einen neuen Entwicklungsauftrag.

Und überhaupt
- *Wer sagt eigentlich, dass man tote Pferde nicht reiten kann?*
- *Wetten, dass das Vieh nur simuliert.*

Und wenn man das tote Pferd schon nicht reiten kann, dann kann es doch wenigstens eine Kutsche ziehen.
(Quelle unbekannt)

Die AufbruchsKRAFT erhalten: Entwicklung vorantreiben

Eine Führungskraft zeigt AufbruchsKRAFT, wenn sie sich nicht nur auf das Verwalten des Status quo beschränkt und „alte Pferde reitet", sondern die ständige Weiterentwicklung ihres Bereichs, ihrer Organisation vorantreibt. Veränderungen sind aber nicht immer von allen Mitarbeitern gewollt. Warum das so ist, können Sie leicht mit einem kleinen Experiment selbst erfahren:

Schreiben Sie einfach einmal auf ein Blatt Papier den Satz

VERÄNDERUNG MACHT MÜHE

Wechseln Sie dann die Hand und versuchen Sie, den gleichen Satz mit der anderen Hand zu schreiben. Sie werden feststellen:

- Veränderung ist mühevoll.
- Sie brauchen länger.
- Der „Output" ist am Anfang schlechter.

Wären Sie zum Beispiel wegen einer Verletzung gezwungen, mit dieser Hand länger oder für immer zu schreiben, würden Sie es wahrscheinlich lernen. Der Umstellungsprozess aber ist mühevoll, und freiwillig wird kaum jemand beginnen, die Schreibhand zu wechseln. Mit vielen Veränderungen ist es ebenso: Sie verursachen zu Beginn mehr Aufwand und fordern von uns, die gewohnte Routine und liebgewonnene Gewohnheiten zu verlassen. Das gelingt am ehesten, wenn drei Voraussetzungen gegeben sind.

Die Dimensionen für erfolgreiche Veränderungen:

1. Affekt: Die geplante Veränderung bedeutet uns etwas. Sie geht uns etwas an, sie berührt und bewegt uns. Die Betroffenen brauchen dieses Gefühl der „Berührtheit".
2. Power: Die Betroffenen brauchen das Gefühl, dass sie selbst die Veränderungen beeinflussen können. Mitarbeiter wollen sich nicht „machtlos" und fremdgesteuert erleben, sondern den neuen Weg mitgestalten.
3. Meaning: Damit Mitarbeiter eine Veränderung auch akzeptieren oder bewusst angehen, müssen sie darin einen Sinn sehen.

Wer ein Warum zum Leben hat, erträgt fast jedes Wie.
(Nietzsche)

Je nachdem, wie stark Sie als Führungskraft die Betroffenen in Veränderungen einbinden, unterscheidet man folgende Vorgehensweisen:

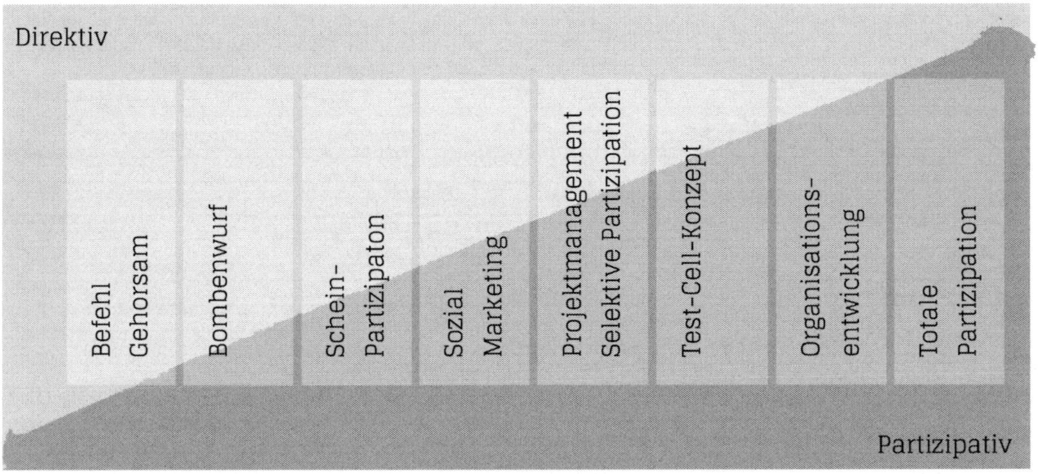

„Befehl / Gehorsam"

Die Verantwortlichen erteilen direkt auszuführende Befehle. Die Anweisungen dürfen von den Betroffenen nicht in Frage gestellt werden, und Gehorsam ist für die erfolgreiche Durchführung notwendig. Diese Methode macht in gefährlichen Situationen (z.B. Polizeieinsatz, Umweltkatastrophe) Sinn, wenn es um die Sicherung von Leben und wichtigen Werten (unter Zeitdruck) geht. Ist dieses Verfahren für die Beteiligten nachvollziehbar, kann es auch auf große Akzeptanz stoßen.

„Bombenwurf"

Die hinter verschlossenen Türen vom Management oder Experten erarbeitete und beschlossene Veränderung wird verordnet und quasi wie eine „Bombe" in das Unternehmen geworfen. Die betroffenen Führungskräfte müssen den „Krater aufräumen", die unvorhergesehenen Schwierigkeiten ausbaden und mit den Widerständen der Mitarbeiter umgehen. Häufig sind Projekte zur „Nacharbeit" notwendig, um die entstandenen Schäden (z.B. Personalabgänge, Know-how-Verlust, Fehlzeiten, belastete Arbeitsbeziehungen) wieder zu richten. Die Methode ist dort gerechtfertigt, wo absolute Geheimhaltung unumgänglich ist: z.B. bei Fusionen oder bei der Realisierung von den Wettbewerb beeinflussenden Kooperationen.

„Scheinpartizipation"
Change-Projekte werden vor der Umsetzung mit den Betroffenen diskutiert, wobei diese das Veränderungsvorhaben nur wenig beeinflussen können. Die Mitarbeiter werden lediglich vorab informiert. Diese Methode erzeugt Frust: Es wird der Anschein der Beteiligung geweckt, oft werden Hoffnungen erzeugt und enttäuscht. Der Schaden solcher „Scheinbeteiligung" wirkt oft Jahre nach und verhindert auch bei Folgeprojekten, dass sich Mitarbeiter mit ihren Ideen einbringen.

Mit Scheinpartizipation, Bombenwürfen oder Befehlen erreicht man keine AufbruchsKRAFT unter den Betroffenen. Diese entsteht nur bei entsprechender Beteiligung:

„Social Marketing"
Eine bereits beschlossene Veränderungsmaßnahme wird den Betroffenen mit Marketing- / PR-Know-how und mit „Anpassungshilfen" (Beratern, Dialogforen, Workshops) „verkauft". Ziel dabei ist, eine optimale Akzeptanz und Kooperationsbereitschaft unter den Mitarbeitern zu erzeugen. Durch intensive Information und aktive Unterstützung wird der Unsicherheit und dem Widerstand der Betroffenen entgegengewirkt. Es ist die „Minimalvariante" der Beteiligung, die aus meiner Sicht in jedem Fall notwendig ist, damit die Betroffenen zumindest ihre Bedenken und Sorgen äußern können und die Beweggründe für eine Entscheidung nachvollziehen können.

„Projektmanagement / selektive Partizipation"
Die Beteiligung der betroffenen Mitarbeiter erfolgt selektiv durch die Schaffung von Projektgruppen. Bei dieser Methode fließen das Know-how und die Bedenken der Betroffenen in den Veränderungsprozess mit ein. Zusätzlich ist es notwendig, den möglichen Widerstand der nicht in den Projektgruppen beteiligten Mitarbeiterkreise durch eine offene Informationspolitik aufzufangen.

„Test-Cell-Konzept"
Dahinter steht die Idee, ein Change-Projekt zuerst in einem überschaubaren und typischen Unternehmensbereich mit vermindertem Umfang durchzuführen. In dieser „Testzelle" erfolgt die Entwicklung in Form eines klar definierten Projekts und unter größtmöglicher Nutzung des Know-hows der Beteiligten. Nach einer umfassenden Auswertung wird die Lösung auf das Gesamtunternehmen übertragen. Dieses Verfahren eignet sich für große Organisationen mit vielen Einheiten mit vergleichbaren Strukturen. Die Übertragung auf das Gesamtunternehmen erfolgt meist direktiv und sollte von anderen Maßnahmen (z.B. der „Social Marketing"-Methode) begleitet werden.

„Organisationsentwicklung"

Organisationsentwicklung (OE) bezieht die Mitglieder der Organisation aktiv in die Planung, Durchführung und Kontrolle der Veränderungen mit ein. Die wesentlichen Prinzipien dabei sind:

- Durch aktive Beteiligung der betroffenen Menschen erhalten die Veränderungsprozesse Nachhaltigkeit und werden angenommen.
- Der Veränderungsprozess orientiert sich sowohl an den Zielen und Erfordernissen der Organisation und ihrem Umfeld als auch an den Zielen, Interessen und Möglichkeiten der betroffenen Mitarbeiter.
- OE-Prozesse suchen Lösungen, Möglichkeiten und vorhandene Ressourcen, anstatt einseitig auf Probleme und Schwierigkeiten zu achten. Statt einer Ursachenanalyse wird die Auseinandersetzung mit derzeitigen und künftigen Chancen und Ressourcen gefördert.
- Organisationsentwicklung will aus einer funktionierenden Organisation eine lernende und damit auch eine in Zukunft noch funktionierende Organisation machen. Der etwas aufwendige Weg der OE verspricht Nachhaltigkeit der Lösungen.
- Organisationsentwicklung betreibt keine einseitigen, isolierten Veränderungsprojekte, sondern achtet auf die Auswirkungen und Wechselwirkungen von Veränderungen auf das ganze System (siehe Organisationsmodell Seite 211X): So werden z.B. die Auswirkungen struktureller Änderungen wie einer Restrukturierung auf die betroffenen Menschen beachtet oder notwendige Organisationsanpassungen berücksichtigt, wenn man eine Kultururänderung erzielen will.

„Totale Partizipation"

Diese Methode ist nur in Organisationen ohne hierarchische Strukturen relevant, z.B. in kleinen Selbsthilfeorganisationen, die völlig autonom und ohne Führungskräfte organisiert sind. Veränderungen in solchen Organisationen sind häufig auf externe Begleitung angewiesen.

Wie intensiv eine gemeinsame Auseinandersetzung mit der Veränderung notwendig ist, hängt auch von der Größe und Bedeutung und dem Veränderungsthema ab.

Eine Orientierung bietet das

Change-Portfolio

Geht es um eine reine Organisationsveränderung (neue Abläufe, Strukturen, Ressourcenverteilung) in der Oberflächenstruktur oder hat die angestrebte Veränderung auch Auswirkungen auf die Kultur und Identität (Tiefenstruktur) der Organisation? Je nachdem, wie stark das erwartete Ausmaß der Veränderung ist, unterscheidet man:

Kleine Organisationsveränderung – kleine Kulturveränderung:
Hier handelt es sich um Routineverbesserungen. Sie sollten Standard im betrieblichen Alltag sein und keine allzu große Herausforderung für die Betroffenen darstellen. Hier wird meist auch kein externer Berater hinzugezogen.

Große Organisationsveränderung – kleine Kulturveränderung:
Diese Veränderungen entsprechen einem Innovationssprung (z.B. Einführung einer neuen Technologie in der Produktion). Damit die Betroffenen gut mithalten können, sind eventuell entsprechende neue Strukturen, Prozessdefinitionen und Schulungen notwendig.

Große Kulturveränderung – kleine Organisationsveränderung:
Soll z.B. das Verhalten des Verkaufs im Umgang mit Kunden grundlegend anders werden, so ändert sich damit der Wesenskern der Organisation. Daher spricht man hier von einem Identitätssprung. Dafür sind gezielte Entwicklungsmaßnahmen notwendig.

Große Kulturveränderung – große Organisationsveränderung:
Diese sogenannte Doppeltransformation entsteht z.B. wenn zwei Abteilungen oder Unternehmen (mit unterschiedlichen Kulturen und Technologien) zusammengelegt / fusioniert werden. Viele solcher Projekte scheitern, weil man sich nur auf strukturelle Themen (Definition der Verträge und der neuen Organigramme, Zusammenlegung der IT, ...) beschränkt. Die Menschen und ihre unterschiedlichen Kulturen werden oft übersehen. Bei solchen Changeprojekten sind umfassende Entwicklungsmaßnahmen zur Unterstützung der Betroffenen erforderlich.

Führungskraft sein in Veränderungsprozessen

In Zeiten der Veränderung sind Führungskräfte in allen Bereichen stark gefragt: Sie müssen Halt geben und für eine Balance von Stabilität und AufbruchsKRAFT im Unternehmen sorgen. Sie müssen oft unter Zeitdruck fachliche und organisatorische Entscheidungen treffen. Gleichzeitig sind sie in ihren Leadership-Fähigkeiten gefordert. Kontakt und Kommunikation sind die wichtigsten Erfolgsbausteine der Führung in der Veränderung. Ob große Fusionen, Umstrukturierungen oder neue Strategien erfolgreich umgesetzt werden, hängt stark davon ab, wie sehr es den Führungskräften gelingt, die Mitarbeitenden „mit ins Boot" zu holen. Auf diese Aufgaben möchte ich näher eingehen:

Wie kann ich als Führungskraft Halt und Orientierung geben?

Verstecken Sie sich nicht vor den Mitarbeitern, sondern bleiben Sie ansprechbar. Nehmen Sie sich Zeit, die Sorgen und Bedenken der Mitarbeiter anzuhören, und nehmen Sie diese auch ernst: Oft hat die Basis mit ihrem Einblick in das Tagesgeschäft wichtige Hinweise. Hinter zynisch-kritischen Bemerkungen stehen oft reale Ängste.

Würdigen Sie die Vergangenheit: Irgendwann hatte die Einführung alter Systeme wahrscheinlich einen Sinn. So manche Vorgehensweise wurde mit Liebe zum Detail entwickelt und hat sich in gewisser Weise auch bewährt. Dass jetzt eine neue Entwicklung notwendig ist, bedeutet nicht, dass in der Vergangenheit schlecht gearbeitet wurde. Vermeiden Sie daher, alte Lösungen schlecht zu machen. Dahinter stehen immer Menschen, die sie entwickelt haben, und diese fühlen sich durch solche Äußerungen angegriffen. Ihre Grundhaltung sollte sein: Das Alte war in der Vergangenheit gut, und für die Zukunft brauchen wir jetzt eine neue Lösung.

Gestalten Sie auch Rituale für den Abschied und Neuanfang: Eine „Ehrung“, eine Schlüsselübergabe oder ein Abschiedsfest (auch für eine alte Struktur oder ein Produkt) können das Loslassen von Altem erleichtern.

Oft wird bei großen Veränderungen immer nur davon gesprochen, was sich alles ändert. Das Unternehmen wird aber meistens nicht völlig neu aufgestellt. Da gibt es immer etwas, das auch gleich bliebt: Das können die Kunden sein, das Kerngeschäft, die Büroräume oder Zusammensetzungen von Teams, Vorgesetzte, Grundwerte und Leitprinzipien des Unternehmens ... Zeigen Sie immer auch auf, was stabil bleiben wird.

Seien Sie Teil der Veränderung und Entwicklung: Gehen Sie als Beispiel voran und leben Sie die Veränderung vor, die Sie in der Organisation anstreben: Wenn Sie von den Mitarbeitern fordern, dass diese auf Annehmlichkeiten wie Business Class bei Geschäftsreisen verzichten, so müssen Sie selbst damit starten. Wenn Sie eine Vertrauenskultur möchten, in der mutig und offen kommuniziert wird, so seien Sie selbst mutig und fragen Sie nach Rückmeldungen und Vorschlägen zur Verbesserung.

Wenn Sie Führungskräfte wollen, die Verantwortung übernehmen, dann intervenieren Sie nicht bei deren Mitarbeitern mit Spontanentscheidungen über die Köpfe der Führungskräfte hinweg.

Vermeiden Sie „Tornado-Management“: Überfordern Sie die Organisation nicht mit zu vielen Veränderungsprojekten auf einmal: Es ist gefährlich, wenn in einem Unternehmen parallel an vielen solchen Projekten gleichzeitig gearbeitet wird und diese nicht koordiniert werden. Die einzelnen Projektleiter wissen oft nichts voneinander, unterschiedliche externe Beratungsfirmen mit zum Teil gegensätzlichen Ansätzen begleiten die Projektgruppen. Die einzelnen Projekte arbeiten womöglich parallel an sich überschneidenden oder gleichen Themen. Jedes Projekt wird mit einem großartigen „Kickoff“-Meeting gestartet, aber nie sauber abgeschlossen ...

So gibt es in manchen Organisationen 30 und mehr „strategische“ Projekte, die eher nur Wirbel erzeugen als Wirkung. Man könnte dieses Vorgehen mit einem Tornado vergleichen: Ein Sturm, der alles niederreißt – aber in der Mitte des Tornados ist es still. Ein solches Vorgehen zeigt wenig positive Wirkung – es kann aber viel zerstören. Egal, ob Sie eine Balanced Scorecard (siehe BSC, Seite 231) einsetzen oder nicht: Entscheiden Sie sich lieber für wenige strategisch wichtige Entwicklungs- und Veränderungsprojekte, die Sie konsequent verfolgen. Reduzieren Sie die Anzahl auf eine Menge, welche die Organisation verträgt.

Die Entwicklungs- und Veränderungsfähigkeit berücksichtigen

Berücksichtigen Sie dabei auch die Bereitschaft und Fähigkeit der betroffenen Menschen: Darunter verstehe ich das Können, Wissen und Wollen der Mitarbeiter, Veränderungen und Entwicklungsprozesse konstruktiv zu gestalten.

Diese Fähigkeit und Bereitschaft steht in enger Verbindung mit persönlichen Erfahrungen: Je mehr die Mitarbeiter in der Vergangenheit Veränderungen positiv erlebt haben, desto höher wird ihre Bereitschaft sein, sich auf Neues einzulassen. Je stärker sie schon in früheren Veränderungsprozessen gefordert waren und daran gewachsen sind, umso höher ist ihre Kompetenz im Umgang damit.

Nicht alle Mitarbeiter reagieren gleich auf Veränderungen. Man findet bei jeder Neuerung Promotoren oder Fürsprecher: Sie sind begeistert, dass die Veränderung nun – „endlich" – angegangen wird, bringen ihre Ideen ein und beteiligen sich auch gerne an der Umsetzung. Sie sind meist die „Botschafter" für die Veränderung.

Dann gibt es die Gruppe der „Neutralen": Diese Gruppe bildet meist die Mehrheit. Sie verhält sich abwartend und neutral. Ihre Stimmung ist leicht zustimmend oder skeptisch und ihre Grundhaltung ist: „Schauen wir einmal ...". Diese Gruppe kann am ehesten überzeugt werden, wenn sie in ihrem Alltag erste positive Auswirkungen spürt.

Opponenten lehnen eine angestrebte Veränderung grundsätzlich ab.

Wie zeigen Betroffene diese Ablehnung?

Offen und aktiv	**Verdeckt und passiv**
Widerspruch, Gegenargumente, Kritik	Schweigen, Fernbleiben
Drohungen, Vorwürfe, Beleidigungen	Methodenstreitigkeiten
„Killerphrasen"	Gerüchte
Zynismus	Zeitmangel vorschieben
Intrigen, Cliquenbildung	Galgenhumor, subtile Anspielungen
Beziehungsabbruch	Motivationsschwund, „Dienst nach Vorschrift"
Auflaufen lassen	Desinteresse
Abweisende Haltung	Vermeidung von Blickkontakt

Trotzreaktionen, „Querschießen“	Keine persönlichen Stellungnahmen („Man-Sprache“)
Lautstarke Differenzen	Unwichtiges debattieren
Starre, unverrückbare Standpunkte	Engagement vortäuschen
Abwertung von Personen	Vermeidung direkter Kommunikation (Reduktion auf schriftliche Medien)
Streik, Boykott, Sabotage	Krankheit

Diese Ablehnung wird oft als „Widerstand“ bezeichnet. Sie ist ein wichtiges Signal und zeigt an, wo Energie blockiert ist. Hinter den oft sehr emotionalen Reaktionen der Betroffenen stehen (Existenz-)Ängste, Bedürfnisse und Interessen. Es geht darum, die dahinterstehenden Anliegen zu erkennen und darauf einzugehen.

Die vier Zimmer der Veränderung[58]

Wenn Menschen mit tiefgreifenden Veränderungen (beruflich oder persönlich) konfrontiert werden, durchleben sie meist mehrere Phasen mit jeweils unterschiedlichen Stimmungen. Es ist so, als ob wir durch mehrere Räume gehen müssten, um Veränderungen schlussendlich anzunehmen. Das veranschaulicht das Bild der „vier Zimmer der Veränderung“:

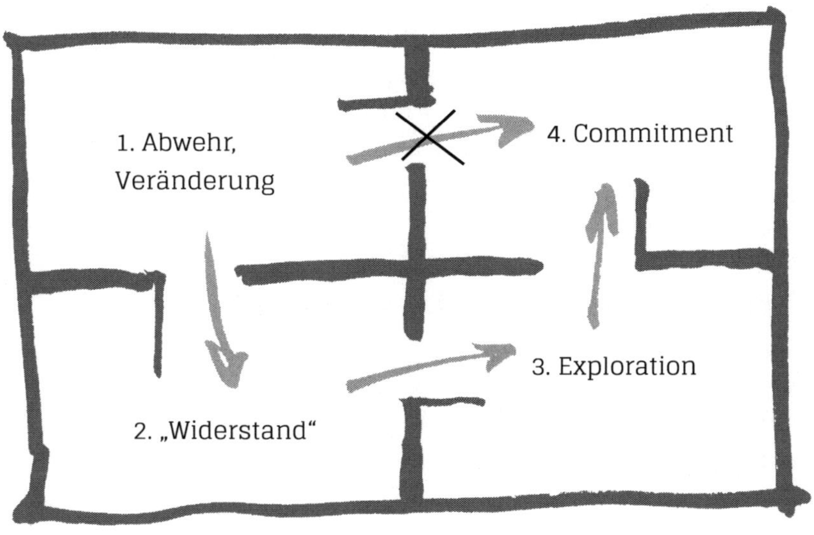

< vergangenheitsorientiert zukunftsorientiert >

Ähnlich wie in einem Supermarkt, in dem wir durch mehrere Abteilungen geleitet werden, durch die wir „durchmüssen", ehe wir bei der Kasse angelangen, wandern wir im Umgang mit Veränderungen durch folgende Zimmer:

1. Abwehr / Verdrängung:
Die erste Reaktion auf eine einschneidende Veränderung ist meist die Abwehr oder die Verdrängung. Die Mitarbeiter nehmen die notwendige Veränderung und deren Zeichen nicht wahr. Typische Aussagen und Haltungen sind dann:

- „Es ist doch alles in Ordnung."
- „Davon bin ich / sind wir sicher nicht betroffen."
- „Es wird schon nicht so schlimm kommen".

Je mehr individuelle Neuorientierung der anstehende Wandel verlangt, umso deutlicher und heftiger kann die Abwehrhaltung ausfallen. Wenn Mitarbeiter so reagieren, ist es hilfreich, als Führungskraft präsent zu sein und ehrlich Stellung zu beziehen.

Nach dieser ersten Phase des Schocks und der Verneinung durchschreiten die Betroffenen sozusagen die Tür in das nächste Zimmer:

2. „Widerstand":
Wut und Frustration beherrschen diese Phase. Die Betroffenen „kämpfen" darum, den Zustand der Vergangenheit zu erhalten, und orientieren sich an dem Bestehenden und der Vergangenheit. Häufig wird den Führungskräften (vor allem dem Topmanagement) die Schuld für die aktuelle Misere gegeben. Die Betroffenen neigen in dieser Phase zu Krankwerden, Passivität, Lähmung und Selbstzweifeln.

Typische Haltungen und Aussagen sind dabei:

- „Ich such mir was anderes."
- „Das lassen wir uns nicht bieten."
- „Wir werden Kampfmaßnahmen ergreifen!"
- Opferhaltung
- Wut und Aggression
- Verletzungen, Frust und Ablehnung
- Verlust- und Zukunftsängste

3. Ausloten / Verhandeln / Exploration:
Allmählich beginnt eine verstärkte Zukunftsorientierung. Man beginnt sich mit der neuen Realität auseinanderzusetzen und Lösungen dafür zu suchen, wie man da-

mit zurechtkommt. Die Veränderung wird nun offen thematisiert, akzeptiert und diskutiert. Altes wird losgelassen und man wird offen für Neues. Alternativen werden erforscht und ausprobiert. Der Fokus fehlt noch, zeitweise kann man chaotisches Handeln beobachten. Wir bemerken aber, dass langsam Energie frei wird. Es bewegt sich etwas.

Häufige Aussagen und Haltungen in dieser Phase:

- „Wir müssen uns verbessern – klüger arbeiten, nicht härter."
- „Das Neue bringt uns ja auch Vorteile."
- Betroffene definieren Bedingungen, unter denen sie bereit sind, das Neue anzunehmen: „Wenn ... kommt, dann wollen wir zumindest eine Schulung!"

4. Commitment:

Im vierten Zimmer oder im „Raum des Commitments", entwickeln sich Realismus und Optimismus. Die Betroffenen sind engagiert und bereit, ihr optimales Leistungsniveau zu erreichen. Der Blick ist vorwärts, in die Zukunft gerichtet. Es entsteht wieder Stabilität. In dieser Phase können Führungskräfte gemeinsam mit ihren Mitarbeitern attraktive Zukunftsbilder erarbeiten, langfristige Ziele vereinbaren und mit der Unterstützung ihrer Mitarbeiter rechnen. Es entstehen Erfolgserlebnisse, Optimismus und Handlungsorientierung.

Typische Haltungen und Aussagen:

- „Ja, wir schaffen es."
- „Wir gehören alle zum selben Team."
- Steigernde Aktivitäten
- Zusammenarbeit und Ausgeglichenheit
- Neugier, Interesse, Aufbruchsstimmung

Die einzelnen Phasen im Umgang mit Veränderung durchläuft jeder Mitarbeiter in einem anderen Tempo. Achten Sie daher im Umgang mit Betroffenen darauf, und werten Sie Signale des Widerstands nicht als Angriffe gegen Ihre Person. Kritik an der Veränderung darf kein Tabu werden. Machen Sie sich bewusst, dass Kritik, Sorgen, Bedenken immer irgendwo ausgesprochen werden müssen. Wenn es dafür keine Foren gibt, verbringen die Mitarbeiter oft viele Stunden während der Arbeitszeit damit, Gerüchte auszutauschen und ihre Sorgen zu verarbeiten. Da ist ein offener Dialog, in dem Sie die Mitarbeiter ernst nehmen und Stellung beziehen, immer besser, als der „Latrinenweg".

Als Führungskraft Mitarbeiter in die Veränderung mitnehmen

Das Schlimmste, was Sie tun können, ist eine wichtige Veränderung anzukündigen und dann zwei Wochen nicht erreichbar (auf Dienstreise, im Urlaub) zu sein. Verstecken Sie sich nicht, sondern treten Sie mit den Betroffenen in einen offenen Dialog. Verstecken Sie sich dabei auch nicht hinter aufwendigen PowerPoint-Präsentationen: Glaubhaft, authentisch dargebrachte persönliche Aussagen haben eine stärkere Wirkung.

Machen Sie den Mitarbeitern klar, dass die Veränderung kommt, warum sie stattfindet und warum gerade jetzt. Konfrontieren Sie sie offen mit der Realität und liefern Sie den Mitarbeitern die für sie wichtigen Informationen.

Fragen, die Sie den Betroffenen von Veränderungen beantworten sollten:

- Warum? Warum jetzt?
- Wo steht der Entscheidungsprozess?
- Was heißt das für mich? (Welche Vor- und Nachteile erwarten mich?)
- Trifft es mich? Warum?
- Wer hat Vorteile?
- Was wird von mir erwartet?
- Wohin geht die Reise?
- Wie ist das Vorgehen?
- Wie wird mit mir und meinen Kollegen umgegangen?
  Bleibt meine Stelle erhalten?
  Bleiben mir meine Kollegen erhalten?
  Wer ist mein Chef?
  Wo ist mein künftiger Arbeitsplatz / Schreibtisch?
- Was bleibt konstant?

Geben Sie dann den Mitarbeitern Zeit, die Informationen zu verarbeiten. Manches muss mehrmals gesagt werden, bis es auch gehört wird.

Nutzen Sie dafür alle möglichen Kommunikationskanäle im Unternehmen: Mitarbeiterveranstaltungen, Kaminabende, die Mitarbeiterzeitung, das Intranet, soziale Medien, bis hin zu einer internen Kommunikations-App, über die Sie auch Fragen beantworten oder kurzfristig Informationen an alle streuen können.

Gestalten Sie kleine, vertraute „Informationsinseln", in denen Sie regelmäßig so viel wie eben möglich über die Veränderungspläne informieren. Auch wenn Sie noch nicht den ganzen Weg kennen: Sagen Sie, was die nächsten Schritte sind und was von den Mitarbeitenden erwartet wird.

Betreiben Sie dabei keine Schönfärberei, sondern stehen Sie immer wieder zu dem, was Realität ist: Jeder Ist-Zustand und auch jeder Ziel-Zustand hat Vor- und Nachteile. Führungskräfte machen oft den Fehler, nur von den Nachteilen der jetzigen Lösung und den großartigen Vorteilen der Neuerung zu sprechen. So erlebe ich das zum Beispiel regelmäßig bei bevorstehenden EDV-Umstellungen von bisher „handgestrickten" Lösungen auf eine Standardsoftware. Die Mitarbeiter lassen sich dabei nicht gerne für dumm verkaufen. Sie alle wissen, dass die Umstellung mühsam wird, dass nicht alles gleich zu Beginn funktionieren kann, dass sie manche liebgewonnene Auswertung in Zukunft nicht mehr erhalten werden oder dass sie einzelne Arbeitsmethoden umstellen müssen. Bleiben Sie ehrlich, schwärmen Sie nicht nur vom Nutzen der angestrebten Lösung in der Zukunft und stellen Sie nicht nur die Nachteile der Ist-Situation heraus. Räumen Sie auch ein, dass die Veränderung entsprechende Kosten, Mühen etc. hervorrufen wird.

Eine besonderer Aspekt ist dabei der Umgang mit Emotionen: Zeigen Sie Empathie. Anerkennen Sie die Gefühle und versuchen Sie diese den Betroffenen nicht auszureden („Sind Sie doch nicht so pessimistisch ...", „Machen Sie sich doch keine Sorgen ..."). Hören Sie gut zu, fragen Sie nach und versuchen Sie immer herauszufinden, welche Anliegen oder welche früheren Erfahrungen hinter geäußerter Kritik stehen.

Beteiligen Sie Mitarbeiter nicht nur in Dialogforen an der Diskussion, sondern auch an der Entwicklung von Zielen und der Umsetzung der Veränderung, Zielfindungs-Workshops, Projekten und Pilotgruppen. Großgruppenveranstaltungen sind besonders kraftvoll; insbesondere dann, wenn die oberen Führungskräfte in authentischem Dialog erlebt werden.

Dranbleiben: Die AufbruchsKRAFT erhalten

Viele strategische Ziele und Veränderungsprojekte wurden formuliert, mit großem Brimborium eingeleitet und sind dann versandet. Nicht umsonst heißt es – hier nehme ich noch einmal Bezug auf die bekannte Formel – der Erfolg bestehe aus 10% Inspiration aber 90% Transpiration. Es geht also darum, für angepeilte Veränderungen einen Rahmen zu schaffen, der dieses „Dranbleiben und Nicht-Lockerlassen" absichert.

Hier ein paar Eckpunkte für die konsequente Umsetzung:

Ziele festlegen und konsequent verfolgen
Definieren Sie Ziele für die Veränderungen, deren Umsetzung Sie regelmäßig beobachten und überprüfen (siehe Balanced Scorecard und Führen mit Zielen). Berücksichtigen Sie auch immer, wie viele Ressourcen – vor allem Zeitaufwand der Mitarbeiter – notwendig sind, damit das Ziel verfolgt werden kann. Planen Sie diese Ressourcen realistisch, sonst ist das Scheitern der Umsetzung vorprogrammiert.

Entwicklung als ein flexibler Prozess
Auch wenn wir Ziele verfolgen und uns zielorientiert verhalten, so muss uns immer bewusst sein, dass Menschen und soziale Systeme nicht hundertprozentig kalkulierbar sind. Dazu kommt, dass auch während der Umsetzung Ereignisse eintreten, mit denen wir nicht gerechnet haben. Es ist daher immer notwendig, Reflexionsschleifen einzubauen, in denen wir uns fragen, ob der ursprünglich geplante Weg noch stimmig ist oder ob nicht ein neuer, anderer Weg eingeschlagen werden muss.

Stellen Sie regelmäßig diese Fragen:
- Wo stehen wir im Prozess?
- Wie wird der Prozess an der Basis und bei Kunden wahrgenommen?
- Was ist der sinnvolle nächste Schritt?
- Worauf sollten wir noch achten, bevor wir weitermachen?

Bei vielen erfolgreichen Entwicklungsprozessen, die ich erlebt habe, sind erst im Zuge des Projektes bei Auftreten unerwarteter Entwicklungen neue, innovative Ideen entstanden, die ursprünglich gar nicht geplant waren.

Disziplin und Verbindlichkeit
Vereinbaren Sie verbindliche Regeln und seien Sie der Erste, der diese einhält und Abweichungen anspricht. Man muss sich auf Sie verlassen können (siehe Commitment).

Anpacken
Um Entwicklungen zu erreichen, ist Aktivität notwendig. Es nützt nichts, bei jeder Strategieklausur die gleichen möglichen und notwendigen Aktivitäten festzuhalten. Zeigen Sie AufbruchsKRAFT und gehen Sie die „Dauerbrenner"-Themen in Ihrer Organisation an. Kommen Sie ins Tun!

Strukturen in der Organisation ständig anpassen

Zur Umsetzung von neuen Strategien sind oft weitreichende und mutige Anpassungen und Veränderungen von Strukturen, Arbeitsprozessen, Aufgaben, Kompetenzen und Verantwortungsbereichen notwendig. Weitreichend – weil oft über Jahre gewachsene Strukturen zwar historisch erklärbar sind, aber heute keinen Sinn mehr ergeben oder gar der angestrebten künftigen Entwicklung der Organisation entgegenwirken.

Mutig – weil befürchtet wird, mit einer neuen Aufgabenverteilung jemanden zu verletzen, Mitarbeitern Gewohntes wegzunehmen.

Mutig – weil die zuständige Führungskraft gefordert ist.

Mutig – weil jahrelang bewusste Missstände endlich angegangen werden.

Ein paar Beispiele:

Eine Führungskraft im Unternehmen ist eine Fehlbesetzung für diese Funktion. Jeder weiß es. Auch der Abteilungsleiter selbst. Er wäre lieber Experte, doch ein Wechsel ohne Gesichtsverlust scheint ihm nicht möglich. Die Mitarbeiter sind unzufrieden. Die Abteilung wird halbherzig verwaltet und man wartet, weil der Abteilungsleiter ohnehin in fünf Jahren in Pension gehen wird.

Eine Mitarbeiterin hat sich um eine Führungsposition beworben und ist leer ausgegangen. Um ihr die Enttäuschung zu ersparen, schuf man eine Stabsfunktion rund um diese Mitarbeiterin, wobei die fachliche und organisatorische Zuordnung dieser Stelle immer wieder zu Unklarheiten bei Kompetenzen und umständlichen Abstimmungsprozessen führt.

Zwei Bereiche wurden vor fünf Jahren räumlich und organisatorisch zusammengelegt, doch auch heute arbeiten die Mitarbeitenden wie zwei völlig voneinander getrennte Abteilungen. Das hat zur Folge, dass Kunden von einer „Unterabteilung“ zur anderen verwiesen werden, keine gegenseitigen Urlaubsvertretungen möglich sind und umständlich gearbeitet wird. Angst um den Arbeitsplatz führt dazu, dass Wissen „gehortet“ und nicht weitergegeben wird.

In solchen Fällen erleben wir immer wieder, dass bestehende Strukturen von den Betroffenen als „nicht sinnvoll“ erlebt werden. Es ist nicht wertschätzend und wird den Mitarbeitern auch nicht gerecht, über solche Missstände hinwegzusehen. Als Führungskraft sind Sie in solchen Situationen gefordert, in Ihrer Ver-Antwort-ung Stellung zu beziehen und auf problematische Situationen sinnvoll zu „antworten.“

Das Ziel sind sinnvolle Prozesse, Arbeitsabläufe und Strukturen, in denen jeder Mitarbeiter einen Platz hat, an dem er seine Fähigkeiten voll entfalten kann und gefordert, aber nicht ständig überfordert ist.

„Quick Wins" einbauen

Transformationsprozesse in einer Organisation benötigen meiner Erfahrung nach zwei bis drei Jahre. Wenn im ersten Jahr die Führung an einem Zukunftsbild arbeitet, Werte und Führungsgrundsätze definiert, neue Strukturen und Prozesse gestaltet, so kann bei den Mitarbeitern an der Basis der Eindruck entstehen: „Da passiert ja nichts." Oder „Wir sind nur mit Konzepten und Nabelschau beschäftigt und kümmern uns nicht um unsere Kunden!" So entstehen Ungeduld und oft Misstrauen in den gesamten Prozess.

Es ist daher wichtig, so bald wie möglich auch Maßnahmen zu beschließen, die für die Mitarbeitenden die eine oder andere spürbare Verbesserung bringen. Die Ideen dafür entstehen in den gemeinsamen Workshops mit Mitarbeitern oder in Großgruppenveranstaltungen. Oft sind es kleine Entscheidungen über eine Vereinfachung eines Prozesses, das Streichen unnötiger bürokratischer Hürden, eine lange geforderte IT-Verbesserung oder das Zugestehen einer Entscheidungskompetenz. Man bezeichnet solche kurzfristigen Veränderungen mit spürbarer Wirkung als „Quick Wins". Durch sie entsteht in der gesamten Organisation Vertrauen in den Prozess und in die Entscheidungsträger. Sie signalisieren damit: „Es ist uns ernst, wir reden nicht nur. Wir wollen tatsächlich etwas ändern."

Erfolge feiern

Nach dem Einholen der Ernte feiern die Bauern das „Erntedankfest". Würdigen auch Sie erreichte Ziele, bewältigte Veränderungen und Entwicklungsschritte. Feiern Sie ruhig auch kleine Erfolge und sorgen Sie dafür, dass diese im Unternehmen (zum Beispiel durch die Firmenzeitung oder auch in der Öffentlichkeit) kommuniziert werden. Geben Sie allen Mitarbeitern Gelegenheit, stolz zu sein: auf ihre eigene Leistung, auf ihr Team und auf das Unternehmen.

Jeder zählt

Ihr, die Ihr die großen Strategien entwickelt,
Macht Euch bewusst, es kommt auf jeden an.

Auf den Portier, der im Empfang freundlich grüßt.
Auf den Hausmeister, der die kaputte Glühbirne sieht und wechselt.
Auf den Schichtführer, der gut und fair mit seiner Mannschaft umgeht.
Auf die Teilzeitkräfte im Callcenter, die mitdenken und geduldig zuhören.

Ihr, die Ihr jedes Marktpotenzial analysiert:
Denkt Ihr an die, die für reibungsloses Funktionieren sorgen?

An den IT-Techniker, der das Verkaufsprogramm vereinfacht?
An den Mechaniker, der nachts die Störung beseitigt?
An den Behinderten, der für Ordnung im Lager sorgt?
An die Assistentin, die geduldig Eure Termine koordiniert?

Ihr, die Ihr die Markenaussagen er-findet:
Ist Euch klar, wer diese erlebbar macht?

Der Sachbearbeiter, der die Verträge tagtäglich fehlerfrei eintippt.
Die Kassiererin, die ein Lächeln für jeden übrig hat.
Die Betreuerin, die auf die Beschwerde richtig reagiert.
Der überzeugte Mitarbeiter, der die Firma auch am Abend unter Freunden empfiehlt.

Ihr, die Ihr Euch für den Erfolg verantwortlich fühlt:
Schätzt Ihr, was alle dazu beitragen?

Der Mann am Schalter – in JEDER Minute.
Die Beraterin im Verkauf – bei JEDEM Gespräch.
Der Teamleiter als Vorgesetzter – bei JEDEM seiner Mitarbeiter.
Und Ihr Topmanager mit Eurer Glaubwürdigkeit – bei JEDER Eurer Handlungen.

Jeder zählt – jeden Tag.
(Marianne Grobner)

VII. Führungswechsel: Führung übernehmen

Wenn Sie eine Führungsposition neu übernehmen, dann sind die ersten Tage und Wochen eine wichtige Phase: Hier kann sich schon entscheiden, ob es Ihnen gelingt, das Team für sich und Ihre Zukunftsvorstellungen zu gewinnen. In diesem Kapitel beschäftigen wir uns daher mit den besonderen Herausforderungen des Führungswechsels in Organisationen.[59]

1. Einstiegssituationen

Für die Ernennung zur Führungskraft gibt es unterschiedliche Startsituationen, die jeweils mit besonderen Herausforderungen verbunden sind:

Beförderung aus dem eigenen Team

Wer aus den eigenen Reihen zum Leiter befördert wird, hat mit seinem Team schon eine gemeinsame Geschichte als Mitarbeiter. Man kennt sich untereinander, seine Eigenheiten, Ansichten, Stärken und Schwächen. Die Teammitglieder kennen die neue Führungskraft aber als bisherigen Kollegen, sind ihm vielleicht freundschaftlich verbunden und haben vielleicht gemeinsam mit ihm über den Vorgesetzten gelästert. Nun ändert sich plötzlich dessen Funktion: Aus dem Kollegen wird der Vorgesetzte. Damit verbunden ist ein Dilemma: Will die Führungskraft ihr altes Rollenverhalten fortführen und beteuert: „Es wird sich nichts ändern – wir bleiben Kollegen wie bisher“, so fehlt ihr die Distanz und das Funktionsbewusstsein. Sie wird bald merken, dass sie in ihrer Funktion als Führungskraft nicht ernst genommen wird und sie diese aus der Kollegenrolle heraus nicht ausfüllen kann. Sie muss nun ehemalige Kollegen fordern und beurteilen und kann dabei auf Freunde keine Rücksicht nehmen.

Die ehemaligen Kollegen erwarten, dass die neue Führungskraft nun Missstände abstellt, die sie bisher gemeinsam kritisiert haben, und sehen sie als ihre Interessensvertretung. Vielleicht hat die Beförderung auch Neidgefühle hervorrufen („Warum bin ich es nicht geworden?“) und das Verhalten der Führung wird dann als „überheblich“ abgestempelt: „Glaubt er, jetzt ist er etwas Besseres?“

Worauf Sie in dieser Situation achten sollten, wenn Sie befördert wurden:

- Sprechen Sie das Thema des Funktions- und Rollenwechsels offen vor den Kollegen an und tun sie nicht so, als ob sich nichts ändern würde.
- Wenn sich auch ein Kollege für die gleiche Position beworben hat, so suchen Sie bald das Einzelgespräch mit ihm. Sprechen Sie die Situation direkt an und zeigen Sie Verständnis für die Enttäuschung. Machen Sie sich bewusst, dass nicht Sie enttäuscht haben. Klären Sie, wie Sie künftig zusammenarbeiten können.
- Nützen Sie die Erfahrung der ehemaligen Kollegen und beziehen Sie diese in Entscheidungen ein (siehe auch: Führen durch Fragen).
- Delegieren Sie Verantwortungsbereiche.
- Sorgen Sie für eine Klärung der Beziehungen und der gegenseitigen Erwartungen.

Beförderung aus der Stellvertreter-Position heraus

Für ehemalige Stellvertreter ist es oft schwer, aus dem Schatten ihres Vorgängers hervorzutreten: Sie haben zwar oft schon einige Jahre Führungsverantwortung übernommen – aber eben immer nur „in Abwesenheit des Chefs" oder für eingeschränkte Aufgabenbereiche und ohne volle Entscheidungskompetenz. Die Mitarbeiter haben sich daran gewöhnt, dass der Stellvertreter Entscheidungen nur unter Vorbehalt trifft. Der Wechsel wird vom Team oft nicht wirklich wahrgenommen, und die neue Führungskraft muss um ihre Akzeptanz in der neuen Rolle kämpfen.

Weil man aber annimmt, dass sich der Stellvertreter ohnehin schon überall auskennt, erfolgt die Übergabe meist nur oberflächlich und mangelhaft. Wichtige Informationen bleiben auf der Strecke. Er wird nicht ausreichend in Beziehungen und Netzwerke des Vorgesetzten eingeführt.

Worauf Sie in dieser Situation achten sollten:

- Sorgen Sie für eine klare, eindeutige und für alle Betroffenen sichtbare Ernennung für die neue Aufgabe (offizielle „Übergabe" der Verantwortung durch den Vorgänger oder durch das Topmanagement, Artikel in der Mitarbeiter- oder Kundenzeitung, ...).
- Setzen Sie äußerliche Signale, die zeigen, dass Ihre Funktion gewechselt hat: Übernehmen Sie zum Beispiel den Arbeitsplatz des Vorgängers oder gestalten Sie Ihren Arbeitsplatz neu.
- Halten Sie eine Antrittsrede.
- Überlegen Sie, was Sie vom Vorgänger übernehmen und was Sie bewusst ändern wollen.
- Auch für Sie gelten die Hinweise für die Beförderung aus dem eigenen Team.

Beförderung oder Wechsel innerhalb der Organisation

Einzelne Bereiche und Abteilungen innerhalb einer Organisation haben oft eine eigene Kultur. Diese ist geprägt durch die scheidende Führungskraft und die Aufgabe (Verkauf und Produktion, Marketing und Controlling „ticken" meist anders). Wer nun innerhalb des Unternehmens aus einer anderen Abteilung oder einem anderen Bereich zur Führungskraft befördert wird landet oft in einer völlig neuen Kultur mit anderen Entscheidungsregeln, Prozessen und Erwartungen an die Führung.

Man hat in seinem neuen Aufgabenfeld zudem noch kein Netzwerk und kennt die handelnden Personen oft nur vom „Hörensagen" und Vor-Urteilen aus der alten Abteilung. Vielleicht werden die neuen Mitarbeiter die fachliche Kompetenz der neuen Führungskraft gering schätzen: Was kann man schon von jemandem erwarten, der womöglich aus einer Abteilung kommt, mit der es immer wieder Ärger gibt?

Worauf Sie in dieser Situation achten sollten:

- Gehen Sie bescheiden und achtsam auf „Entdeckungsreise" in die neue Abteilung und fragen Sie viel: Warum wird etwas so gemacht? Welche Erfahrungen hat man gemacht? Was war der Sinn eines Vorgehens?
- Lösen Sie sich von eigenen Vorurteilen über diese Abteilung.
- Vermeiden Sie das, was in Ihrer alten Abteilung funktioniert hat, einfach im neuen Bereich „durchzusetzen" und prüfen Sie, was wirklich passt.
- Nutzen Sie die vorhanden Kompetenzen und Ressourcen im Team. Sie brauchen nicht zu beweisen, dass Sie fachlich in allen Themen mithalten können.
- Beginnen Sie von Anfang an, sich ein Netzwerk aufzubauen.

Externe Bestellung der Führungskraft

Externe Bewerber werden bei der Bestellung von Führungspositionen in diesen Situationen meist vorgezogen:

- bei plötzlichem Ausfall oder überraschendem Wechsel (Krankheit, Unfall oder Kündigung des Vorgängers) ohne geplante interne Nachfolge,
- wenn nicht rechtzeitig ein interner Nachfolger aufgebaut wurde (weil die bisherige Führungskraft z.B. niemanden neben sich hochkommen hat lassen),
- wenn bei einer internen Nachfolge massive Grabenkämpfe zu erwarten sind (z.B. weil sich mehrere interne Kandidaten die Nachfolge erhoffen und zu vermuten ist, dass sich diese gegenseitig „abschießen" würden – der Neue von extern ist hingegen ein unbeschriebenes Blatt) oder
- wenn neue Impulse ins Unternehmen gebracht werden sollen.

Wer von einer anderen Organisation kommend mit einer Führungsposition betraut wird, unternimmt so etwas wie eine Entdeckungsreise in ein fremdes Land: Die Unternehmenskultur ist einem fremd, man hat meist noch kein Netzwerk im Unternehmen und weiß noch nicht, wem man vertrauen kann. Man ist abhängig von internen Informationen, wird von Mitarbeitern getestet und es besteht die Gefahr, dass man den Neuen „auflaufen" lässt. Vor allem im Topmanagement ist die Gefahr hoch, an der Unternehmenskultur zu scheitern: Wenn man im Assessment Center des Personalberaters brilliert, heißt das noch nicht, dass man gut in ein Unternehmen passt.

Worauf Sie in dieser Situation achten sollten:

- Rechnen Sie mit mindestens eineinhalb Jahren, bis Sie das Geschäft, das Unternehmen, seine Kultur überhaupt verstanden und sich ein Netzwerk aufgebaut haben.
- Setzen Sie sich nicht unter Druck, sofort alles verändern zu müssen.
- Vermeiden Sie eine „Kulturrevolution", in der Sie versuchen, allem und jedem Ihre neue Linie überzustülpen. Sonst schlägt das System meist in aller Härte zurück. Beachten Sie die Hinweise zum Umgang mit Veränderungen im Kapitel AufbruchsKRAFT.
- Rechnen Sie für Kulturveränderungen mit einem Zeitraum von mindestens drei Jahren.
- Gehen Sie – wie bei einem Wechsel innerhalb der Organisation (s.o.) – bescheiden und achtsam auf „Entdeckungsreise" in die neue Abteilung.
- Nutzen Sie die erste Zeit vor allem, um ein Beziehungsnetz zu knüpfen. Seien Sie bei Dialogen präsent, fragen Sie viel (mehr Fragen als Sagen!), hören Sie neugierig zu und achten Sie bei den ersten Kontakten auch auf Ihre intuitive Wahrnehmung.
- Erkunden Sie Ressourcen bei den Mitarbeitern, Beziehungsgeflechte, Organisation, Abläufe, offene und heimliche Spielregeln.

Einstieg in eine andere Kultur

Manchmal bedeutet die Übernahme einer neuen Führungsaufgabe auch einen Wechsel in ein anderes Land mit einer anderen Kultur und oft auch mit einer anderen Sprache. Diese Umstellung und die erforderliche Eingewöhnungsphase werden oft unterschätzt. Der Wechsel betrifft meist auch die Familie der Führungskraft und fordert dann Partner und Kinder ebenso, für die sich ihr berufliches, schulisches und privates Umfeld ändert.

Im neuen Land muss sich die neue Führungskraft erst ein regionales Beziehungsnetzwerk aufbauen. Kommt sie vielleicht noch aus dem unbeliebten „Headoffice“, so wird sie kritisch gesehen: als „Geheimagent“ mit verdeckten Aufträgen oder als der x-te Vorgesetzte, der für zwei, drei Jahre kommt, um dann den nächsten Karriereschritt zu gehen.

Worauf Sie in dieser Situation achten sollten:

- Setzen Sie sich bewusst mit der anderen Landeskultur, den dortigen Gewohnheiten und Regeln, ihrer Form der Kommunikation auseinander. Zum Beispiel: Geht man in Verhandlungen sofort direkt ins Thema oder beginnt man vorsichtig-umschreibend und das Thema nur zwischen den Zeilen andeutend? Wie handhabt man Pünktlichkeit? Wie sind die Führungsbilder in dieser Kultur? Werden Frauen in Führungspositionen akzeptiert? Wie verlässlich sind Zusagen? Das gilt übrigens auch, wenn Sie in eine Region mit gleicher Sprache ziehen: Als Hamburger in Wien werden Sie zwar sprachlich verstanden, aber trotzdem große kulturelle Unterschiede feststellen.
- Lassen Sie sich von der neuen Kultur überraschen und akzeptieren Sie das Andere als bereichernde Lebenserfahrung.
- Bemühen Sie sich, die Sprache der Mitarbeiter zu lernen – zumindest Smalltalk sollten Sie bald beherrschen.
- Beziehen Sie auch Ihre Familie in die Entscheidung für die Stelle und in die Planung des Wechsels ein.
- Darüber hinaus gelten die gleichen Hinweise wie bei der externen Bestellung von Führungskräften.

2. Die Tage vor dem Start

Im Idealfall haben Sie vor der Übernahme der Führungsaufgabe noch zwei bis drei Monate, um sich auf diese Aufgabe vorzubereiten. Planen Sie in dieser Zeit Ihre Aktivitäten für die ersten 100 Tage in der neuen Funktion: Ihre Einführung oder vielleicht Einarbeitung in Fachthemen, Ihre Antrittsrede, einen Startworkshop, einen Plan für Besuche der einzelnen Firmenstandorte.

Analysieren Sie, soweit es Ihnen möglich ist, die künftige Aufgabe:

Führungs-Umfeld-Analyse

Vor allem, wenn Sie von einer anderen Organisation oder einem anderen Bereich kommen: Analysieren Sie so bald wie möglich die Situation der zu übernehmenden Organisation. Ist Ihnen das vor Übernahme der Führungsfunktion nicht möglich, so ist das eine Aufgabe für die ersten 100 Tage.

- Analysieren Sie die Ausgangssituation. Dazu sind die Fragen zur Diagnose des Unternehmens im Kapitel „AufbruchsKRAFT" (Seite 202) hilfreich.
- Sammeln Sie Ihre Eindrücke, Bilder und Hypothesen zu Ihrem künftigen Führungsbereich und dem Team.
- Sammeln Sie für sich mögliche schnelle und wertvolle Verbesserungen.
- Holen Sie sich Bilder von der „Basis": Sprechen Sie mit einfachen Mitarbeitern „an der Front" (in der Produktion, in der Kundenbetreuung) und versuchen Sie durch achtsames und neugieriges Hinterfragen deren Arbeitssituation und Erleben zu erfassen.
- Nehmen Sie die Organisation einmal aus Kundensicht wahr: Machen Sie Mystery Shopping, erforschen Sie die Homepage, News im Internet und den Auftritt in sozialen Medien.
- Eigenen Sie sich Basiswissen über die Aufgabengebiete des Bereichs an.

Analyse der Stakeholder

Stakeholder sind jene Personen und Gruppen, die Interesse an Ihrem Handeln und Verhalten und Einfluss auf Ihren Erfolg haben. Eine gute Kooperation mit ihnen ist erfolgsentscheidend und kann Ihnen die Arbeit gewaltig erleichtern. Daher ist es wichtig, die Stakeholder zu identifizieren, wenn Sie eine neue Führungsaufgabe übernehmen. Machen Sie sich eine Skizze:

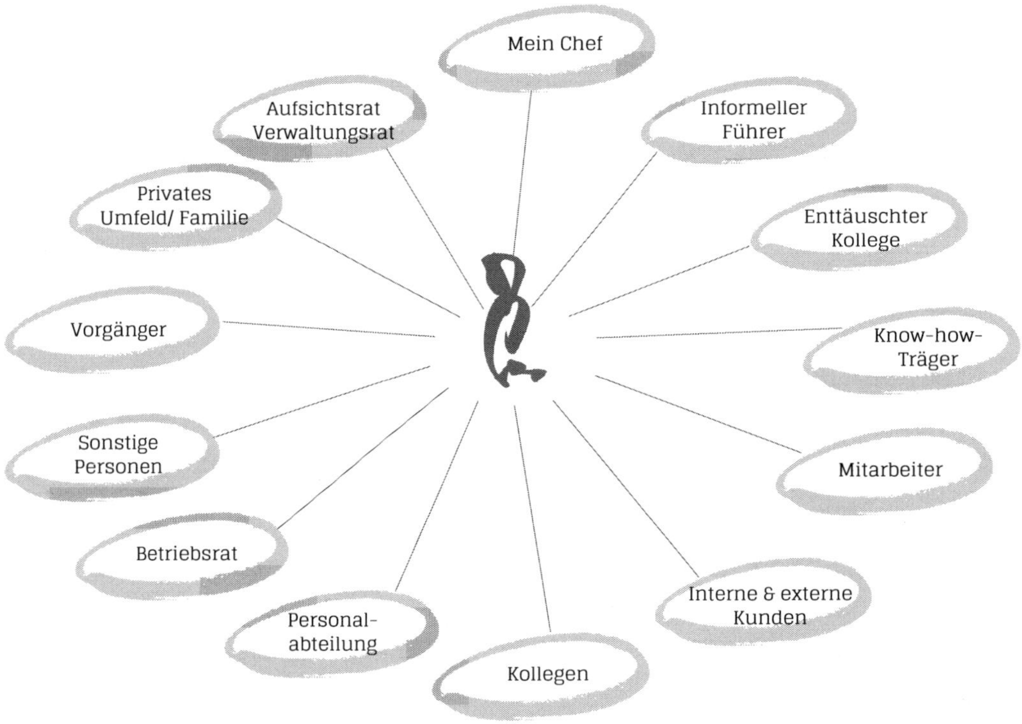

Wenn Ihnen das Umfeld, die Rahmenbedingen und die Stakeholder bewusst sind, hilft Ihnen das, sich von Anfang an professionell im neuen Aufgabengebiet zu bewegen, Erwartungen zu erforschen und mögliche Mitstreiter und Spannungsfelder zu erkennen.

3. Die ersten 100 Tage

Der erste Eindruck, den Sie bei den Mitarbeitern hinterlassen, wirkt lange nach und entscheidet oft über Akzeptanz oder Ablehnung Ihrer Person. Planen Sie daher Ihren ersten Auftritt sorgsam.

Die Antrittsrede

Zur Vorbereitung Ihrer Antrittsrede vor dem Team stellen Sie sich folgende Fragen:

- Welche Daten sollten über mich bekannt sein?
- Welche „Geschichte" charakterisiert mich oder war prägend für meine Führungssituation?
- Warum habe ich Lust auf diese Führungsposition?
- Was zeichnet mich für die neue Position aus?
- Wie möchte ich führen?
- Was weiß ich schon über die Organisation bzw. den Bereich?

Der rote Faden Ihrer Antrittsrede kann dann so aussehen:

- Einstieg: Meine „Geschichte" der Berufung:
  Wie bin ich dazu gekommen? Was habe ich dabei empfunden?
  Was freut mich daran? Was finde ich spannend? Worauf habe ich Lust?
- Informationen zu meiner Person und zu meinem Werdegang – auch hier eventuell ein persönliches prägendes Erlebnis einbauen („Storytelling" macht Sie als Mensch greifbarer).
- Was ich schon über die neue Funktion und die Abteilung weiß ...
- Was ich daran schätze, z.B.: „Ich habe gesehen, dass viele von Ihnen seit dem Aufbau der Anlage dabei sind, und weiß, Sie haben da sehr viel wertvolles Know-how aufgebaut."
- Wie ich den Bereich führen möchte, z.B.: Welche Prinzipien oder Werte sind mir bei der Führung wichtig?
- Wie ich meinen Einstieg plane, z.B.: „Ich möchte die ersten 100 Tage nützen, um einmal alle und alles kennenzulernen und mich zu orientieren."
- Ankündigung persönlicher Gespräche: „Deshalb möchte ich mit Mitarbeitern, Kollegen und anderen, mit denen ich zusammenarbeiten werde, Gespräche führen und die einzelnen Standorte besuchen."
- Ankündigung einer Rückmeldung: „Nach den ersten 100 Tagen möchte ich mich mit Ihnen über meine Erkenntnisse austauschen und einen Dialog über unsere Ziele für die Zukunft führen."

Eine Antrittsrede bekommt noch mehr Bedeutung, wenn sie in Verbindung mit einer offiziellen Übergabe und „Inthronisation" z.B. durch Ihren direkten Vorgesetzten erfolgt.

Ein Beziehungsnetz aufbauen

Führen Sie in der Anfangsphase mit den Mitarbeitern Vieraugengespräche, um in Kontakt zu kommen und Informationen über die Personen und die Abteilung zu erfahren. Diese Gespräche sind ein Zeichen von Wertschätzung, vor allem wenn Sie an den Arbeitsplatz der Mitarbeiter kommen und diese nicht zu sich zitieren.

Dadurch können Sie

- die handelnden Personen einzeln kennenlernen und Beziehungen aufbauen,
- Sicherheit geben,
- Informationen über die Mitarbeiter und das Teams erfragen,
- Felder der gegenseitigen Unterstützung herausarbeiten,
- Handlungsbedarf erkennen,
- bestehende Vereinbarungen mit dem Vorgänger und Versprechungen erfahren,
- Einstellungen und persönliche Entwicklungsziele der einzelnen Mitarbeiter erleben.

Läuft der Führungswechsel weitgehend reibungslos ab, sind Vieraugengespräche meist ausreichend. Wenn die Unsicherheit oder der Klärungsbedarf im Team hoch ist, dann empfehle ich einen Startworkshop von einem Tag – im Idealfall außerhalb des Arbeitsplatzes und mit einem gemeinsamen Abend (z.B. mit Start und Ende zu Mittag).

Startworkshop

Führen Sie mit Ihrem neuen Team innerhalb der ersten zwei bis drei Wochen einen gemeinsamen Startworkshop durch, wenn Sie neu in eine Abteilung wechseln, von einer anderen Organisation kommen oder große Veränderungen im Team stattgefunden haben.

Sie lernen dabei die Mitarbeiter, ihre Aufgabengebiete und deren Erwartungen kennen und verschaffen sich einen Überblick über die wichtigsten Handlungsfelder in Ihrem Führungsbereich. Im geselligen Beisammensein finden neben allen geschäftlichen Themen wichtige zwischenmenschliche Begegnungen und Kontakt statt. Sie legen die Basis für gegenseitiges Vertrauen.

Ein Startworkshop kann beispielsweise so ablaufen:

Eröffnung:
- Die Intention dieses Workshops: Warum kommen wir zusammen?
- Die Ziele für diesen Workshop

Kontakt: gegenseitiges Kennenlernen der Mitarbeiter und der Führungskraft
- Mein Werdegang
- Meine Aufgaben
- Sie können diese „Vorstellungsrunde" auch persönlicher gestalten, indem jeder gebeten wird, ein Symbol für die Aufgabe der Abteilung bzw. Organisation mitzubringen und vorzustellen oder eine typische oder lustige Begebenheit aus der Arbeit zu erzählen.
- Lassen Sie die Mitarbeiter sich in einer Reihe nach Dienstjahren in der Abteilung aufstellen und rechnen Sie diese zusammen. Würdigen Sie die Erfahrung.

Blick auf die Ist-Situation
(eventuell zuerst in Kleingruppen und dann erst Austausch im Plenum):
- Wie wurden Aufgaben bisher bei uns gelöst?
- Was muss der neue Vorgesetzte über uns und unsere Abteilung / unser Team wissen?

Fragerunde: zuerst werden die Fragen gesammelt und dann beantwortet
- Die Mitarbeiter sammeln Fragen an die neue Führungskraft.
- Die Führungskraft sammelt Fragen an die Mitarbeiter.
- Beantwortung der Fragen und Diskussion

Blick auf die Zusammenarbeit:
- Gegenseitige Erwartungen (außer diese werden ohnehin in Einzelgesprächen geklärt)
- Vereinbarungen für die Zusammenarbeit (zu Einzelgesprächen, Sitzungen, Kommunikation, Kritik, ...)

Blick auf die Zukunft:
- Mit welchen Themen und Herausforderungen sind wir konfrontiert?
- Vereinbarungen für nächste Schritte (z.B. Reflexion nach 100 Tagen)

Abschluss und persönliches Resümee

Haben Sie wenig Erfahrung mit der Durchführung solcher Workshops, könnte es hilfreich sein, eine externe Moderation hinzuzuziehen. Dann können Sie sich ganz auf Ihre Rolle als Führungskraft konzentrieren.

Die Erwartungen an die neue Führungskraft

Nehmen Sie sich als neue Führungskraft am Anfang Zeit, um die an Sie gestellten Erwartungen herauszufinden und um zu überlegen, welchen Standpunkt Sie dazu beziehen. Noch haben Sie die Chance, überzogene Anfangserwartungen und Ansprüche an Ihre Qualifikation, Ihren Führungsstil oder Ihre Haltungen zu korrigieren und persönlich Stellung zu beziehen.

Ein Dialog mit den Stakeholdern hilft, Einblick in diese Erwartungshaltungen zu bekommen. Gerade in der Anfangsphase ist ein interessiertes und achtsames Nachfragen der neuen Führungskraft ein Zeichen dafür, dass Sie Ihre Mitarbeiter und deren Meinung ernst nehmen.

Mögliche Themen für den Dialog mit Stakeholdern[60]:

Ihre Geschichte und Erfahrung mit dem Unternehmen:
- Wie ist Ihr persönlicher Werdegang im Unternehmen?
- Wofür sind Sie persönlich verantwortlich?
- Was freut Sie? Was macht Sie ärgerlich? Was stört Sie?
  (What makes you glad – mad – sad?)

Zum Bereich / zur Abteilung:
- An welchen Themen wird in Ihrer Abteilung gearbeitet?
- Wenn man den Bereich mit einem Auto oder Haus vergleichen würde:
  Wie würde das aussehen?
- Bei Mitarbeitern: Wo klappt die interne Zusammenarbeit gut / weniger gut?
  Wer ist wofür Experte?
- Bei Außenstehenden: Welche Erfahrungen haben Sie in der Zusammenarbeit mit dieser Abteilung?
- Wie wurden Meetings / Zielvereinbarungen / Mitarbeitergespräche / ... bisher gehandhabt?
- Wo und wie fallen hier Entscheidungen?

Themen der Gegenwart und Zukunft:

- Wie schätzen Sie die StrukturKRAFT, die AufbruchsKRAFT und die Beziehungs-KRAFT in unserer Abteilung ein? (Eventuell die 60 Fragen auf Seite 65 nutzen.)
- Welche Spielregeln, Tabus und Stolpersteine gibt es hier?
  Was sollte ich auf keinen Fall tun?
- Wo sehen Sie Stärken, Schwächen, Risiken und Chancen für uns?
- Was sind die bereits geplanten Themen der Zukunft?

Persönliche Hoffnungen und Befürchtungen:

- Was macht aus Ihrer Sicht einen guten Chef / Kollegen aus?
- Wo kann ich Sie unterstützen?
- Welche Empfehlung können Sie mir geben?
- Was sollte ich tun / was lassen?
- Was wünschen Sie sich von mir?

Machen Sie sich bewusst, dass es auch hier (wie beim Stakeholder-Interview Seite 207) um einen Dialog geht, der von Offenheit geprägt ist. Wenn Ihr Interviewpartner ein unerwartetes Thema einbringt, gehen Sie interessiert mit. Es geht nicht um das Abarbeiten eines Fragebogens.

Bei den Gesprächen werden Sie feststellen: Sie werden nicht alle Erwartungen erfüllen, zumal diese von unterschiedlichen Personen sehr widersprüchlich sein können: So erwarten die Mitarbeiter vielleicht die Anerkennung ihrer bisherigen Leistungen, Kontinuität und keine gravierenden Änderungen, während Ihr Vorgesetzter möchte, dass Sie „den Laden aufräumen“ und die Prozesse von Grund auf neu strukturieren. Kunden, Ihr Vorgesetzter und die Mitarbeiter erwarten von Ihnen vielleicht Erreichbarkeit und vollen Einsatz rund um die Uhr – auch am Wochenende – und Ihre Familie erwartet ungestörte Familienzeit.

Prüfen Sie, welche externen Erwartungen Sie erfüllen können und wollen, und klären Sie, welche Sie an sich selbst haben. Machen Sie sich bewusst: Erwartungen sind keine Aufgaben, die erfüllt werden müssen, und setzen Sie sich so nicht unnötig unter Druck. Nehmen Sie sich Zeit zur Reflexion und klären Sie entsprechend Ihren Werten, Grundhaltungen und Zukunftsvorstellungen, wie Sie mit den Erwartungen umgehen wollen.

Reflexion der Erwartungen an mich als neue Führungskraft:

Was ist die Essenz der Erwartungen an mich:

- durch meinen Vorgesetzter,
- durch Aufsichtsrat / Verwaltungsrat / Investoren,
- durch Mitarbeiter (Gibt es unter den Mitarbeitern unterschiedliche Gruppen mit unterschiedlichen Erwartungen?),
- durch meine Kollegen im Führungskreis,
- durch interne Kunden,
- durch externe Kunden?

- Was erwarte ich von mir selbst?
- Welche dieser Erwartungen will und kann ich erfüllen? Welche nicht?
- Welche Erwartungen nehme ich bewusst als Aufgabe an?

Das 100-Tage-Buch und Ihr Führungsverhalten in dieser Zeit

Machen Sie sich in den ersten Monaten regelmäßig Notizen in ein Buch. Noch sind Sie nicht „betriebsblind" – und das sollten Sie nützen. Reflektieren Sie mit kurzen Eintragungen Ihre Erfahrungen, Beobachtungen, Eindrücke, Erkenntnisse zu Ihrer neuen Funktion. Führen Sie eine Liste mit all jenen „Baustellen", die Sie in Zukunft angehen und verändern möchten.

Behalten Sie diese Vorhaben aber erst mal für sich. Sie können nach den ersten Wochen daraus eine Prioritätenliste für Ihre Vorhaben erstellen. Manche Veränderungen werden Sie dann vielleicht erst nach ein, zwei Jahren in die Wege leiten. Vermeiden Sie Urteile über Ihren Vorgänger oder die Aussage, dass ab jetzt „ein anderer Wind weht". Die Orientierung und Würdigung ist in dieser Zeit noch wichtiger.

Nach 100 Tagen nehmen Sie sich eine ruhige Stunde und reflektieren Ihre Erfahrungen:

Reflexion der ersten 100 Tage[61] QR→

- *Was denken meine Mitarbeiter vermutlich über meinen Start?*
- *Welche ersten Erfolge gab es? Was habe ich lustvoll erlebt?*
- *Zu wem konnte ich eine besonders positive Beziehung anbahnen / aufbauen?*
- *Wen werde ich bei künftigen Projekten als Partner brauchen? Wie kann ich die Beziehung zu diesen Menschen pflegen?*
- *Wen konnte ich – noch – nicht gewinnen?*
- *Was ist mir nicht gut gelungen?*
- *Was hat mich am meisten überrascht in diesen 100 Tagen?*
- *Was habe ich unterschätzt / überschätzt?*
- *Auf einer Skala von 1 bis 10: Wie hoch schätze ich die Wahrscheinlichkeit, dass ich auf dieser Position erfolgreich sein werde?*
- *Mit welchen Hürden muss ich in den nächsten Monaten rechnen? Wie werde ich sie überwinden?*
- *Worauf will ich in Zukunft besonders achten?*
- *Welche Stärken in meinem Führungsverhalten möchte ich noch gezielter einsetzen?*
- *Wo liegen die Entwicklungspotenziale in meinem Führungsverhalten?*
- *Wer kann mich auf meinem Weg unterstützen?*
- *Welches positive Zukunftsbild habe ich für meinen Bereich in drei Jahren?*
- *Was ist mein Ziel für die Führung im ersten Jahr?*
- *Was wird mein erster Schritt dorthin? Was gehe ich an?*

Es kann hilfreich sein, diese Erfahrungen mit Ihrem Vorgesetzten, einem Coach oder einem Mentor wie zum Beispiel einer erfahrenen Führungskraft auszutauschen.

4. Das erste Jahr

Entwickeln Sie im Sinne der Organisationsentwicklung mit Ihrem Team ein Zukunftsbild, legen Sie Veränderungs- und Entwicklungsthemen fest und gehen Sie diese systematisch an. Warten Sie nicht zu lange mit den Vorhaben, da Sie sonst den „Anfangsdrive" verschenken!

Setzen Sie dabei Prioritäten und vermeiden Sie, alles sofort und gleichzeitig zu verändern. Beachten Sie dazu die Hinweise zu den Aufgaben der AufbruchsKRAFT (Kapitel VI).

5. Geplanter Ausstieg: Den Führungswechsel vorbereiten[62]

Manchmal erfolgt ein Ausstieg plötzlich aufgrund von Krankheit, Arbeitsunfähigkeit nach einem Unfall oder einer unerwarteten Abberufung in eine andere Stelle. Eine verantwortliche Führungskraft instruiert ihren Stellvertreter daher so, dass er bei einer Notfall-Übernahme einige Monate das operative Geschäft weiterführen könnte. Hingegen ist eine Pensionierung oder ein Aufrücken ins Topmanagement schon Jahre vorher absehbar.

Spätestens fünf Jahre vor einem geplanten Ruhestand sollte man beginnen, einen geeigneten Nachfolger zu suchen und aufzubauen. Vor allem bei Topmanagement-Positionen sprechen dabei viele Argumente für eine interne Nachbesetzung aus dem Unternehmen:

- Die internen Kandidaten sind berechenbar und sorgen für Kontinuität im Unternehmen. Es sollte keine groben Überraschungen geben.
- Sie kennen die Unternehmenskultur, haben sie mitgeprägt und zeigen meist eine starke Loyalität zum Unternehmen.
- Sie haben über Jahre ein Netzwerk im Unternehmen und bei Kunden aufgebaut.
- Nachbesetzungen durch interne Kandidaten fördern auch den Ruf des Unternehmens als Arbeitgeber: Sie sind das lebende Beispiel und Vorbild, das beweist, dass man sich in diesem Unternehmen entwickeln und aufsteigen kann.

Trotzdem kann es notwendig sein, für die Nachfolge einen externen Kandidaten zu holen. Im Idealfall hat dieser vor der Übernahme der Führungsverantwortung noch Zeit, das Unternehmen kennenzulernen und ein internes Netzwerk aufzubauen.

Im Jahresgespräch können Sie einem Mitarbeiter die Chance auf eine Nachfolge in der Führungsposition in Aussicht stellen. Eine Absichtserklärung im Sinne „Ich kann mir vorstellen, dass Sie in drei oder fünf Jahren in diese Position kommen, wenn Sie ..." ist sinnvoll. Das gibt dem Mitarbeiter eine Perspektive und er kann sich darauf einstellen. Der ausgewählte Mitarbeiter muss im Moment noch nicht voll reif für diese Position sein. Er hat Zeit und kann vielleicht noch Fähigkeiten entwickeln, Erfahrungen in Projekten machen oder spezifisches Führungs- oder Fachwissen aufbauen. Gemeinsam können Sie einen Entwicklungsplan erarbeiten und verfolgen.

Auch wenn im Laufe der Zeit das Team mit einer Ernennung dieses Kandidaten rechnet: Ein offiziell ernannter „Kronprinz" wird meist sehr kritisch gesehen. Führungskräfte, die diese Rolle – oft über Jahre – zu bekleiden hatten, beschreiben die Schwierigkeiten dieser Position folgendermaßen:

- Der „Kronprinz" ist hervorgehoben in der Gruppe und hat doch keine richtige Leitungsfunktion.
- Man sieht viele Dinge, die man ändern möchte, aber kann eigentlich noch nicht viel bewirken.
- Man ist isoliert von den anderen Teammitgliedern – bloß, weil man als Nachfolger benannt wurde.
- Gleichzeitig versucht das Team häufig, den designierten Nachfolger zu instrumentalisieren: Er soll für Gruppeninteressen bei der Führungskraft vorsprechen.
- Man steht unter unheimlichen Druck: Von der Führungskraft, die ihren Nachfolger benannt hat, und genauso von den Kollegen und Kunden. Fehler kann man sich einfach nicht leisten.
- Kritisch wird es, wenn der offiziell ernannte „Kronprinz" an den Anforderungen scheitert und sich herauskristallisiert, dass er doch nicht für die Nachfolge geeignet ist. Das bedeutet einen Gesichtsverlust sowohl für die Führungskraft wie für den designierten Nachfolger.

In-Thron-isation: Die Übergabephase gut gestalten

Ob die Übergabe in der Praxis gut funktioniert, hängt immer von den handelnden Persönlichkeiten ab. Sie erfordert von den Betroffenen Funktionsklarheit und gegenseitiges Vertrauen. In der Praxis läuft die Phase der Hofübergabe leider oft schwierig und mit enormen Reibungsverlusten ab. Es „menschelt" und das zeigt sich in unterschiedlichen Phänomenen:

- Manche scheidenden Führungskräfte haben Probleme mit dem künftigen Machtverlust und bestreiten noch bis zum letzten Moment alle Entscheidungen im Alleingang: So werden „Denkmäler" wie ganze Werke oder Anlagen im Alleingang gebaut oder Organisationsstrukturen geschaffen, welche die Kompetenzen der künftigen Führungskraft schmälern oder schwer revidierbar sind. Die Schwierigkeit des Loslassens führt zu scheinbar irrationalen Entscheidungen, die noch viele Jahre danach im Unternehmen kritisiert werden.
- Wissen und Kontakte bedeuten Macht. Häufig zu beobachten ist auch das Zurückhalten von Kontakten, Gremienpositionen und Know-how. So manche neue Führungskraft ist nach der Übernahme der Funktion gezwungen, sich alle Aufgaben selbst zu erarbeiten und muss in den ersten Monaten so manche Lakunen und Zeitbomben selbst entdecken, weil ihr Vorgänger sie nicht eingebunden hat.

- Andere scheidende Führungskräfte lassen schon ein, zwei Jahre vor ihrer Pensionierung los und ziehen sich gedanklich aufs Altenteil zurück. Der Standardspruch bei ihnen lautet: „Das soll einmal mein Nachfolger entscheiden" oder: „Das tu ich mir nicht mehr an". Dauert diese Phase zu lange, so entsteht eine Lähmung in der Organisation und der Nachfolger muss sich lange in Geduld üben. Oft versucht er schon im Hintergrund –„undercover" – eine neue Kultur oder organisatorische Änderungen im Unternehmen zu bewirken, ohne tatsächlich die Macht zu haben. Auch solche Situationen führen zu massiven Spannungen. Es besteht die Gefahr, dass der Nachfolger eine „Geschäftsführung ohne Auftrag" übernimmt und ständig dem Risiko ausgesetzt ist, dafür Kritik zu ernten oder zurückgepfiffen zu werden. Irgendwann können die Spannungen zwischen „altem System" und „neuem System" auch zu einem Machtkampf und zum vorzeitigen und unrühmlichen Ausscheiden der Führungskraft führen.

Diese Verhaltensweisen erfolgen meist nicht bewusst und mit böser Absicht. Sie sind menschliche Reaktionen auf eine kommende massive Veränderung im Leben einer Führungskraft.

Es kann helfen, wenn sich die Führungskraft und auch ihr Nachfolger in dieser herausfordernden Lebensphase von einem erfahrenen Berater coachen lassen. Fallweise ist auch eine gemeinsame begleitende Beratung für beide hilfreich, um „Spielregeln" für den Umgang miteinander oder die Kommunikation nach außen zu vereinbaren.

Empfehlungen für die Übergabephase:
Bei Team- und Abteilungsleitern kann die Phase der Übergabe ein bis drei Monate, im Topmanagement sechs Monate bis maximal ein Jahr dauern. In dieser Zeit „regiert" noch immer die scheidende Führungskraft, der Nachfolger ist aber bereits designiert und wird sukzessive in die Funktion eingeführt.

Spätestens in dieser Übergangszeit wird der Nachfolger bereits in alle wichtigen Zukunftsentscheidungen eingebunden. Das sind alle Entscheidungen, die über die Funktionszeit der jetzigen Führungskraft hinaus wirken, vor allem
- die strategische Planung,
- die Budgetierung,
- Personalbesetzungen,
- Umstrukturierungen,
- Investitionen,

- Bauvorhaben (Betriebsgelände, Filialbauten, Produktionsstätten, ...),
- Akquisitionen, Fusionen,
- Corporate Design, Markenauftritt.

Es ist gut, wenn der designierte Nachfolger in den Monaten des Übergangs Schritt für Schritt seinen Platz bekommt, an wichtigen Sitzungen (Geschäftsleitung, Aufsichtsrat) teilnehmen kann und auch in Branchengremien, Wirtschaftsvereinigungen, bei Stakeholdern und in internen Führungskreisen (z.B. bei einer Holding) eingeführt wird und Verantwortung übernehmen kann.

Beim Ausscheiden empfiehlt es sich, dass die scheidende Führungskraft die Aufgabe in einer offiziellen Versammlung vor allen Mitarbeitern übergibt (eventuell mit Überreichung eines symbolischen Gegenstandes analog zur „Schlüsselübergabe") und dem Nachfolger alles Gute wünscht.

VIII. Lust auf Führung in Organisationen entwickeln

„Der Fisch beginnt am Kopf zu stinken“ sagt ein altes Sprichwort. Ich würde es gerne umformulieren: „Der Fisch beginnt am Kopf zu glänzen“. Denn sowohl positive Entwicklungen wie auch Missstände in Organisationen gehen meist von der Führung aus.

Wenn Sie wollen, dass sich Ihr Unternehmen zukunftsgerichtet entwickelt und die Mitarbeiter diesen Weg aktiv und mit Überzeugung mitgehen, dann brauchen Sie engagierte, unternehmerisch denkende Menschen, die Lust darauf haben, Führung zu übernehmen und ihr Umfeld sinnvoll zu gestalten.

Sie wollen FührungsKRAFT in einer ganzen Organisation wecken und stärken? Dann sollten Sie dem Thema „Führungskultur“ in Ihrem Unternehmen ausreichend Beachtung schenken und es immer wieder ansprechen. Die Stärkung von FührungsKRAFT ist ein Prozess, der nicht mit einem zweitägigen Führungsseminar zu bewältigen ist. In unternehmensweiten Programmen zur Entwicklung der Führungskultur haben wir mit einem stufenweisen Vorgehen gute Erfahrungen gemacht: Auf eine grundsätzliche Auseinandersetzung mit der Frage, welche Führung die Organisation braucht, folgt eine Beschäftigung mit den für die Führungsfunktionen notwendigen Kompetenzen.

1. Führungsleitlinien definieren

Die Antwort auf die erste Frage findet sich im Führungsleitbild. Ein Führungsleitbild kann die Richtung vorgeben. Es verdeutlicht,

- was das Unternehmen von Führungskräften erwartet,
- auf welchen Werten, Grundhaltungen und Prinzipien Führung aufbauen soll,
- wie die Führungskräfte im Alltag handeln sollen und
- bei welchen Aufgaben Schwerpunkte zu setzen sind.

Viele Führungsleitbilder lesen sich ähnlich. Gewünschte Werte, Grundhaltungen und Prinzipien decken sich auch bei vielen Unternehmen. Ich kenne kein Unternehmen, das in den Führungsgrundsätzen „Führung mit Druck und Angst“ fordert. In fast allen Leitbildern werden Prinzipien wie „respektvoller Umgang“, „Wertschätzung“, oder „Leidenschaft und Begeisterung“ festgeschrieben.

Wo aber die Schwerpunkte bei den Führungsaufgaben gesehen werden, hängt stark von der Unternehmensstrategie, den Zielen und der vielleicht angestrebten Kulturänderung ab. Sie können auf Tätigkeiten zur Stärkung der StrukturKRAFT, der BeziehungsKRAFT oder der AufbruchsKRAFT fokussieren – je nachdem, was die Organisation zur Erreichung der strategischen Ziele besonders braucht:

- Wenn zum Beispiel neue Technologien und Innovationen angestrebt werden, kann ein Führungsleitsatz lauten: „Wir schaffen Freiräume zum Lernen, Ausprobieren und Entwickeln." (AufbruchsKRAFT)
- Ein Dienstleistungsbetrieb, der „Beziehungsmanagement" als DAS strategische Ziel für die nächsten Jahre definiert, wird Prinzipien zur Gestaltung der Führungsbeziehungen und der Beziehungen innerhalb der Teams definieren. (BeziehungsKRAFT)
- In einer Organisation aus dem Sozialbereich legte man besonders viel Wert auf den Grundsatz: „Die Führungskräfte organisieren alle Ressourcen zur effizienten Zielerreichung." Hier sollte eine Verbesserung der StrukturKRAFT erzielt werden.
- In einem anderen Unternehmen, in dem sich Führungskräfte regelmäßig mit den Mitarbeitern solidarisierten und über „die da oben" klagten, lautete ein Führungsgrundsatz: „Wir übernehmen Verantwortung und entscheiden." (AufbruchsKRAFT, BeziehungsKRAFT und StrukturKRAFT)

Es empfiehlt sich, die Entwicklung eines solchen Führungsleitbildes als Prozess mit Beteiligung der Betroffenen zu organisieren: in einer Großveranstaltung, einer Entwicklungsgruppe oder als Workshop mit der Geschäftsleitung, eventuell nach einer Befragung der Betroffenen.

Immer wieder kann man feststellen, dass allein durch den Dialog über das gewünschte Führungsverhalten schon das Bewusstsein zum Thema Führung geschärft wird. „Eigentlich" spüren die Betroffenen meist sehr gut, welche Führungskultur die Organisation braucht, um vorwärts zu kommen, Mitarbeiter motiviert mitzunehmen und effizient zu arbeiten. Der gemeinsame Prozess mit der Einigung auf ein paar Prinzipien wirkt dann oft auch teambildend für die Entwicklungsgruppe oder das Topmanagement. Man tauscht sich über persönliche Werte aus und das berührt. Daher ist ein Kopieren vorhandener Führungsgrundsätze anderer Organisationen – einfach „copy and paste" – zwar technisch möglich, bringt aber nur wohlklingende Worte hervor, die niemanden bewegen.

Hinweise zur Formulierung von Führungsgrundsätzen:
- Weniger ist oft mehr: Vier, fünf oder maximal sechs Prinzipien als Überschrift sind besser als „Zehn Gebote“ oder „Zwölf Leitsätze“. Man sollte sich zumindest die Überschriften merken können.
- Prägnante Überschriften helfen beim Einprägen: Nutzen Sie zum Beispiel Begriffe, die mit dem gleichen Anfangsbuchstaben beginnen: z.B. Kundenorientierung – Kommunikation – Kompetenz – Kraft / Power oder deren Anfangsbuchstaben ein Wort ergeben: TEAM / MOVE / ...
- Formulierungen in der Ich-Form oder Wir-Form erleichtern die Identifikation: „Als Führungskraft übernehme ich Verantwortung.“
- Die Prinzipien können mit Schlagworten oder in kurzen Sätzen formuliert sein. Oft erklärt man in einem folgenden Absatz genauer, was man darunter versteht. Hier ein Beispiel aus einem Unternehmen:

Als Führungskraft ...

Kommunikation:

... kommuniziere ich offen, ehrlich und klar.
... pflege ich einen familiären, wertschätzenden Umgang im Team.
... vertrete ich konstruktiv eine eigene Meinung und Standpunkte.
... kann ich zuhören, Feedback geben und annehmen.
... informiere ich Mitarbeiter ausreichend.
... beschaffe ich mir Informationen selbst.

Kundenorientierung:

... denke ich mit dem Kopf des Kunden.
... suche ich nach den besten Angeboten und Lösungen für Kunden.
... handle ich als Vorbild im guten Umgang mit Kunden.

Kraft/Power:

... zeige ich Einsatzfreude und bin im Ernstfall erreichbar.
... kann ich Mitarbeiter begeistern, fordern und fördern.
... verfolge ich anspruchsvolle Ziele mit Konsequenz.
... gehe ich gut mit meinen Ressourcen um und achte auf die Gesundheit von mir und meinen Mitarbeitern.

Kompetenz:
... übernehme ich Verantwortung für meinen Bereich.
... entwickle ich einfache, praktikable Lösungen (KISS).
... finde ich neue, kreative Best-Practice-Modelle.
... nütze ich Fehler als Lernchance.
... entwickle ich mich und meinen Bereich ständig weiter.
... mache ich mich jeden Tag „überflüssig" weil ich Aufgaben, Kompetenzen und Verantwortung delegiere.

Die unternehmensweite Anwendung von Führungsgrundsätzen:

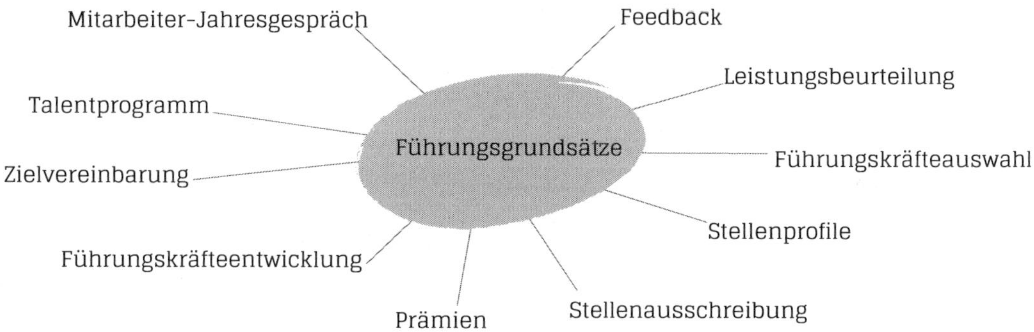

Fragen, die Sie sich in Bezug auf Ihre Führungskultur stellen sollten:

- *Haben wir ein verständlich formuliertes Führungsleitbild? Ist es noch aktuell?*
- *Ist es den Führungskräften und Mitarbeitern bekannt? Kennen sie die Führungsgrundsätze?*
- *Wird es gemeinsam getragen und im Alltag immer wieder bewusst gemacht?*
- *Ist es für alle Führungskräfte verbindlich?*
- *„Lohnt es sich" für Führungskräfte im Unternehmen, sich an die gewünschten Prinzipien zu halten? (Bekommt man dafür Anerkennung in irgendeiner Form?)*
- *Hat es Konsequenzen, wenn eine Führungskraft immer wieder grob dagegen verstößt?*
- *Ist die Einhaltung der Führungsprinzipien ein wesentlicher Teil des Mitarbeiter-Jahresgesprächs und der Leistungsbeurteilung bei Führungskräften?*
- *Erhalten Führungskräfte im Mitarbeiter-Jahresgespräch auch qualitative Ziele zur Entwicklung ihres Führungsverhaltens entsprechend dem Leitbild?*
- *Wird bei der Stellenbesetzung und der Auswahl von Potenzialkräften auch auf die erforderlichen Kompetenzen zur Führung im Sinne des Leitbildes geachtet?*
- *Wann haben wir das letzte Mal unsere Führungskultur im Team thematisiert?*

2. Kompetenzmodelle

Es ist wertvoll, wenn Sie die erforderlichen Kompetenzen für die unterschiedlichen Führungsfunktionen definieren. Dieser Katalog sollte nicht nur die aktuelle Situation berücksichtigen, sondern auch immer mit der Strategie des Unternehmens abgestimmt sein: Welche Kompetenzen brauchen unsere Führungskräfte, um die Strategie des Unternehmens umzusetzen?

Sie finden unten eine Auswahl an möglichen Kompetenzen, die für Führungsfunktionen notwendig sein könnten[63].

Überlegen Sie für sich selbst,
- welche Fähigkeiten in Ihrer Funktion besonders gefragt sind,
- welche Sie davon noch weiter entwickeln sollen und wollen, um eventuell in eine angestrebte Führungsposition zu gelangen,
- welche Kompetenzen für Führungskräfte in Ihrer Organisation in bestimmten Funktionen besonders wichtig sind.

Kompetenzen für Führungskräfte:

Fachkompetenzen:

Fremdsprachen
Funktionale Fähigkeiten
Erfahrung
IT-Kenntnisse
Sicherheit und Umwelt
Fachwissen
Fertigkeiten / Geschicklichkeit
Branchenkenntnisse
Verständnis der Organisation
Interkulturelle Kompetenz
Kenntnis der Stakeholder
Rechtliches Basiswissen
Betriebswirtschaftliches Basiswissen

Sozialkompetenzen:

Dialogfähigkeit
Konfliktfähigkeit
Einfühlungsvermögen / Empathie
Netzwerkfähigkeit
Überzeugungsfähigkeit
Richtungsvorgabe, Inspiration
Teamfähigkeit
Teamführung
Kontaktfähigkeit
Kritikfähigkeit – im Geben und Nehmen
Umgang mit Diversity
Beziehungsfähigkeit
Rollenflexibilität
Vertrauensaufbau
Vertraulicher Umgang mit Informationen
Umgang mit Autoritäten und Macht
Abgrenzungsfähigkeit (Nein-Sagen)
Achtung von Grenzen
Durchsetzungsvermögen
Einschätzung von Menschen

Methodenkompetenzen:

Planung
Organisationsverständnis
Arbeitstechniken
Präsentation und Rhetorik
Zeitmanagement, Prioritäten setzen
Entscheidungsfähigkeit
Umgang mit Informationsflut
Sitzungsmoderation
Wissensdokumentation
Analysefähigkeit
Einsatz von Führungsinstrumenten
Information
Strukturierung und Organisationsfähigkeit
Projektmanagement
Verhandlungstechnik
Gesprächsführung
Medienkompetenz (Presse, TV)
Systematisches Arbeiten
Wissensvermittlung / Wissensmanagement
Verkaufstechnik
Training / Coaching / Mitarbeiterentwicklung
Problemlösungsfähigkeit
Sprachliche Ausdrucksfähigkeit
Umgang mit Komplexität
Kontinuierliche Verbesserung
Qualitätsmanagement
Strategieentwicklung zur Erreichung eines Ziels
Kreativitätstechniken

Selbstkompetenz:

Realistische Selbsteinschätzung
Mut
Emotionale Intelligenz
Lernfähigkeit und Lernbereitschaft
Selbstmotivation
Integrität
Bewältigung von Krisen – Resilienz
Präsenz
Authentizität
Konzentrationsfähigkeit
Selbstvertrauen
Handlungsorientierung
Intuitive Wahrnehmung
Eigenverantwortung
Entscheidungsstärke
Durchhaltevermögen
Umgang mit Druck
Regenerationsfähigkeit
Achtsamkeit
Lebensbalance
Innere Freiheit
Gelassenheit, innere Ruhe

Wenn Klarheit über die erforderlichen Kompetenzen besteht, kann man analysieren, welche dieser Fähigkeiten bei den Führungskräften schon vorhanden sind und welche Kompetenzen noch entwickelt werden sollten. In größeren Organisationen werden diese Kompetenzmodelle für jede Hierarchiestufe und jedes Funktionsprofil festgelegt.

Beispiel: Eine Teamleiter muss vielleicht primär Organisationsfähigkeit, Teamführung, Anleitung / Coaching und Wissensweitergabe beherrschen. Ein Projektleiter im gleichen Betrieb braucht zusätzliche Kompetenzen in Projektmanagement, Sitzungsmoderation, Verhandlungstechnik und Präsentation. Im selben Unternehmen muss eine Führungskraft aus dem mittleren Management noch ihre Fähigkeiten in den Bereichen Strategieentwicklung, Betriebswirtschaft oder Medienauftritt erweitern, um ins Topmanagement vorrücken zu können. So kann mit einem Kompetenzmodell für jede Stelle auch ein Entwicklungspfad für Mitarbeiter ausgearbeitet und im Mitarbeitergespräch thematisiert werden.

Aufbauend auf der Analyse der vorhandenen und der benötigten Kompetenzen kann ein Programm zur Führungskräfteentwicklung in der Organisation installiert werden. Auf den folgenden Seiten finden Sie eine Auswahl an möglichen Kompetenzen, die für Führungsfunktionen notwendig sein könnten.

3. Führungsentwicklung

Führungsentwicklung bedeutet immer eine Weiterentwicklung sowohl der Organisation als auch der darin tätigen Menschen. In der Schweizer Detailhandelskette MIGROS hat man diesen Prozess einmal mit dem Modell einer Doppelhelix beschrieben: Die Organisation entwickelt sich spiralförmig nach oben. Damit diese Entwicklung abgesichert wird, muss es parallel eine persönliche Entwicklung bei den Betroffenen geben.

Dieses Modell zeigt zweierlei: Einerseits ist die Entwicklung von Führungskräften immer ein wesentlicher Teil von Organisationsentwicklung. Versucht man nur die Organisation zu verändern, so kann das bei den Betroffenen zu Ängsten und Widerständen führen. Führungskräfte werden oft zu einem Nadelöhr, wenn es darum geht, neue Strategien umzusetzen, neue Strukturen einzuführen oder eine andere Unternehmenskultur einzuführen. Fehlen ihnen die nötige Sicherheit, Weitsicht oder auch Ausdauer und Gelassenheit, so werden sie abhängig vom jeweiligen Wetter der Orga-

nisation: Weht ein rauer Wind, werden die eingeleiteten Veränderungen sofort als zu mutig oder als Luxus befunden und als Schönwetterprogramm abgewunken[64]. Daher sollen Organisationsentwicklungs-Prozesse immer auch persönliche Entwicklungswege für die Führungskräfte unterstützen, damit sie auch entsprechend „wetterfest" werden.

Andererseits tauchen im Laufe von Führungsentwicklungen oft Themen auf, die eine Änderung der Organisation erfordern. Ein Beispiel: In einem Unternehmen, das in den neu formulierten Führungsleitlinien von den Führungskräften Eigenverantwortung und Entscheidungen einforderte, stellte sich heraus, dass für die Genehmigung von neuen Sicherheitsschuhen der Produktionsmitarbeiter vier Unterschriften notwendig waren. Man traute den Schichtführern offensichtlich nicht zu, selbst zu entscheiden, ob diese Anschaffung tatsächlich notwendig sei. Über dieses und ähnliche Beispiele berichteten Teilnehmer der Führungsentwicklung anlässlich von „Kaminabenden" dem Topmanagement. Der Tenor war: „Wir wollen ja entscheiden und Eigenverantwortung übernehmen, aber wir dürfen nicht!" In einem darauf folgenden Projekt wurden die Kompetenzen der Führungskräfte grundlegend erweitert und Entscheidungen an die Basis verlagert. So führte eine Entwicklung der Führungskräfte zu einer Veränderung in der Organisation.

Elemente einer Führungskräfteentwicklung[65]

Häufig gibt es den Wunsch des Auftraggebers „ein Führungsseminar" durchzuführen. Einzelseminare (meist über zwei Tage) können wichtige Impulse geben: Man kann die Führungsrolle und -aufgaben besprechen, den Einsatz von Führungsinstrumenten (zum Beispiel von Mitarbeitergesprächen) üben oder Grundsätze strategischer Führung kennenlernen. Mit einem Seminar zum Thema Führung sichern Sie aber noch keine nachhaltige Führungskräfteentwicklung ab.

Wichtige Bausteine einer nachhaltigen Führungsentwicklung sind aus meiner Sicht:

1. Definition der Entwicklungsziele mit dem Vorgesetzten

Zum Start einer Führungskräfteentwicklung werden die Entwicklungsfelder und Lernziele gemeinsam mit dem Vorgesetzten der Führungskraft definiert und schriftlich festgehalten. Dieser „Lernvertrag" bietet die Basis für die weiteren Maßnahmen und für die Evaluation am Schluss.

Er sollte folgende Elemente beinhalten:
- zwei bis drei Ziele, die die Führungskraft im Laufe des Entwicklungsprogramms erreichen soll,
- Merkmale, an denen die Erreichung dieser Ziele überprüft werden kann, und
- mögliche Unterstützungsmaßnahmen durch den Vorgesetzten der Führungskraft zur Erreichung der Ziele.

2. Seminare in konstanten Lerngruppen

Es hat sich bewährt, mehrere zwei- bis dreitägige Veranstaltungen außerhalb des Betriebes (z.B. in einem Seminarhotel, in einem Bildungshaus oder auch einmal in einer Berghütte) durchzuführen. Die Inhalte und Schwerpunkte werden zuvor in einem Prozess mit der Geschäftsleitung oder der Personalentwicklung ausgewählt.

Man kann auch unterschiedliche Maßnahmen für einzelnen Gruppen planen, zum Beispiel:
Eine Basisausbildung für neue Führungskräfte kann dann in jedem Seminarmodul ein konkretes Führungsthema behandeln:
- Führungsverständnis (ich als Führungskraft: meine Grundhaltungen, meine Rolle, meine Funktion),

- Führen im Alltag (Führen mit Zielen, Mitarbeitergespräche, Teamführung, Meetings, ...) – hier geht es um die StrukturKRAFT, die BeziehungsKRAFT – und zukunftsorientierte Führung (betrifft die AufbruchsKRAFT).

Erfahrene Führungskräfte absolvieren einen Workshop zur persönlichen Reflexion der neu definierten Führungsgrundsätze. Projektleiter erhalten zwei Module zum Thema „Führen ohne Hierarchie“ und „Projektleitung“.

Zwischen den Seminaren sollte ein Abstand von mindestens drei Monaten sein, damit die erarbeiteten Inhalte auch „verdaut“ und angewendet werden können. Wenn dieselbe Gruppe über einen Zeitraum von ein bis eineinhalb Jahren mehrmals zusammenkommt, bewirkt das auch eine starke Gruppendynamik sowie die Entstehung eines Wir-Gefühls und einer hohen Vertrauensbasis. Das sind ideale Voraussetzungen für persönliches Lernen und Entwicklung.

In größeren Unternehmen ist es sinnvoll, diese Gruppen heterogen zusammenzusetzen: Wenn Mitarbeiter unterschiedlicher Abteilungen, Geschäftsbereiche oder Subunternehmen regelmäßig in Seminaren zusammenkommen, fördert das die Bildung von internen Netzwerken und gegenseitiges Verständnis. Oft ist es ein erfreulicher Nebeneffekt einer gemeinsamen Führungskräfteentwicklung, dass z.B. interne Dienstleister (wie IT oder Controlling) mit Linienverantwortlichen (Abteilungsleitern) besser zu kooperieren beginnen, weil sie einander persönlich kennengelernt haben und auch die Probleme des anderen besser verstehen.

Die Mischung unterschiedlicher Hierarchieebenen in Lerngruppen ist hingegen eher problematisch: Manche Führungskräfte sind gehemmt, sich zu öffnen und über ihre Schwierigkeiten im Alltag zu sprechen, wenn ihr Vorgesetzter dabeisitzt.

In größeren Organisationen empfehle ich auch unterschiedliche Programme für neue und erfahrene Führungskräfte: Bei den reifen Führungskräften geht es primär darum, sich mit den eigenen Führungsprinzipien und dem Führungsleitbild des Unternehmens auseinanderzusetzen, Fälle aus der Praxis kollegial zu bearbeiten und Erfahrungen aus der Führung auszutauschen. Hier stehen häufig die Persönlichkeit der Führungskraft, ihre persönliche Balance, ihre Handlungsspielräume und ihr Umgang mit Begrenzungen im Mittelpunkt. Ihnen geht es mehr darum, die Lust an gestalterischer Führung wieder in sich zu wecken und tief eingeprägte Muster aufzubrechen als irgendwelche Tools zu lernen.

Neue Führungskräfte und Führungsnachwuchs haben meist große Erwartungen und Lust auf Führung. Sie wollen und sollen Führungsinstrumente kennenlernen und ihre Kompetenzen in der Kommunikation erweitern. Genauso wichtig ist es aber, ihre Erwartungen und Bilder zum Thema Führen zu reflektieren und ihnen so zu helfen, ihren eigenen Weg zu finden und dadurch persönlich wachsen und authentisch handeln zu können.

3. Feedback aus vier Richtungen

Das 360°-Feedback – für mich ein Feedback aus vier Richtungen – ist ein Instrument, das Aussagen von unterschiedlichen Personengruppen aus dem Umfeld einer Führungskraft zusammenträgt und vergleicht:

Die Sicht
- des Vorgesetzten des Feedbacknehmers (90°)
- der Kollegen auf gleicher Hierarchieebene (180°)
- der Mitarbeiter des Feedbacknehmers (270°)
- von Kunden bzw. Lieferanten, die mit dem Feedbacknehmer zusammenarbeiten (360°)

Die Umfragen sind meist anonym und werden anhand von Fragebögen elektronisch durchgeführt. Zum Vergleich mit dem Feedback durch die einzelnen Gruppen wird auch eine Selbstbewertung der Führungskraft erhoben. Erscheint ein 360°-Feedback zu aufwendig, so sollte man zumindest das Feedback des Vorgesetzten und der Mitarbeiter einholen und mit dem Selbstbild vergleichen. Die Ergebnisse dieser Sichtweisen werden in einer schriftlichen Auswertung zusammengefasst, übersichtlich dargestellt und dem Feedbacknehmer in einem Rückmelde-Gespräch durch einen Coach zur Verfügung gestellt.

Dieses Instrument liefert Führungskräften wertvolle Hinweise auf „blinde Flecken" des eigenen Verhaltens und verbessert die Selbsteinschätzung. Die Reflexion mit einem Coach hilft ihnen, den eigenen Handlungsspielraum zu vergrößern und im Rahmen eines Entwicklungsprogramms gezielt individuelle Schritte anzugehen.

Aus Sicht der Organisationsentwicklung decken zusammengefasste Feedbacks einer Organisationseinheit auch Entwicklungsfelder dieses Bereichs auf. Finden darauf aufbauend „Rückmeldemeetings" mit dem Vorgesetzten und den eigenen Mitarbeitern statt, so fördert das die Kultur einer offenen Kommunikation über die Hierarchiegrenzen hinweg.

4. Führungsinseln

Bei „Führungsinseln“ handelt es sich um zwei- bis dreistündige Treffen der Führungskräfte in kleinen Gruppen von vier bis sechs Personen. Sie finden in der Regel in einem Besprechungsraum des Unternehmens statt. Die Teilnehmer behandeln bei diesen Terminen Praxisfälle aus ihrem Führungsalltag. Dabei hat sich die Methode Kollegiales Teamcoaching (KTC) bewährt:

Struktur zur Fallbearbeitung im Kollegialen Teamcoaching (KTC)

1. A schildert die Situation, „erklärt“ sein / ihr Bild. 10 min
   Kollegen B, C, und D hören nur zu.
2. B, C, und D stellen Verständnisfragen an A. 5 min
   Achtung: Keine Lösungsvorschläge in Fragen „verpacken“, wie:
   „Hast du schon probiert ...?“
3. A formuliert ein bis zwei Ziele oder eine konkrete Frage,
   die in dieser Beratung behandelt werden soll(en). Zum Beispiel:
   „Wie kann ich erreichen, dass ...“
   B, C und D stellen dazu unterstützende Fragen. 5 min
4. A dreht sich mit dem Stuhl um (macht sich evtl. Notizen), hört zu.
   B, C, und D tauschen ihre Hypothesen / Bilder /
   Eindrücke zum Gehörten aus.
   B, C und D erarbeiten Lösungsansätze, Tipps, Hinweise und
   Empfehlungen für A (diese sollen auf die genannten Ziele /
   Fragen ausgerichtet sein). 25 min
5. A wendet sich wieder der Gruppe zu und gibt einen Schlusskommentar. 5 min

Führungsinseln können auch dazu beitragen, dass Führungsinstrumente einheitlich eingesetzt werden und ohnehin notwendige Absprachen unter Führungskräften strukturiert und zielgerichtet stattfinden. Zu Beginn werden solche Führungsinseln manchmal durch externe oder unternehmensinterne Trainer begleitet. Im Idealfall können sie sich über das Programm hinaus institutionalisieren und werden nach Abschluss des Programms selbstgesteuert fortgesetzt.

5. Coaching

Individuelles Coaching für Führungskräfte kann als fixer Bestandteil jedes Führungskräfteentwicklungs-Prozesses eingeplant werden. Hier hat die Führungskraft die Möglichkeit, persönliche Fragen zu ihrer aktuellen Situation im Veränderungsprozess zu bearbeiten und gemeinsam mit dem Coach Lösungen zu entwickeln. Ideal ist eine Sequenz von zwei bis fünf Coachings innerhalb eines Jahres. Ein erfolgreiches Coaching erfordert, dass die emotionale Basis zum Coach stimmig ist. Die Teilnehmer sollten daher nach Möglichkeit ihren Coach aus einem Pool (Männern und Frauen) auswählen können.

6. Führungstiefeninterviews

In der Abschlussphase einer Führungsentwicklung haben wir gute Erfahrungen mit Führungstiefeninterviews gemacht: Zwei Berater führen mit der Führungskraft ein stärkenorientiertes Beratungsgespräch von ein bis zwei Stunden, in dem mit Coachingtechniken gearbeitet wird. Auf Basis einer mit den internen Projektleitern festgelegten Rahmenfrage spezifiziert der Teilnehmer eine persönliche Fragestellung für sich. Im Gespräch werden die Antreiber, Haltungen und Werte der Führungskraft analysiert und es wird eine Antwort auf die persönliche Frage erarbeitet. Das Gespräch wird einerseits bestimmt durch die Bedürfnisse der Führungskraft, andererseits durch Themen, die für ihre Führungsrolle generell relevant sind. Die Führungskraft erhält zudem als Zuhörerin eines Dialogs der Berater ein persönliches Feedback zu ihrer Wirkung. Die Berater haben dabei die Möglichkeit, wertschätzend Beobachtungen zum Verhalten zu spiegeln und die Führungskraft auf versteckte Ressourcen und Lernfelder hinzuweisen.

7. Impulse von außen

Ein „Blick über den eigenen Tellerrand" ist für Führungskräfte sehr wertvoll. Besichtigungen von Teilbetrieben des Unternehmens, Exkursionen in andere Unternehmen, kurzfristige Austauschprogramme in andere Abteilungen oder Betriebe geben oft wichtige Impulse für Entwicklungsschritte im eigenen Bereich. Auch regelmäßige Impulsveranstaltungen für Führungskräfte mit interessanten Gastreferenten – mit anschließendem geselligem Beisammensein – fördern interne Netzwerke, Erfahrungsaustausch und Entwicklung.

8. Projektarbeiten und Action Learning

Häufig werden Führungskräfte in einem Entwicklungsprozess angehalten, ein konkretes Veränderungsprojekt in ihrer Organisationseinheit anzugehen und im Laufe des Entwicklungsprogramms durchzuführen. Das ist dann sehr sinnvoll, wenn aus solchen Projekten auch ein konkreter Nutzen für die Organisation entsteht. Ein solches Projekt entspräche dem Modell der Doppelhelix (s.o.). Manchmal hat es allerdings den Anschein, diese Projekte werden nur gestartet, weil es eben im Konzept der Führungsentwicklung so vorgesehen war. Führungskräfte klagen dann, dass sie im Moment bereits viele Projekte bearbeiten und gehen ein „Pro-forma-Projekt“ an. Man sollte also genau prüfen, ob derartige Aufträge in der Organisation passen und sinnvoll sind.

Beispiel: Parallel zu einer bankweiten Führungsentwicklung fand für die Bankberater ein Verkaufstrainingsprogramm statt. Es war gerade ein neues Markenprofil erarbeitet worden. Dieses Profil stellte die gute Beratung, das „gute Gespräch“ in den Mittelpunkt der Markenaussage. Daraus entstand ein unternehmensweites Action-Learning-Programm:

Die Filialleiter erhielten ein Training schwerpunktmäßig zu den Kompetenzen „Feedback geben und coachen“: Sie sollten dafür sorgen, dass ihre Mitarbeiter 25.000 gute Kundengespräche in zwei Monaten durchführten, diese bei den Gesprächen coachen, ihnen Feedback geben und sie in ihrer Kompetenz weiterentwickeln. Viele Filialleiter gestanden, dass sie das erste Mal bei Kundenbesprächen ihrer Berater dabei waren und vorher gar kein Feedback zur Qualität der Beratungen geben hätten können. Das Ergebnis dieser Aktion konnte sich sehen lassen: 25.000 Kunden erlebten gut vorbereitete Finanzberatungen. Die Beratungsqualität wurde in Kundenbefragungen als deutlich besser als in früheren Gesprächen eingeschätzt. Die Produktverkäufe stiegen in dieser Zeit um 35 Prozent[66].

Weitere Ideen zu Action Learning findet man bei Otmar Donnenberg[67]: Bei einem von ihm beschriebenen Führungskräfte-Entwicklungsprogramm haben die Projekte der Teilnehmer zentrale Bedeutung, weil sie sowohl dem Lernen der Teilnehmer als auch ihren Projektkunden und persönlichen Sponsoren dienen: Die Teilnehmer wählen das Thema ihrer Projekte aus einer vom Management erstellten Liste mit strategischen Problemen oder bringen es aus eigener Initiative ein. Sie sind persönlich für die vereinbarten Resultate verantwortlich. Nur wenn ein bestimmter Kunde die Projektergebnisse wirklich braucht, wird das Projekt akzeptiert.[68]

9. Evaluierungsgespräch

Zum Abschluss eines Führungsentwicklungsprogramms führt die Führungskraft ein Evaluierungsgespräch mit ihrem Vorgesetzten. Dabei werden nochmals der ursprüngliche Lernvertrag und die vereinbarten Entwicklungsziele besprochen und

Lernerfolge, Stärken sowie Entwicklungsmöglichkeiten der Führungskraft thematisiert. Dieses Gespräch kann auch im Rahmen einer Abschlussveranstaltung stattfinden.

10. Abschluss

Der Führungskräfteentwicklungs-Prozess erhält nochmals eine andere Bedeutung, wenn die gesamte Gruppe einen gemeinsamen Abschluss erleben kann. Das kann ein feierlicher Ausklang am letzten Seminarabend sein oder eine Zusammenkunft mit Überreichung von Abschlussurkunden durch die Unternehmensleitung und Dokumentation der Veranstaltung für die Firmenzeitung. Es gibt viele kreative Möglichkeiten, den passenden Rahmen für eine kleine Feier zu gestalten – Mitarbeiter des Unternehmens haben dabei meist die besten Ideen. Man muss es nur rechtzeitig anregen und planen.

Hier ein Beispiel eines ganzheitlichen Führungsentwicklungsprogramms:

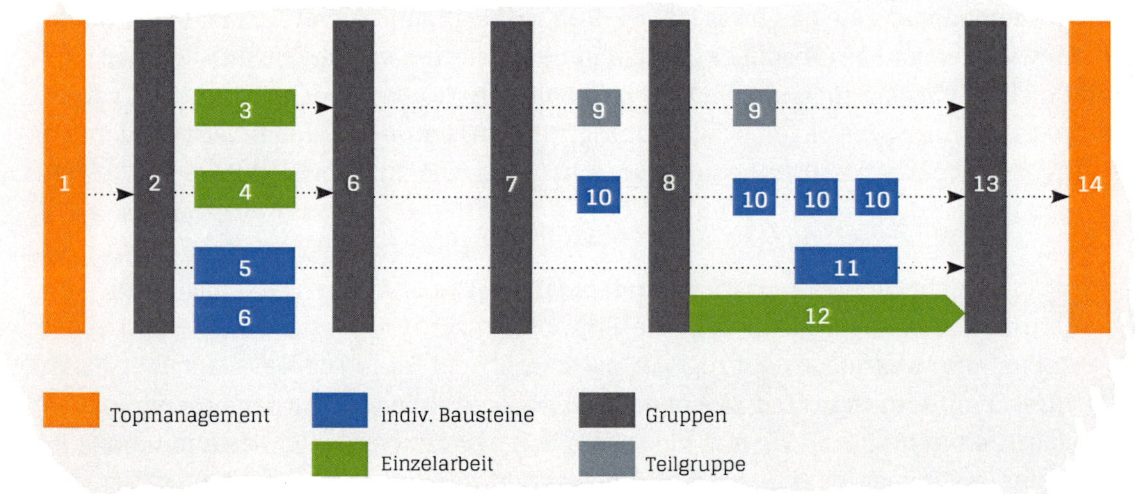

1 Führungsleitlinien Kompetenzen mit dem Topmanagement erarbeiten

2 Startveranstaltung mit den Führungskräften

3 Beobachtungsaufgaben

4 Selbstlernunterlage Buch „Lust auf Führung - FührungsKRAFT entwickeln“ evtl. auf Unternehmen adaptiert

5 Alchimedus Führungscheck, Selbsteinschätzung oder 360°-Feedback oder: Führungstiefeninterview

6 Workshop „ICH als FührungsKRAFT (Grundhaltungen, Rolle und Funktion)

7 Workshop „Führen im Alltag“ (Strukturkraft & Gemeinschaftskraft)

8 Workshop „Zukunftsorientiert Führen“ (AufbruchsKRAFT)

9 Kollegiales Teamcoaching

10 Einzelcoachings

11 2. Alchimedus Führungscheck

12 Individuelles Exzellenzprojekt

13 Abschlussworkshop

14 Rückspiegelung an das Topmanagement

1 Die Führungsleitlinien und die Ziele des Programms werden in einer ganztägigen Klausur mit dem Topmanagement erarbeitet.

2 In einer Startveranstaltung werden die Führungskräfte auf das Programm vorbereitet. Diese Veranstaltung sollte methodisch gut aufgebaut sein und Lust auf die Teilnahme machen. Die Themen:
- Persönliche Prinzipien der Vertreter des Topmanagements zum Thema Führung
- Die Führungsgrundsätze des Unternehmens
- Aufbau und Inhalte des Führungsentwicklungsprogramms
- Erwartungen, Befürchtungen, Wünsche zum Programm
- Aufgaben bis zum ersten Modul

3 Beobachtungsaufgabe: Die Teilnehmer erhalten Beobachtungsaufgaben zur Führungskultur des Unternehmens und zu ihren Erlebnissen als Geführte.

4 Selbstlernunterlage: Die Führungskräfte werden gebeten, Texte zu Führung – oder einzelne Kapitel dieses Buches – vorab zu lesen und sich so schon theoretische Kenntnisse zu den Seminarmodulen anzueignen. Damit können die Vortragsanteile in den Seminarmodulen kürzer gehalten werden. Es gibt mehr Zeit für Fragen zur Anwendung und Praxisfälle aus dem Alltag.

5 Führungscheck: Eine Selbsteinschätzung wird mit einem 360°-Feedback, zum Beispiel mit dem Alchimedus®-Führungscheck aus vier Richtungen oder einem Führungstiefeninterview verglichen. Auf diese Weise soll die Führungskraft ihre persönlichen Stärken, Ressourcen und Lernfelder erkennen und daraus Ziele für ihren Lernweg ableiten.

6 Lernvertrag mit dem Vorgesetzten: Gemeinsam mit dem Vorgesetzten werden Lernziele und Unterstützungsmaßnahmen vereinbart und schriftlich festgehalten.

7, 8, 9 Seminarmodule: Diese jeweils zweitägigen Module bauen aufeinander auf und finden in Abständen von vier bis sechs Monaten statt.

10 Kollegiales Teamcoaching (KTC): Ab dem ersten Seminarmodul treffen sich kleine Lerngruppen (jeweils vier bis fünf Teilnehmer), um Führungsthemen und Fälle aus dem Alltag mit der Methode des Kollegialen Teamcoachings zu bearbeiten.

11 Die Teilnehmer erhalten fünf Coaching-Gutscheine, die sie während des Programms nutzen können. Die ersten beiden Einzelcoachings finden verpflichtend zwischen den Seminarmodulen statt. Weitere Termine nehmen die Teilnehmer nach Bedarf in Anspruch (zum Beispiel bei aktuellen Fragen zum Umsetzungsprojekt).

12 Zweiter Führungscheck: Die Ergebnisse des ersten Führungschecks werden mit dem Ergebnis nach einem Jahr verglichen. Es wird festgestellt, wie sich die Führungskraft weiterentwickelt hat und ob sie ihre definierten Lernziele erreicht hat.

13 Ein konkretes Projekt für eine Veränderung oder Entwicklung im eigenen Wirkungsbereich wird im letzten Modul definiert und in den Monaten danach umgesetzt. Das kann der Aufbau von Wissensmanagement in der Abteilung sein, die Einarbeitung eines Stellvertreters, die Definition von Qualitätsstandards oder von einem Zukunftsbild für die Abteilung. Der Vorgesetzte des Teilnehmers ist informiert und unterstützt die Führungskraft soweit nötig.

14 Abschlussworkshop: Ein dreistündiger Abschlussworkshop findet gemeinsam mit den Vorgesetzten der Teilnehmer statt. Dabei halten die Teilnehmer eine Rückschau auf ihre Erfahrungen, Erkenntnisse und persönlichen Entwicklungsschritte. Die Vorgesetzten geben den Teilnehmern Feedback zu den vereinbarten Lernzielen sowie zu den Umsetzungsprojekten und vereinbaren weitere Schritte für das „Dranbleiben". Der Abschlussworkshop ist wie ein „Erntedankfest": Man würdigt das Erreichte und freut sich über die Ernte.

15 Rückspiegelung an das Topmanagement: Während des Entwicklungsprogramms erhalten die Lernbegleiter vielfältige Eindrücke über die Organisation, über organisatorische und strukturelle „Baustellen" und die gelebte Unternehmenskultur. Anhand der Projektarbeiten und der kumulierten Gruppenergebnisse der 360°-Feedbacks kann beurteilt werden, wie erfolgreich das Entwicklungsprogramm war und welche Wirkung es hatte. Diese Ergebnisse werden mit dem Topmanagement besprochen. Gemeinsam wird überlegt, ob und wie das Thema „Führungskultur" in der Folge weiter thematisiert werden soll.

Das wirkliche Ziel

*Von einem Meister an der Schule für Bogenschießen wusste man,
dass er auch ein Meister des Lebens war.
Eines Tages traf sein begabtester Schüler bei einem Wettkampf
dreimal hintereinander ins Schwarze.
Schüler und Meister wurden mit Glückwünschen überschüttet.
Der Meister schien jedoch wenig beeindruckt,
eher sogar kritisch zu sein.
Als der Schüler ihn jedoch später nach dem Grund fragte, sagte er:
„Du musst noch lernen, dass die Zielscheibe nicht das Ziel ist."
„Was ist das Ziel?" wollte der Schüler wissen.
Aber der Meister wollte es nicht sagen.
Der Schüler würde es selbst eines Tages lernen müssen,
denn in Worten könne man es nicht vermitteln.*

*Eines Tages fand er heraus,
dass nicht Leistung das Ziel war,
sondern eine innere Haltung,
nicht der Schuss ins Schwarze,
sondern das Verschwinden des Egoismus.*

(Quelle unbekannt)

IX. Zu guter Letzt

Woran erkennt man gute Führung? Dass unsere Führung überzeugend und gelungen ist, dafür gibt es im Alltag viele Hinweise. Wir müssen nur genau hinschauen: Wir merken es, wenn

- die Mitarbeiter einen Sinn in ihrer Arbeit und ihren Beitrag zu etwas größerem Ganzen sehen,
- die Mitarbeiter die Ziele kennen und sich damit identifizieren,
- Sie als Führungskraft Mitarbeiter überzeugen können, etwas zur Erreichung der Ziele beizutragen,
- Rückschläge und Belastungen gemeinsam bewältigt werden,
- die Ziele erreicht und Erfolge gewürdigt werden,
- Mitarbeiter bei Sitzungen über Ziele, Grundhaltungen und Entwicklungschancen und nicht nur über Alltagsprobleme reden möchten,
- ein hohes Maß an Leistungsbereitschaft und Identifikation existiert,
- Mitarbeiter ihre eigenen Aufgaben und die Erwartungen an sie kennen,
- Mitarbeiter selbständig arbeiten und bereit sind, Verantwortung zu übernehmen,
- Freude an der Arbeit und an der Zusammenarbeit im Team besteht,
- die Stärken der Mitarbeiter genutzt werden,
- das Unternehmen oder der Bereich normal weiterläuft, wenn wir vorübergehend abwesend sind,
- Mitarbeiter sich bei Problemen vertrauensvoll an uns wenden,
- konstruktive Kritik als Hilfestellung empfunden wird,
- die Mitarbeiter aktiv und kreativ eigene Ideen, Vorstellungen und Meinungen einbringen,
- Mitarbeiter auf Fehler und Missstände hinweisen und Verbesserungsvorschläge machen,
- aus individuellen Mitarbeitern ein Team geworden ist, das gut zusammenarbeitet,
- das Team Kollegen in einer persönlichen Krise unterstützt und „trägt",
- Unterschiedlichkeit im Team geschätzt und genutzt wird,
- Mitarbeiter anderer Organisation gerne in diesen Führungsbereich wechseln,
- Kunden, Mitarbeiter und Führungskräfte anderer Bereiche sich anerkennend über die Arbeit des Unternehmens oder Bereichs äußern
- und wir im Team auch miteinander lachen können!

Situationen, in denen wir das bewusst erleben, sind so etwas wie „Magic Moments“. Diese Momente zeigen uns, dass wir auf dem richtigen Weg sind. Und sie geben uns Kraft für den herausfordernden Alltag: Sie sind nichtmonetärer Lohn und Ansporn zugleich für noch mehr Führung mit Hingabe.

Wenn es uns immer wieder und immer öfter gelingt, so zu führen, dann springt der Funke über und wir können auch bei jüngeren Mitarbeitern die Lust auf Führung wecken. Dies ist für uns alle wichtig: Unsere Gesellschaft braucht Menschen, die Lust darauf haben, Verantwortung zu übernehmen, um ihr Umfeld sinnvoll zu gestalten und daran persönlich zu reifen.

Bekommen Sie Lust darauf? Dann beginnen Sie heute!

Index

Anmerkungen

1 Sir Simon Rattle in „Trip to Asia", DVD der Berliner Philharmoniker, siehe auch www.triptoasia.de.

2 Kevin Leman: The Birth Order Book: Why You Are The Way You Are, Grand Rapids, 1985.

3 (Mk 12,29).

4 Erziehung nach Auschwitz. In: Theodor W. Adorno: Gesammelte Schriften. Bd. X/2, Frankfurt a.M. 1977.

5 Alfried Längle, Dorothee Bürgi: Existentielles Coaching. Theoretische Orientierung, Grundlagen und Praxis für Coaching, Organisationsberatung und Supervision, Wien 2014.

6 Peter M. Senge; Art Kleiner, Bryan Smith, Charlotte Roberts; Richard Ross: Das Fieldbook zur Fünften Disziplin, Stuttgart 1996.

7 Alfried Längle: Sinnvoll leben – Angewandte Existenzanalyse, St. Pölten 2000.

8 Alfried Längle , Dorothee Bürgi Existentielles Coaching. Theoretische Orientierung, Grundlagen und Praxis für Coaching, Organisationsberatung und Supervision, Wien 2014.

9 Theodor W. Adorno: Minima Moralia (Gesammelte Schriften 4), Frankfurt/Main 1997.

10 Alfried Längle, Dorothee Bürgi: Existentielles Coaching. Theoretische Orientierung, Grundlagen und Praxis für Coaching, Organisationsberatung und Supervision, Wien 2014.

11 Längle 2014.

12 Daniel Goleman: Emotionale Intelligenz, München 1997.

13 Arno Gruen: Der Fremde in uns, Stuttgart 2002.

14 Virginia Satir: Selbstwert und Kommunikation, Palo Alto 1972, deutsche Erstausgabe: Klett-Cotta, Stuttgart 1975.

15 Edgar Schein: Humble inquiry, New York 2013.

16 Sascha Kugler: Die Alchimedus-Methode, Nürnberg 2010.

17 Dieses Modell geht auf Waldefried Pechtl zurück und wurde im Management Center Vorarlberg weiterentwickelt. Siehe dazu weitere Informationen in Buchform: Waldefried Pechtl: Zwischen Organismus und Organisation, Wegweiser und Modelle für Berater und Führungskräfte, St. Pölten, Wien, Linz 2001.

18 Ernst Pöppel: Zum Entscheiden geboren – Hirnforschung für Manager, München 2008.

19 Peter F. Drucker: The Practise of Management, 17. Auflage, New York 1995.

20 Dan Ariely: You are what You measure, in: Harvard Business Review, June 2010.

21 Erarbeitet in einem Projekt der Engadiner Kraftwerke, Zernez 2015.

22 Fredmund Malik: Führen Leisten Leben: Wirksames Management für eine neue Zeit, Frankfurt/New York 2006, S. 334ff.

23 Viktor E. Frankl: Der Mensch vor der Frage nach dem Sinn, München 1979.

24 Ernst Pöppel: Zum Entscheiden geboren – Hirnforschung für Manager, München 2008.

25 Pöppel, ebenda S. 23.

26 Stan Nadolny: Die Entdeckung der Langsamkeit, München 1999, S. 309.

27 Peter F. Drucker: Die Kunst sich selbst zu managen, in: Harvard Business Manager, November 2009, S. 2.

28 Klaus Kobjoll: Motivacation: Begeisterung ist übertragbar, Zürich 2005.

29 Michael Leitl: Die Zeit der anderen. Organisation: Wie eine Stunde Vorstandsmeeting zu über 40 Stunden weiterer Besprechungen führte, in: Harvard Business Manager, 2. Oktober 2014.

30 Ebenda.

31 Fredmund Malik: Führen Leisten Leben: Wirksames Management für eine neue Zeit, Frankfurt/New York 2006, S. 359.

32 Nelson Mandela: Der lange Weg zur Freiheit, Frankfurt 1997.

33 Virginia Satir: Mein Weg zu Dir – Kontakt finden und Vertrauen gewinnen, München 1976 / 5. durchges. Auflage, München 2001.

34 Christina Baldwin, Ann Linea: The Circle Way: A Leader in Every Chair, San Francisco 2010.

35 Homans 1950, Lutz von Rosenstiel 2003: Grundlagen der Organisationspsychologie, Stuttgart 2003.

36 David Bohm, On Dialogue, London 1996.

37 Claus Otto Scharmer: Theorie U – Von der Zukunft her führen, Heidelberg 2009, S. 272 ff.

38 Marshall B. Rosenberg: Gewaltfreie Kommunikation. Aufrichtig und einfühlsam miteinander sprechen. Neue Wege in der Mediation und im Umgang mit Konflikten, Paderborn 2001.

39 Siehe Marcel B. Rosenberg, a.a.O., S. 25-109.

40 Ebenda.

41 www.davidwhyte.com.

42 Holger Vetter: Prozess-und Innovationsberatung in Facebook 7.2.2014 basierend auf : Matthias zur Bonsen: Leading with Life, 2010 Springer Fachmedien Wiesbaden.

43 Kenneth Blanchard, Johnson Spencer: Der Minuten Manager, Hamburg 2002.

44 Ergebnis eines Projektes zur Neugestaltung des Mitarbeitergesprächs in den Engadiner Kraftwerken 2015.

45 Angelehnt an Sheila Heen, Douglas Stone: Aus Feedback lernen, in: Harvard Business Manager, März 2014.

46 Sheila Heen, Douglas Stone: Aus Feedback lernen, in Harvard Business Manager, 4/2015.

47 Paul Hersey, Kenneth Blanchard, Dewey Johnson: Management of Organisational Behaviour: Leading Human Resources, Upper Saddle River 2012 und in deutscher Sprache: Kenneth Blanchard, Patrizia Zigarmi: Führungsstile, Reinbek 2002.

48 Fredmund Malik: Führen Leisten Leben: Wirksames Management für eine neue Zeit, Frankfurt / New York 2006, S. 144.

49 Bruce W. Tuckman: Developmental sequence i n small groups, Psychological Bulletin, 63, 1965, S. 384-399.

50 Bob Johansen: Get there early, San Francisco 2007.

51 Marianne Grobner: WEKA Business Dossier „Zukunftsorientiert führen“ und WEKA Business Dossier „Change Management!“, Zürich 2010.

52 Bob Johanssen: Get there early: Sensing the Future to Compete in the Present, San Francisco 2007.

53 Überarbeitet von Marc Wethmar nach © 2007 Otto Scharmer: Theorie U: Von der Zukunft her führen: Prescening als soziale Technik, Dezember 2014, Heidelberg.

54 Marianne Grobner, Walter Häfele, Andrea Kaiser, Manfred Schwarz u.a. in Walter Häfele (Hrsg.): OE-Prozesse initiieren und gestalten, Bern 2015.

55 Alfried Längle: Erfüllte Existenz, Wien 2011, S. 186 ff.

56 Marianne Grobner in WEKA Business Dossier „Zukunftsorientiert führen“, Zürich 2012.

57 Siehe auch: Marianne Grobner in: Zukunftsorientiert führen, WEKA Business Dossier, Zürich 2012.

58 Change-Tools: Erfahrene Prozessberater präsentieren wirksame Workshop-Interventionen (Edition Training aktuell), März 2015.

59 In Anlehnung an André Burtscher in WEKA Business Dossier „Die ersten 100 Tage als Führungskraft“, Zürich 2011.

60 Ebenda.

61 Ebenda.

62 In Anlehnung an Marianne Grobner in: Machtwechsel in der Vorstandsetage, Aufsichtsrat aktuell, Nr. 4/2015, Linde Verlag Wien, August 2015.

63 In Anlehnung an: Stefan Marti: Toolbox Führung, Winterthur 2010: Thema: Kompetenzfelder für Führungskräfte.

64 Marianne Grobner in: Walter Häfele (Hrsg.): OE-Prozesse initiieren und gestalten, Bern 2007.

65 In Anlehnung an Marianne Grobner, ebd.

66 Dieses Projekt wurde 2014 mit einem Constantinus Beraterpreis ausgezeichnet. Projektbeschreibung unter: www.constantinus.net.

67 Ottmar Donnenberg,: Action Learning – Ein Handbuch, Stuttgart 1999.

68 Ebenda, S. 165.